"十三五"国家重点出版物出版规划项目

偏振成像探测技术学术丛书

分焦平面红外偏振摄像技术

赵永强　李　宁　潘　泉　著

科学出版社

北　京

内 容 简 介

本书主要介绍红外偏振摄像学的基本原理、技术和应用，在详细分析红外偏振图像获取、目标红外辐射特性的同时，深入阐述红外偏振摄像学的新成果。本书特别重视红外偏振摄像学中信息产生、获取、处理、分析的有机结合，涵盖红外辐射偏振模型、红外偏振焦平面设计、红外偏振焦平面去盲元和校正、偏振马赛克图像预处理、红外偏振目标检测跟踪等内容。

本书可作为电子信息、光信息科学与技术、光学工程等专业高年级本科生和研究生的参考资料，也可供相关领域研究人员和工程技术人员参考。

图书在版编目（CIP）数据

分焦平面红外偏振摄像技术/赵永强，李宁，潘泉著. —北京：科学出版社，2022.10

（偏振成像探测技术学术丛书）

“十三五”国家重点出版物出版规划项目 国家出版基金项目

ISBN 978-7-03-073301-6

Ⅰ. ①分… Ⅱ. ①赵… ②李… ③潘… Ⅲ. ①偏振光-红外成像系统-摄像技术 Ⅳ. ①TN21

中国版本图书馆 CIP 数据核字(2022)第 181886 号

责任编辑：魏英杰 / 责任校对：崔向琳

责任印制：师艳茹 / 封面设计：陈 敬

科学出版社 出版

北京东黄城根北街 16 号

邮政编码：100717

http://www.sciencep.com

中国科学院印刷厂 印刷

科学出版社发行 各地新华书店经销

*

2022 年 10 月第 一 版 开本：720 × 1000 B5

2022 年 10 月第一次印刷 印张：15

字数：300 000

定价：128.00 元

（如有印装质量问题，我社负责调换）

“偏振成像探测技术学术丛书”编委会

“偏振成像探测技术学术丛书”序

信息化时代的大部分信息来自图像，而目前的图像信息大都基于强度图像，不可避免地存在因观测对象与背景强度对比度低而“认不清”，受大气衰减、散射等影响而“看不远”，因人为或自然进化引起两个物体相似度高而“辨不出”等难题。挖掘新的信息维度，提高光学图像信噪比，成为探测技术的一项迫切任务，偏振成像技术就此诞生。

我们知道，电磁场是一个横波、一个矢量场。人们通过相机来探测光波电场的强度，实现影像成像；通过光谱仪来探测光波电场的波长(频率)，开展物体材质分析；通过多普勒测速仪来探测光的位相，进行速度探测；通过偏振来表征光波电场振动方向的物理量，许多人造目标与背景的反射、散射、辐射光场具有与背景不同的偏振特性，如果能够捕捉到图像的偏振信息，则有助于提高目标的识别能力。偏振成像就是获取目标二维空间光强分布，以及偏振特性分布的新型光电成像技术。

偏振是独立于强度的又一维度的光学信息。这意味着偏振成像在传统强度成像基础上增加了偏振信息维度，信息维度的增加使其具有传统强度成像无法比拟的独特优势。

(1) 鉴于人造目标与自然背景偏振特性差异明显的特性，偏振成像具有从复杂背景中凸显目标的优势。

(2) 鉴于偏振信息具有在散射介质中特性保持能力比强度散射更强的特点，偏振成像具有在恶劣环境中穿透烟雾、增加作用距离的优势。

(3) 鉴于偏振是独立于强度和光谱的光学信息维度的特性，偏振成像具有在隐藏、伪装、隐身中辨别真伪的优势。

因此，偏振成像探测作为一项新兴的前沿技术，有望破解特定情况下光学成像“认不清”“看不远”“辨不出”的难题，提高对目标的探测识别能力，促进人们更好地认识世界。

世界主要国家都高度重视偏振成像技术的发展，纷纷把发展偏振成像技术作为探测技术的重要发展方向。

近年来，国家 973 计划、863 计划、国家自然科学基金重大项目等，对我国偏振成像研究与应用给予了强有力的支持。我国相关领域取得了长足的进步，涌现出一批具有世界水平的理论研究成果，突破了一系列关键技术，培育了大批富有创新意识和创新能力的人才，开展了越来越多的应用探索。

“偏振成像探测技术学术丛书”是科学出版社在长期跟踪我国科技发展前沿，广泛征求专家意见的基础上，经过长期考察、反复论证后组织出版的。一方面，丛书汇集了本学科研究人员关于偏振特性产生、传输、获取、处理、解译、应用方面的系列研究成果，是众多学科交叉互促的结晶；另一方面，丛书还是一个开放的出版平台，将为我国偏振成像探测的发展提供交流和出版服务。

我相信这套丛书的出版，必将为推动我国偏振成像研究的深入开展做出引领性、示范性的作用，在人才培养、关键技术突破、应用示范等方面发挥显著的推进作用。

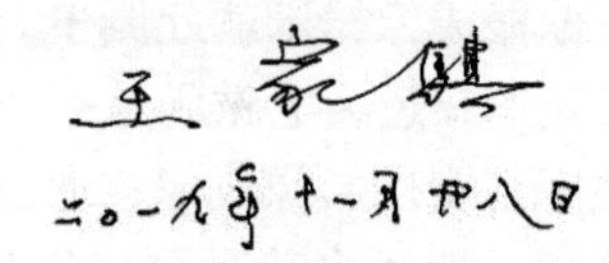

前　言

近年来，红外偏振成像技术不断发展，在目标对比度增强、抗复杂环境干扰、杂波抑制、抗热辐射干扰等方面展现出比传统红外探测技术更好的性能。随着微纳加工工艺的进步，结构紧凑、集成度高、可快照式成像的分焦平面偏振成像技术逐渐成为新一代红外偏振成像探测手段。分焦平面红外偏振成像装置具备高帧率成像能力，促进了分焦平面红外偏振摄像技术快速发展。分焦平面红外偏振摄像技术有机结合了偏振光学、光电成像与计算摄像学，可以实现红外偏振视觉信息的有效利用，是人工智能、计算机视觉、信号处理、光学等深度交叉的新兴研究方向。红外偏振摄像理论与技术打破了传统红外偏振成像、参数计算、应用算法设计的模式，模糊了采集、处理与应用之间的界限，可以在低信息损失和有限资源下实现偏振视觉信息的综合利用。红外偏振摄像方法代表未来偏振相机研发的新方向，同时吸引来自学术界，乃至工业界的广泛关注和极大投入。这一研究方向近年来飞速发展，涌现出大量优秀的科研成果。

本书作者团队在国内率先开展了分焦平面红外偏振成像相关的研究，投入大量的精力，研究新的成像机制、设计并搭建新的成像系统、提出高性能计算重构方法。此外，我们还与相关公司合作生产出国内首款非制冷红外焦平面微偏振阵列探测器，进一步推动了成果的产业化与应用。

希望本书能够为光电探测、计算机视觉、人工智能等相关学科提供新的视角与思路，推动国内红外偏振摄像学的发展，吸引和鼓励更多的团队加入该领域的研究，共同推动科学观测仪器的研发和基础学科的发展。

限于作者水平，书中难免存在不妥之处，恳请读者批评指正。

作　者

2022 年 1 月于西安

目　录

第1章　绪　　论

红外摄像系统已广泛应用于精确制导、对地目标侦察、工业现场监测、应急救援、医疗诊断等领域。传统红外摄像系统仅获取某一红外波段(如 3～5μm、8～14μm)的辐射强度信息，在检测、跟踪位于复杂背景或干扰影响的目标时难以达到预期效果。尽管部分学者通过改进检测、跟踪算法提升系统性能，但是效果依然欠佳。一个红外摄像系统可以分解为串联在一起的一系列物理事件链条。该链条始于作为辐射源的场景，终于展示给用户的结果。成像链示意图如图 1-1 所示[1]。要增强红外摄像系统抗复杂背景和干扰的能力，不能单纯加强成像链某个环节的强度(如利用增强算法来提升抗干扰能力)，需要对各个环节进行总体加强来增强系统的抗复杂背景和干扰的能力，即同时增强信息获取、处理和分析的能力。

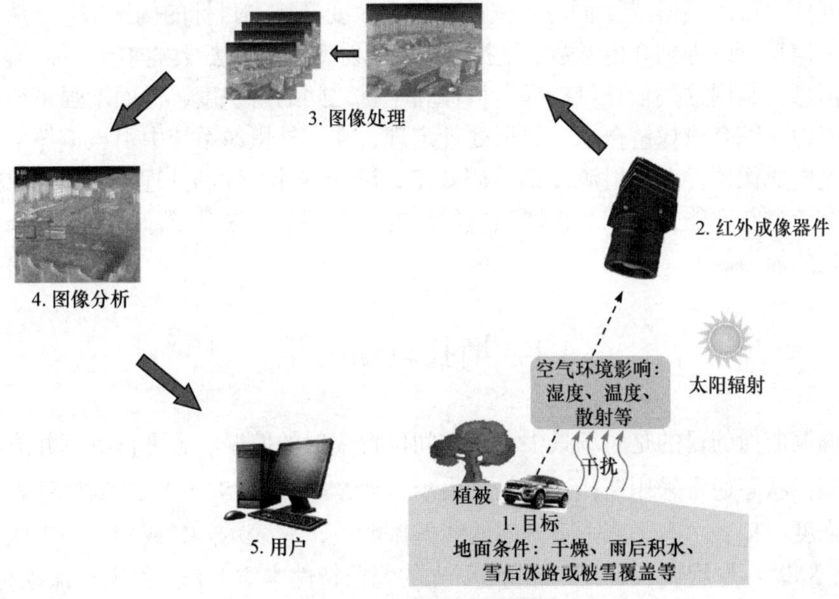

图 1-1　成像链示意图[1]

如果把成像链中的每一个环节抽象为对辐射源 X 的一次处理，光电成像器件的输出 $f(X)$ 表示成像器件对辐射源的编码，处理阶段的输出 $g(f(X))$ 表示光电成像器件输出的处理结果，那么根据数据处理定理[2]可得

$$I(X,f(X)) \geqslant I(X,g(f(X))) \tag{1-1}$$

其中，$I(X,f(X))$表示X与$f(X)$之间的互信息，用来度量X与$f(X)$之间的相关性。

X与$f(X)$的互信息大于X与$g(f(X))$的互信息，表示$f(X)$保有更多来自X的信息。

如果对光电成像器件的输出做两次处理，如图像重构m和特征提取n，那么根据数据处理定理可得

$$I(X,f(x)) \geqslant I(X,m(f(x))) \geqslant I(X,n(m(f(x)))) \tag{1-2}$$

式(1-1)和式(1-2)表示对信源X每做一次处理都会有信息量的损失。要减少信息的损失，需要减少成像链中处理环节的数量，这样也会增强整个成像链的可靠性。此外，对于整个成像链来说，其信息量取决于光电成像器件对辐射源X的编码效率。电磁辐射包含辐射强度、光谱、偏振、相位等特征，但是传统红外成像器件只获取辐射源X的空间和辐射强度信息，编码效率低，对整个链条提供的信息量少，会给后续的处理带来困难。

目标在反射/辐射电磁辐射时，会产生与目标特性(如材料组成、介电常数、粗糙度)相关的偏振信息，同时大气散射还会改变环境和目标的偏振信息。从获取的偏振信息可以得到介电常数、复折射率、反射率、表面法线方向等目标的理化、结构信息。利用这类信息可以提高目标和干扰之间的辨识度，进而增强系统的抗干扰能力。综合成像链概念、数据处理定理，在红外摄像系统中引入偏振信息，提高光电成像器件对辐射源X的编码效率，设计有针对性的处理算法，可以在增强系统信息获取能力的同时，增强成像链的各个环节，提升成像系统抗复杂背景和干扰的能力。

1.1 斯托克斯矢量

偏振成像的目的是对场景中不同空间位置辐射的偏振状态进行解算并成像。光的偏振状态通常采用斯托克斯矢量表示，即$S=[S_0,S_1,S_2,S_3]^{\mathrm{T}}$，其中$S_0$表示光的总强度，$S_1$表示水平或垂直方向的线偏振能量，$S_2$表示+45°或−45°方向线偏振能量，$S_3$表示左旋或右旋圆偏振分量。光的偏振特性本质上是光的电场振动特性，目前尚无法实现直接对光的偏振状态进行测量或成像，因此基于光强测量实现偏振成像是现阶段技术条件下十分自然的选择。一束入射光可以表示为两个正交方向的分量，即

$$E_x(t)=E_{0x}\mathrm{e}^{\mathrm{i}\delta_x}\mathrm{e}^{\mathrm{i}\omega t} \tag{1-3}$$

$$E_y(t) = E_{0y} e^{i\delta_y} e^{i\omega t} \tag{1-4}$$

其中，E_{0x} 和 E_{0y} 为两个分量的幅值；δ_x 和 δ_y 为两个分量的相位。

平面波的斯托克斯参量可以表示为[3]

$$S_0 = E_x E_x^* + E_y E_y^* \tag{1-5}$$

$$S_1 = E_x E_x^* - E_y E_y^* \tag{1-6}$$

$$S_2 = E_x E_y^* + E_y E_x^* \tag{1-7}$$

$$S_3 = i(E_x E_y^* - E_y E_x^*) \tag{1-8}$$

其中，*表示共轭复数。

为实现对入射光斯托克斯参量的测量，需要对入射光进行偏振调制，通常使用相位延迟器和线偏振片对入射光进行调制。斯托克斯参量测量的示意图如图 1-2 所示。令入射光线分别通过一个相位延迟器与线偏振片，相位延迟器将 x 方向偏振分量的相位提前 $\phi/2$，y 方向偏振分量的相位推迟 $\phi/2$，那么经过相位延迟器的正交方向偏振分量变为

$$E_x' = E_x e^{i\phi/2} \tag{1-9}$$

$$E_y' = E_y e^{-i\phi/2} \tag{1-10}$$

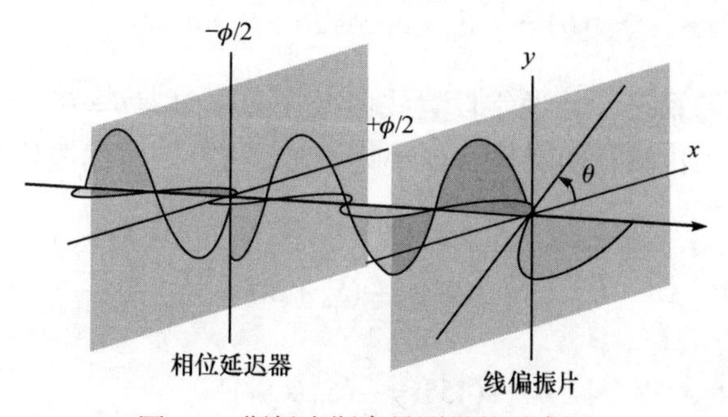

图 1-2 斯托克斯参量测量的示意图

经过相位延迟器后，光线继续穿过一个线偏振片。假设线偏振片的透光轴与 x 轴之间的夹角为 θ，线偏振片具有理想的消光性能，即只有 E_x' 和 E_y' 在线偏振片透光方向的分量才能透过线偏振片，E_x' 和 E_y' 在偏振片透光方向的分量为 $E_x'\cos\theta$ 和 $E_y'\sin\theta$，光线经过线偏振片后的总能量可写为

$$E = E_x'\cos\theta + E_y'\sin\theta = E_x e^{i\phi/2}\cos\theta + E_y e^{-i\phi/2}\sin\theta \tag{1-11}$$

光强定义为

$$I = EE^* \tag{1-12}$$

根据式(1-11)与式(1-12)，可得经过相位延迟器与线偏振片调制后的光强，即

$$I(\theta,\phi) = E_x E_x^* \cos^2\theta + E_y E_y^* \sin^2\theta + E_x^* E_y \mathrm{e}^{-\mathrm{i}\phi} \sin\theta\cos\theta + E_x E_y^* \mathrm{e}^{\mathrm{i}\phi} \sin\theta\cos\theta \tag{1-13}$$

进一步，通过三角变换可得

$$I(\theta,\phi) = \frac{1}{2}[(E_x E_x^* + E_y E_y^*) + (E_x E_x^* - E_y E_y^*)\cos 2\theta + (E_x E_y^* + E_y E_x^*)\cos\phi\sin 2\theta + \mathrm{i}(E_x E_y^* - E_y E_x^*)\sin\phi\sin 2\theta] \tag{1-14}$$

用式(1-5)～式(1-8)替换式(1-14)中的各项，可得斯托克斯公式，即

$$I(\theta,\phi) = \frac{1}{2}(S_0 + S_1\cos 2\theta + S_2\cos\phi\sin 2\theta + S_3\sin\phi\sin 2\theta) \tag{1-15}$$

斯托克斯公式建立了经相位延迟器与偏振片调制后的光强与入射光斯托克斯参量之间的关系。通过调节相位延迟器的相位延迟角和线偏振片的透光轴方向进行多次强度测量，就可以解算入射光的偏振态。自然条件下的圆偏分量S_3极低，且测量方式更加复杂，通常光电成像只考虑入射光线偏振态的测量。只考虑线偏振成像便无须相位延迟器，即$\phi = 0$，那么式(1-15)可进一步改写为

$$I(\theta) = \frac{1}{2}(S_0 + S_1\cos 2\theta + S_2\sin 2\theta) \tag{1-16}$$

在线偏振成像系统中，通常设置线偏振片的方向为$\theta = 0°$、45°、90°、135°。这种设置可以最大化测量信噪比且最小化系统误差[3]。线偏振片在不同方向的强度测量结果为

$$I(0°) = \frac{1}{2}(S_0 + S_1) \tag{1-17}$$

$$I(45°) = \frac{1}{2}(S_0 + S_2) \tag{1-18}$$

$$I(90°) = \frac{1}{2}(S_0 - S_1) \tag{1-19}$$

$$I(135°) = \frac{1}{2}(S_0 - S_2) \tag{1-20}$$

根据式(1-17)～式(1-20)可以进一步解算出入射光的前三个斯托克参量，即

$$S_0 = \frac{1}{2}(I(0°) + I(45°) + I(90°) + I(135°)) \tag{1-21}$$

$$S_1 = I(0°) - I(90°) \tag{1-22}$$

$$S_2 = I(45°) - I(135°) \tag{1-23}$$

利用斯托克斯参量可计算入射光的两个主要偏振特性，即线偏振度(degree of linear polarization，DoLP)与偏振角(angle of polarization，AoP)，即

$$\text{DoLP} = \frac{\sqrt{S_1^2 + S_2^2}}{S_0} \tag{1-24}$$

$$\text{AoP} = \frac{1}{2}\tan^{-1}\left(\frac{S_2}{S_1}\right) \tag{1-25}$$

1.2　红外偏振成像器件

为了获取目标偏振信息量，目前已发展出多种偏振成像技术，根据获取的 $I(0°)$、$I(45°)$、$I(90°)$、$I(135°)$ 图像的差异，大致分为如下几类[4]。

1. 分时偏振成像装置

机械旋转偏振光学元件出现于 20 世纪 70 年代，它通过旋转偏振片和波片依次采集多个偏振片和波片方向的图像来解算场景的偏振信息。这是最直接也是最简单的偏振成像方式。因为旋转偏振片需要消耗一定的时间，所以在采集过程中场景需要严格保持静止状态。另外，采集装置的振动也会导致采集的多帧图像存在不对齐的问题，使偏振信息计算不准确。机械旋转偏振片式分时偏振成像装置原理如图 1-3 所示。

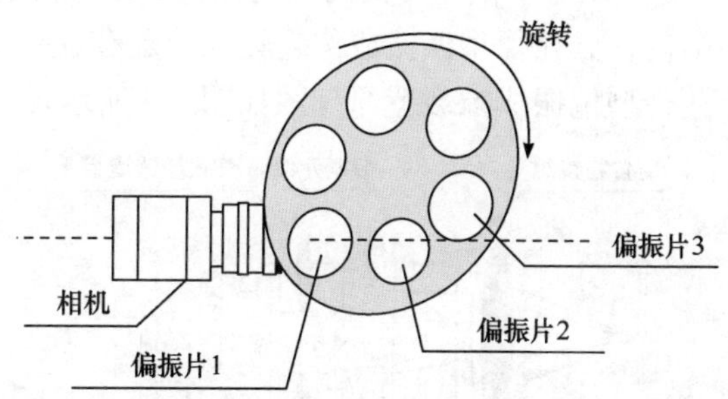

图 1-3　机械旋转偏振片式分时偏振成像装置原理图

2. 分振幅型偏振成像装置

分振幅型偏振成像装置出现于 20 世纪 80 年代。光进入该系统后被分束光学器件分成多束，然后采用不同方向偏振片进行调制。这种方式可以一次性获得不同方向偏振片调制后的光强信息，不存在分时偏振成像系统中的不对齐问题。但是，解算场景中的偏振信息至少需要 3 个偏振方向的强度图像。这意味着分振幅

型偏振成像系统中至少需要配置 3 套成像器件。这会导致系统体积大，调试复杂，不利于实际使用。分振幅型偏振成像装置原理图如图 1-4 所示。

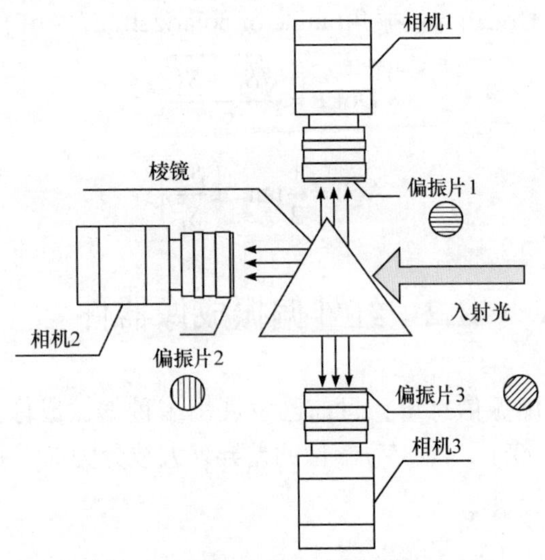

图 1-4　分振幅型偏振成像装置原理图

3. 分孔径型偏振成像装置

分孔径型偏振成像装置出现于 20 世纪 90 年代后期。该装置利用微透镜阵列将入射光分为 4 个部分，通过将一个探测器分为 4 个区域实现同一探测器接收，然后通过简单计算实现偏振成像。该成像方式可以在同一焦平面获得不同偏振方向的强度图像，但是会造成每个偏振方向的强度图像分辨率降低四分之一。另外，由于该系统的偏心结构，分孔径型偏振成像装置的装配存在一定难度，会给实际使用带来不便。分孔径型偏振成像装置原理图如图 1-5 所示。

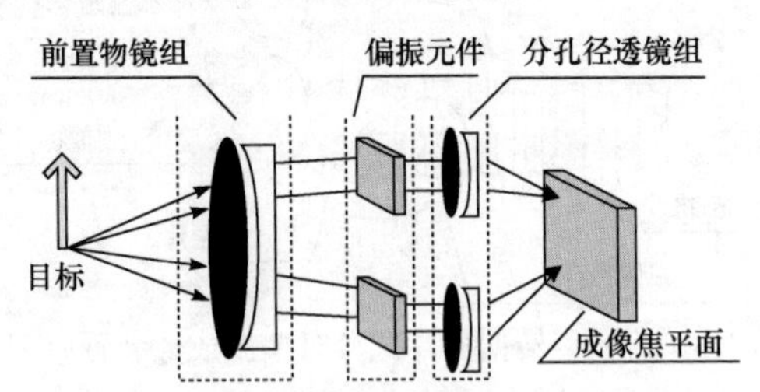

图 1-5　分孔径型偏振成像装置原理图

4. 分焦平面型偏振成像装置

分焦平面型偏振成像装置出现于 2000 年，是目前最先进的红外偏振成像技术方案。它直接在探测器探测面阵的每个像元前加装微型偏振片，4 个为一组，实现偏振探测，微型化的特点明显。该成像装置可以一次成像获得 4 个偏振方向的强度图像，捕获动态场景的偏振信息。该系统体积小、结构紧凑，具备高帧率成像、高消光比和高透过率等优点。分焦平面型偏振成像装置原理图如图 1-6 所示。

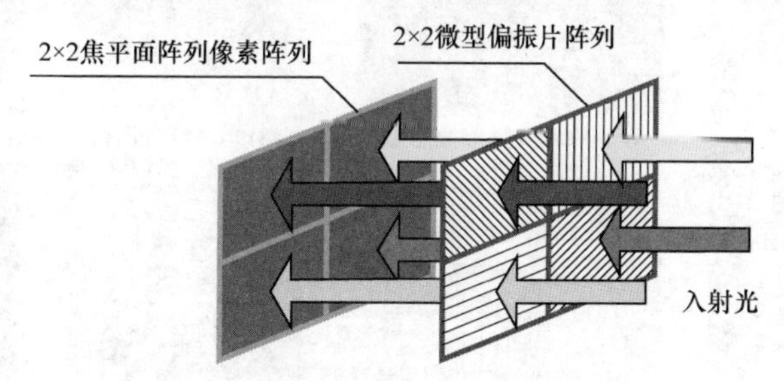

图 1-6 分焦平面型偏振成像装置原理图

摄像仪能够实时记录场景的图像。分焦平面红外偏振成像装置具备高帧率成像能力。为便于与其他红外偏振成像方式区别，我们将分焦平面红外偏振成像装置称为红外偏振摄像仪。红外偏振摄像仪中的红外偏振焦平面主要包括美国雷神公司的 SB172 与 SB232、美国空军实验室的 AFRL/PIRATE、美国 Polaris 公司的 Pyxis 640-GR、英国 Thales 的 Catherine MP 长波红外(long wave infrared ray, LWIR)偏振探测器、瑞典 IRnova 公司的 Garm LW Pol，以及中国北方广微科技的 GW5.0 PL 0304 X2A 等。以上几款红外偏振焦平面均采用典型的 2×2 偏振阵列排布模式，可以实现偏振光栅阵列与红外焦平面探测器的高度集成，实时获取场景红外偏振图像数据，是未来小型化、集成化偏振探测的发展方向。

1.3 基于偏振成像的目标检测

1. 抗干扰目标检测

通过提取偏振信息中包含的目标唯一性、区别性表面理化特征，可以有效提高目标检测的性能与抗干扰能力，所以目前红外偏振成像技术主要用于抗干扰目标检测。美国空军实验室与 Polaris 公司报道了利用红外偏振成像实现伪装、遮挡军事目标检测[5]，即使热图像中目标与背景几乎不存在对比度，偏振图像仍具有显著区别。相关研究表明，红外偏振成像可显著提升目标与背景的对比度。基于此，各国也展开了基于红外偏振成像的抗干扰地雷检测[6,7]，提升武器装备与士兵的战场生存能力。美国空军实验室与上海航天控制技术研究所报道了利用红外偏振探测技术进行复杂背景下(低空或云层背景)无人机检测的实验[8]。相比传统红外探测技术，基于红外偏振成像的检测准确性大幅提高。此外，红外偏振成像技术在抗水面杂波干扰目标检测中也具有显著优势，如抗干扰水面舰船检测[8]与落水人员搜救等[9,10]。红外偏振成像抗干扰目标检测如图 1-7 所示。

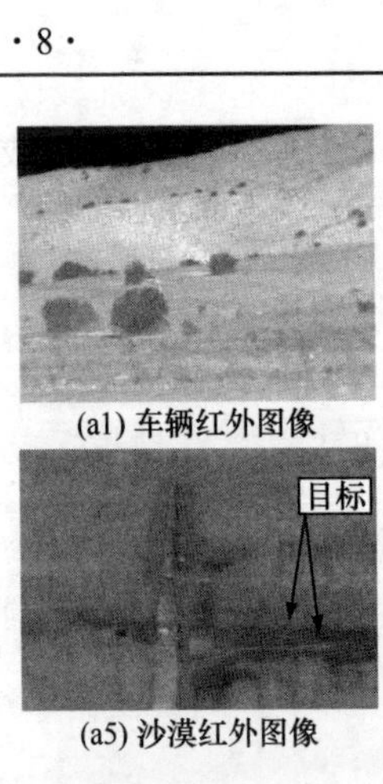

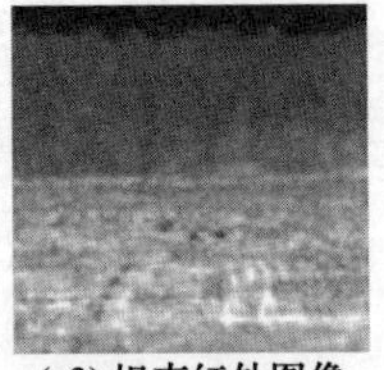

(a1) 车辆红外图像 (a2) 车辆红外偏振图像 (a3) 坦克红外图像 (a4) 坦克红外偏振图像

(a5) 沙漠红外图像 (a6) 沙漠红外偏振图像 (a7) 地雷红外图像 (a8) 地雷红外偏振图像

(a) 伪装、遮挡军事目标检测

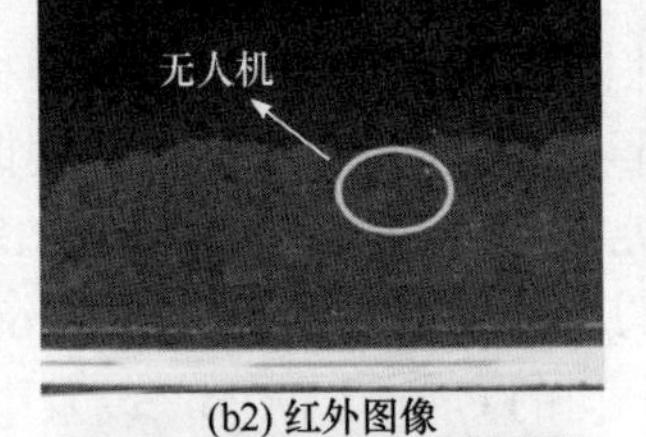

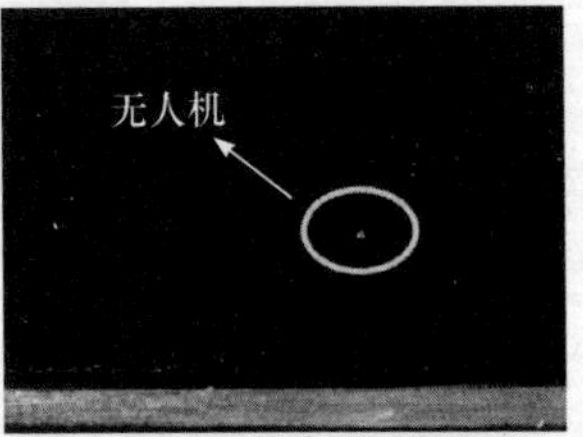

(b1) 可见光图像 (b2) 红外图像 (b3) 红外偏振图像

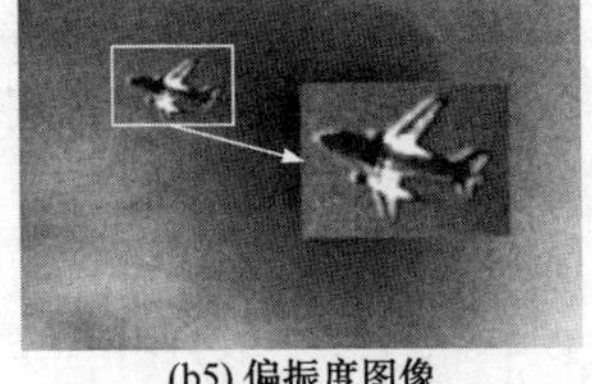

(b4) 红外图像 (b5) 偏振度图像 (b6) 偏振角图像

(b) 复杂背景下目标检测

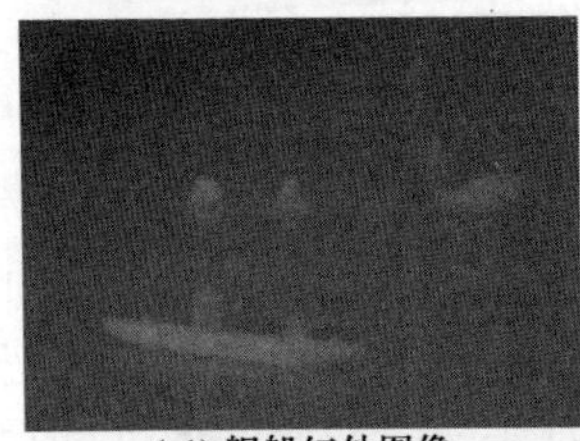

(c1) 舰船红外图像 (c2) 舰船偏振度图像 (c3) 舰船偏振角图像

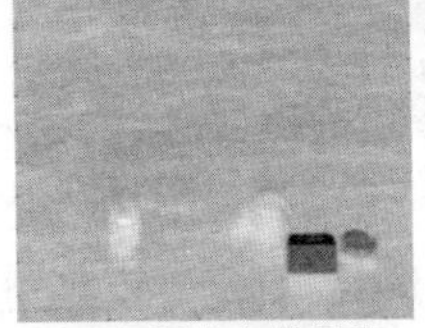

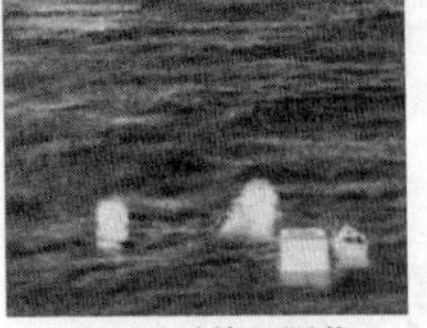

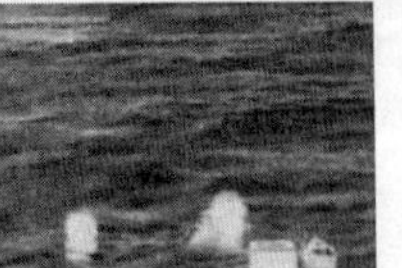

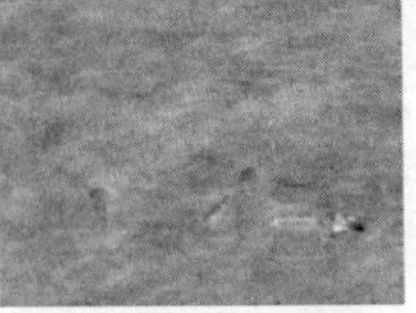

(c4) 漂浮物红外图像 (c5) 漂浮物S_1图像 (c6) 漂浮物S_2图像 (c7) 漂浮物偏振度图像

(c) 抗水面杂波干扰目标检测

图 1-7 红外偏振成像抗干扰目标检测

2. 自动驾驶系统道路与车辆检测

Harchanko 等[11]基于红外偏振数据利用区域卷积神经网络(region-based convolutional neural network，R-CNN)进行车辆检测。相比传统红外数据，基于红外偏振数据的检测精度更高，而且可以实现全天候的车辆检测。Polaris 公司也报道了基于红外偏振成像的道路检测(图 1-8)与自动驾驶避障等应用[12]。红外偏振成像技术有望在自动驾驶系统中得到应用。

(a) 红外图像

(b) 红外偏振图像

图 1-8 基于红外偏振成像的道路检测[12]

3. 海面溢油检测

Polaris 公司报道了红外偏振技术在溢油检测中的应用[12]。在水面溢油检测任务中，由于水和石油/柴油之间没有强烈的热辐射对比，因此采用传统热红外成像难以对它们进行区分。热成像仪和可见光成像仪也无法将石油与植被或水面耀光区分开来。对于红外偏振成像技术，即使水和石油的温度相同，也能将二者准确区分，检测效率可提高 4 倍，检测距离达一公里以上。基于红外偏振成像的水面溢油检测如图 1-9 所示[12]，可以实现漏油的准确检测，体现红外偏振成像技术在环境监测中的潜在价值。

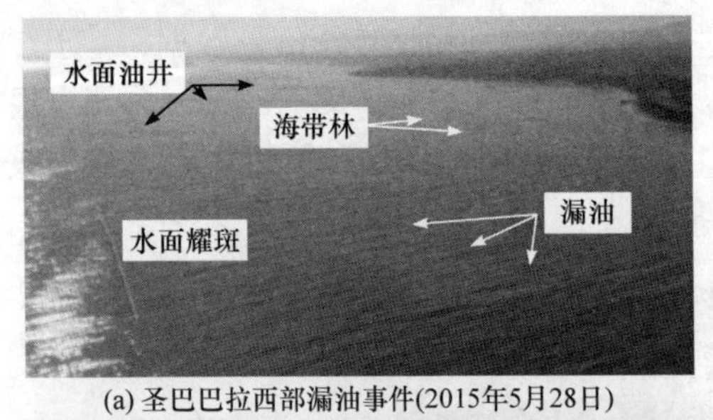

(a) 圣巴巴拉西部漏油事件(2015年5月28日)

(b) 长波红外热图像

(c) 长波红外偏振图像

(d) 长波红外热图像与偏振图像的融合结果

图 1-9　基于红外偏振成像的水面溢油检测[12]

4. 人脸增强

美国陆军实验室报道了基于红外偏振成像的人脸识别[13-15]。红外偏振成像可以显著增强热图像中隐藏的丰富的人脸几何和纹理特征，并且人脸识别的准确率相比传统红外技术提升超过 20%。红外偏振成像对于军事检查站、执法部门和边境管制的全天候(尤其是暗光条件)安防监控面目识别具有重要意义。基于红外偏振成像的人脸增强如图 1-10 所示。

(a) 红外热图像

(b) 可见光图像

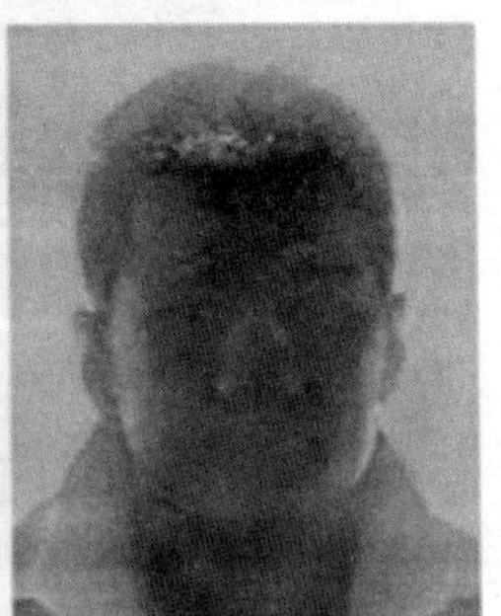
(c) 红外偏振图像

图 1-10　基于红外偏振成像的人脸增强[13]

可见，偏振探测在目标检测等视觉任务中具有非常大的潜在价值，但是偏振探测的理论模型仍有待完善，如何利用目标/背景偏振特性的形成机理与分布规律设计高效的目标检测算法仍缺乏深入研究。另外，随着分焦平面偏振成像技术的成熟，偏振视频数据的获取已不再困难，如何更好地利用空间维、时间维和偏振维数据进行目标检测也是需要解决的问题。

1.4 本章小结

随着分焦平面红外偏振成像器件的日趋成熟，红外偏振摄像技术的相关研究也快速展开，但是由于分焦平面偏振成像器件中每个像素位置只能采集某一方向的偏振信息，因此缺失的偏振信息会影响整个成像链的性能。本书从增强整个成像链的角度介绍红外偏振辐射模型、偏振焦平面的设计、偏振焦平面的非均匀校正、偏振马赛克图像去马赛克、偏振图像的超分辨率重建，以及如何将偏振摄像技术应用于目标跟踪和道路检测。

参考文献

[1] Fiete R D. Modeling the Imaging Chain of Digital Cameras. New York: SPIE, 2010.

[2] James V S. Information Theory: A Tutorial Introduction. Sheffield: Sebtel, 2015.

[3] Zhao Y, Pan Q, Kong S, et al. Multi-band Optical Polarization Imaging and Application. New York: Springer, 2016.

[4] 赵永强, 李宁, 张鹏, 等. 红外偏振感知与智能处理. 红外与激光工程, 2018, 47(11): 9-15.

[5] Tyo J S, Goldstein D L, Chenault D B, et al. Review of passive imaging polarimetry for remote sensing applications. Applied Optics, 2006, 45(22): 5453-5469.

[6] Cremer F, De Jong W, Schutte K. Infrared polarization measurements and modelling applied to surface laid anti-personnel landmines. Optical Engineering, 2002, 41(5): 1021-1032.

[7] Forssell G. Surface landmine and trip-wire detection using calibrated polarization measurements in the LWIR and SWIR//Subsurface and Surface Sensing Technologies and Applications III International Society for Optics and Photonics, San Diego, 2001, 4491: 41-51.

[8] 王霞, 夏润秋, 金伟其, 等. 红外偏振成像探测技术进展. 红外与激光工程, 2014, 43(10): 3175-3182.

[9] Ratliff B M, LeMaster D A, Mack R T, et al. Detection and tracking of RC model aircraft in LWIR microgrid polarimeter data//Polarization Science and Remote Sensing V. International Society for Optics and Photonics, San Diego, 2011: 1-13.

[10] Harchanko J, Chenault D, Farlow C, et al. Detecting a surface swimmer using long wave infrared imaging polarimetry//Photonics for Port and Harbor Security. International Society for Optics and Photonics, Orlando, 2005: 138-144.

[11] Harchanko J S, Chenault D B. Water-surface object detection and classification using imaging

polarimetry//Polarization Science and Remote Sensing II. International Society for Optics and Photonics, Orlando, 2005: 588815.

[12] Sheeny M, Wallace A, Emambakhsh M, et al. POL-LWIR vehicle detection: Convolutional neural networks meet polarized infrared sensors//Proceedings of the IEEE Conference on Computer Vision and Pattern Recognition Workshops, Salt Lake, 2018: 1247-1253.

[13] Chenault D B, Pezzaniti J L, Vaden J P. Pyxis handheld polarimetric imager//Infrared Technology and Applications XLII. International Society for Optics and Photonics, Baltiruore, 2016: 158-168M.

[14] Aycock T M, Chenault D B, Hanks J B, et al. Polarization-based mapping and perception method and system. U.S. Patent, 9589195, 2017-3-7.

[15] Short N, Hu S, Gurton K P, et al. Changing the paradigm in human identification. Optics & Photonics News, 2015, (10): 40.

第 2 章　红外偏振模型

与传统的红外成像不同，红外偏振成像不仅能获取目标景物的红外辐射强度信息，还能得到目标景物的偏振信息。丰富的信息量有助于复杂环境下目标的探测识别，一些传统红外热像仪无法辨识的辐射强度相同的物体，利用偏振特性的差异则可以轻松地辨别。为了获得理想的探测效果，需充分考虑红外偏振产生的物理机制。物体在自发辐射和反射环境辐射过程中都会产生偏振现象，本章介绍红外自发辐射偏振模型和红外反射辐射偏振模型。红外偏振特性分析模型如图 2-1 所示。

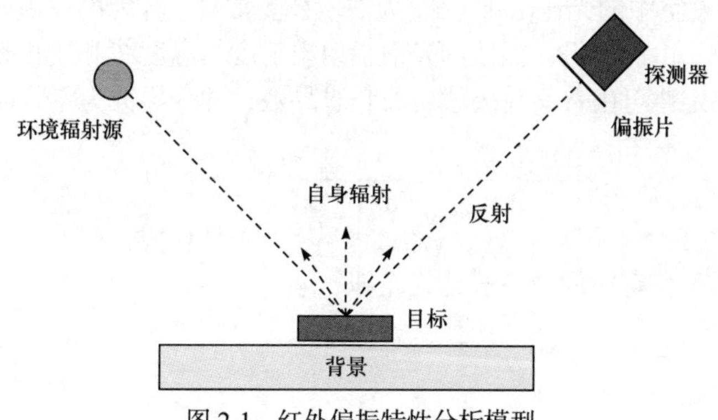

图 2-1　红外偏振特性分析模型

2.1　红外自发辐射偏振模型

2.1.1　红外辐射基础理论

红外辐射又称红外线[1]，是 1800 年 Herschel 在研究太阳七色光的热效应时发现的。由于其具有强烈的热效应，因此又称热辐射。红外辐射属于电磁波，在整个电磁波谱中只占很小一部分，通常把整个红外辐射光谱区按波长分为近红外(0.78～3μm)、中红外(3～6μm)、远红外(6～15μm)和极远红外(15～1000μm)四个波段。任何大于绝对零度(–273.15℃)的物体时刻都在不停地向外界发射红外辐射，因此红外辐射存在于我们生活的整个空间中。

1. 黑体辐射定理

普朗克辐射公式、维恩位移定律和斯特藩-玻尔兹曼定律是黑体辐射的三大基本定理。黑体是一种在任何温度下都能全部吸收任何波长入射辐射的物体，是一个理想化的概念。其反射率和透射率均为零，吸收率和发射率都等于 1。一般物体对辐射的吸收比总是小于 1，因此发射热辐射的能力也小于黑体。对于物体的辐射度，一般不直接测量，而是与同温度的黑体辐射进行比较，通过比值表示其辐射特性。黑体在给定波长和温度下的光谱辐射出射度可以表示为

$$M_{\lambda bb}(\lambda,T)=\frac{2\pi hc^2}{\lambda^5(\mathrm{e}^{\frac{hc}{\lambda}K_BT}-1)}=\frac{c_1}{\lambda^5(\mathrm{e}^{\frac{c_2}{\lambda}T}-1)} \tag{2-1}$$

即描述黑体辐射光谱分布的普朗克公式，也称普朗克辐射定律。其中，$M_{\lambda bb}$ 为黑体的光谱辐射出射度(W/(m^2 · μm))；λ 为波长(μm)；T 为绝对温度(K)；h 为普朗克常数；c 为真空中的光速(m/s)；K_B 为玻尔兹曼常数；c_1 为第一辐射常数；c_2 为第二辐射常数。由此可得，黑体的光谱辐射出射度与温度 T 和波长 λ 的关系。

维恩位移定律可由普朗克公式对波长求导数，并令导数为零，即令

$$\frac{\mathrm{d}M_{\lambda bb}(\lambda,T)}{\mathrm{d}\lambda}=\frac{\mathrm{d}}{\mathrm{d}\lambda}\left[\frac{c_1}{\lambda^5(\mathrm{e}^{\frac{c_2}{\lambda}T}-1)}\right]=0 \tag{2-2}$$

可以得到维恩位移定律的最终表达式，即

$$\lambda_m T=b \tag{2-3}$$

其中，$b=2898.8\pm0.4\mu\mathrm{m}\cdot\mathrm{K}$ 。

维恩位移定律表明，黑体光谱辐射出射度峰值对应的峰值波长 λ_m 与黑体的绝对温度 T 成反比。如图 2-2 所示，温度越高，红外辐射就越强，同时辐射峰值波长向短波方向移动。

斯特藩-玻尔兹曼定律给出了黑体的全辐射出射度与温度的关系。利用普朗克公式，对波长从 0 到 ∞ 积分可得

$$M_{bb}=\int_0^{\infty}M_{\lambda bb}\mathrm{d}\lambda=\int_0^{\infty}\frac{c_1}{\lambda^5(\mathrm{e}^{\frac{c_2}{\lambda}T}-1)}\mathrm{d}\lambda \tag{2-4}$$

利用变量替换最终可以求得全辐射出射度的表达式(斯特藩-玻尔兹曼定律)，即

$$M_{bb}=\frac{c_1}{c_2^4}T^4\frac{\pi^4}{15}=\sigma T^4 \tag{2-5}$$

其中，$\sigma=c_1\pi^4/(15c_2^4)$ 。

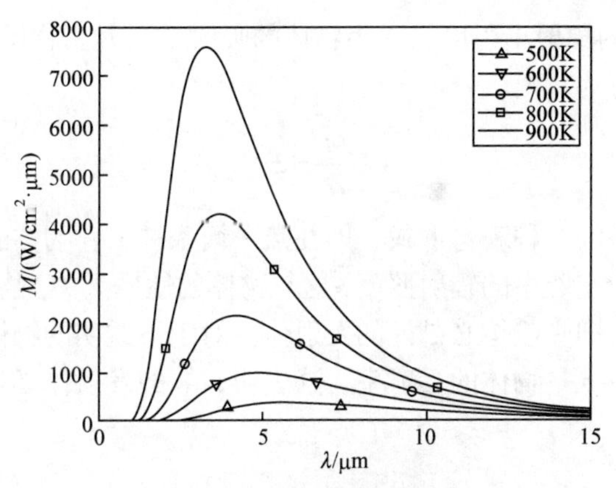

图 2-2　不同温度下黑体辐射随波长的变化曲线

该定律表明，黑体的全辐射出射度与其温度的四次方成正比。因此，当温度有很小的变化时，就会引起辐射出射度很大的变化。图 2-2 中每条曲线下的面积也能直观地表示该温度下对应的黑体全辐射出射度，随温度的增加，曲线下的面积迅速增大。

辐射的平行分量(p 分量)和垂直分量(s 分量)来自物体发射的辐射与物体反射的均匀黑体半球辐射之和。为了计算传感器接收到的辐射度，可将辐射的平行分量和垂直分量单独考虑。因此，为方便，忽略由环境引起的辐射，表面总辐射出射度可表示为

$$M_{\lambda bbt}(\lambda,T)=\frac{1}{2}M_{\lambda bbs}(\lambda,T)(1-R_s)+\frac{1}{2}M_{\lambda bbp}(\lambda,T)(1-R_p) \tag{2-6}$$

其中，R_p 与 R_s 表示物体表面平行分量反射率和垂直分量反射率。

在自然环境中，由于原子或分子的自发辐射具有随机性，不同时刻大量原子或分子发出的红外辐射相互叠加，因此不具备偏振性。然而，红外辐射在与物质发生相互作用时(如反射、折射、吸收和散射)，往往会改变作用后红外辐射的偏振特性，并且这种偏振特性能够反映物质自身的属性，这就是利用红外辐射偏振探测的物理基础。

2. 基尔霍夫定律

将任意物体置于一等温腔内，腔内为真空。物体在吸收腔内辐射的同时发射辐射，最后物体将与腔壁达到同一温度 T，这时称物体与空腔达到热平衡状态。在热平衡状态下，物体发射的辐射功率等于它吸收的辐射功率，否则物体将不能保持温度 T，因此有

$$M=\alpha E \tag{2-7}$$

其中，M 为物体的辐射出射度；α 为物体的吸收率；E 为物体上的辐射照度。

式(2-7)又可写为

$$\frac{M}{\alpha}=E \tag{2-8}$$

这是基尔霍夫定律的一种表达形式，即在热平衡条件下，物体的辐射出射度与其吸收率的比值等于空腔中的辐射照度，这与物体的性质无关。物体的吸收率越大，辐射出射度也大，即吸收体必是好的发射体。对于不透明的物体，透射率为零，则 $\alpha=1-\rho$，其中 ρ 是物体的反射率。这表明，好的发射体必是弱的反射体。

3. 菲涅耳定理

菲涅耳公式可以用来描述光在不同介质之间的反射和折射现象。它能定量地解释反射光、折射光的强度和相位与入射光的强度和相位之间的关系，同时也能很好地反映反射光和折射光偏振态的变化，即

$$\begin{aligned} r_s&=\frac{E_{\text{ors}}}{E_{\text{ois}}}=\frac{n_1\cos\theta_i-n_2\cos\theta_t}{n_1\cos\theta_i+n_2\cos\theta_t}=-\frac{\sin(\theta_i-\theta_t)}{\sin(\theta_i+\theta_t)}\\ r_p&=\frac{E_{\text{orp}}}{E_{\text{oip}}}=\frac{n_2\cos\theta_i-n_1\cos\theta_t}{n_2\cos\theta_i+n_1\cos\theta_t}=\frac{\tan(\theta_i-\theta_t)}{\tan(\theta_i+\theta_t)} \end{aligned} \tag{2-9}$$

其中，θ_i 和 θ_t 为入射角和折射角；n_1 和 n_2 为入射光和折射光所处介质的折射率；垂直于入射面的分量和平行于入射面的分量振幅反射比由 r_s 和 r_p 表示。

垂直于入射面的分量和平行于入射面的分量振幅折射比由 t_s 和 t_p 表示，即

$$\begin{aligned} t_s&=\frac{E_{\text{ots}}}{E_{\text{ois}}}=\frac{2n_1\cos\theta_i}{n_1\cos\theta_i+n_2\cos\theta_t}=\frac{2\cos\theta_i\sin\theta_t}{\sin(\theta_i+\theta_t)}\\ t_p&=\frac{E_{\text{otp}}}{E_{\text{oip}}}=\frac{2n_1\cos\theta_i}{n_2\cos\theta_i+n_1\cos\theta_t}=\frac{2\cos\theta_i\sin\theta_t}{\sin(\theta_i+\theta_t)\cos(\theta_i-\theta_t)} \end{aligned} \tag{2-10}$$

式(2-9)为菲涅耳公式，需要注意的是，当反射界面是金属时，折射率需用复折射率表示。

2.1.2 红外自发辐射偏振模型分析

由光的偏振现象可知，在可见光波段中，光的偏振特性主要产生物体对入射光的反射和折射[2]。在红外波段，还需考虑目标的自发辐射偏振特性[3]。下面从理论方面介绍红外自发辐射的偏振特性。

图 2-3 所示为红外自发辐射从光滑介质表面出射的光矢量示意图。其中，E_{oi}、E_{or}、E_{ot} 为入射、反射、折射的辐射强度。由于任一偏振态的光均可分解为两个

相互垂直的分量，即与出射面垂直的分量(s 分量)和与出射面平行的分量(p 分量)。图中，E_{ois} 为出射辐射中与辐射面垂直的振动分量，E_{oip} 为出射辐射中与辐射面平行的振动分量，E_{ots} 为折射辐射中与出射面垂直的振动分量，E_{otp} 为折射辐射中与出射面平行的振动分量，E_{ors} 为反射辐射中与出射面垂直的振动分量，E_{orp} 为反射辐射中与出射面平行的振动分量。

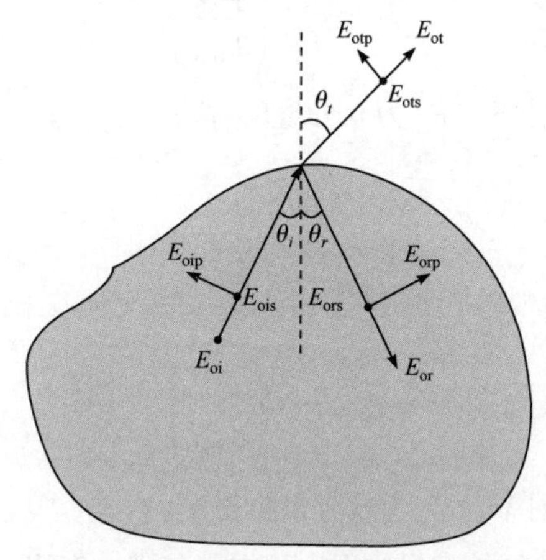

图 2-3　红外自发辐射从光滑介质表面出射的光矢量示意图

根据光的反射理论和折射理论[4,5]，可求出平行分量和垂直分量各自的振幅反射比和振幅折射比。如式(2-11)所示，r_s 为与出射面垂直分量的振幅反射比，r_p 为与出射面平行分量的振幅反射比，即

$$
\begin{aligned}
r_s &= \frac{E_{\text{ors}}}{E_{\text{ois}}} = \frac{n_1\cos\theta_i - n_2\cos\theta_r}{n_1\cos\theta_i + n_2\cos\theta_r} \\
r_p &= \frac{E_{\text{orp}}}{E_{\text{oip}}} = \frac{n_2\cos\theta_i - n_1\cos\theta_r}{n_2\cos\theta_i + n_1\cos\theta_r}
\end{aligned}
\tag{2-11}
$$

同样，如式(2-12)所示，红外辐射矢量中两分量的振幅折射比可用 t_s 和 t_p 表示，t_s 为与出射面垂直分量的振幅折射比，t_p 表示与出射面平行分量的振幅折射比，即

$$
\begin{aligned}
t_s &= \frac{E_{\text{ots}}}{E_{\text{ois}}} = \frac{2n_1\cos\theta_i}{n_1\cos\theta_i + n_2\cos\theta_t} \\
t_p &= \frac{E_{\text{otp}}}{E_{\text{oip}}} = \frac{2n_1\cos\theta_i}{n_2\cos\theta_i + n_1\cos\theta_t}
\end{aligned}
\tag{2-12}
$$

若不考虑吸收、散射等方式的能量损失，当红外辐射从两个介质的分界面出

射时，辐射能量仅是反射和折射之间按照一定规律重新进行分配，并且总能量保持恒定。从能量的角度分析，反射率 R_s 、R_p 可表示为

$$
\begin{aligned}
R_s = r_s^2 = \left(\frac{E_{\text{ors}}}{E_{\text{ois}}}\right)^2 \\
R_p = r_p^2 = \left(\frac{E_{\text{orp}}}{E_{\text{oip}}}\right)^2
\end{aligned}
\tag{2-13}
$$

其中，R_s 为 s 分量反射率；R_p 为 p 分量反射率。

折射率 T_s 、T_p 为

$$
\begin{aligned}
T_s = t_s^2 = \left(\frac{E_{\text{ots}}}{E_{\text{ois}}}\right)^2 \\
T_p = t_p^2 = \left(\frac{E_{\text{otp}}}{E_{\text{oip}}}\right)^2
\end{aligned}
\tag{2-14}
$$

其中，T_s 为 s 分量折射率；T_p 为 p 分量折射率。

对于目标辐射源的红外自发辐射，根据基尔霍夫定律，目标辐射源的发射率 $\varepsilon(T,\lambda,\theta_t)$ 和吸收率 $\alpha(T,\lambda,\theta_t)$ 相等，即

$$
\varepsilon(T,\lambda,\theta_t) = \alpha(T,\lambda,\theta_t) \tag{2-15}
$$

p 分量和 s 分量对应的发射率和吸收率存在差异。辐射的 p 分量和 s 分量与物体的波长 λ 和温度 T 有关。由菲涅耳公式可知，与出射面平行的发射率 ε_p 和与出射面垂直的发射率 ε_s 与折射角 θ_t 相关，所以红外辐射发射率和吸收率不但与物体的波长 λ 和温度 T 有关，而且与天顶角 φ 有关。这里天顶角 $\varphi = \theta_t$ 。具体表示如下，即

$$
\begin{aligned}
\varepsilon_p(T,\lambda,\varphi) = \alpha_p(T,\lambda,\varphi) \\
\varepsilon_s(T,\lambda,\varphi) = \alpha_s(T,\lambda,\varphi)
\end{aligned}
\tag{2-16}
$$

由于大多数物体是不透明的，对于入射到物体的辐射来讲，通常情况下仅存在吸收和反射，根据能量守恒定律，有以下公式，即

$$
\alpha(T,\lambda,\varphi) + R(T,\lambda,\varphi) = 1 \tag{2-17}
$$

结合基尔霍夫定律，可以得到 $\varepsilon(T,\lambda,\varphi) + R(T,\lambda,\varphi) = 1$ 。进一步，对于 p 分量和 s 分量有以下公式成立，即

$$\begin{aligned}\varepsilon_s(T,\lambda,\varphi)+R_s(T,\lambda,\varphi)=1\\ \varepsilon_p(T,\lambda,\varphi)+R_p(T,\lambda,\varphi)=1\end{aligned} \tag{2-18}$$

物体自发辐射通过表面向外辐射的过程中，垂直分量方向的发射率通常不等于平行分量的发射率，因此红外辐射矢量的垂直分量强度不等于平行分量强度。在此情况下，红外辐射会表现出偏振特性，根据偏振度的定义，可以定义红外辐射 DoLP，即

$$\text{DoLP}(T,\lambda,\varphi)=\left|\frac{\varepsilon_p(T,\lambda,\varphi)-\varepsilon_s(T,\lambda,\varphi)}{\varepsilon_p(T,\lambda,\varphi)+\varepsilon_s(T,\lambda,\varphi)}\right| \tag{2-19}$$

将式(2-18)代入式(2-19)中可得偏振度与垂直分量和平行分量的反射率之间关系，即

$$\text{DoLP}(T,\lambda,\varphi)=\left|\frac{R_s(T,\lambda,\varphi)-R_p(T,\lambda,\varphi)}{2-R_s(T,\lambda,\varphi)-R_p(T,\lambda,\varphi)}\right| \tag{2-20}$$

其中，垂直分量和平行分量的反射率为[6]

$$R_s(T,\lambda,\varphi)=\frac{s^2+t^2-2s\cos\varphi+\cos^2\varphi}{s^2+t^2+2s\cos\varphi+\cos^2\varphi} \tag{2-21}$$

$$R_p(T,\lambda,\varphi)=\frac{s^2+t^2-2s\sin\varphi\tan\varphi+\sin^2\varphi\tan^2\varphi}{s^2+t^2+2s\sin\varphi\tan\varphi+\sin^2\varphi\tan^2\varphi}R_s(T,\lambda,\varphi) \tag{2-22}$$

$$s^2=\frac{\sqrt{(n^2-k^2-\sin^2\varphi)^2+4n^2k^2}+n^2-k^2-\sin^2\varphi}{2} \tag{2-23}$$

$$t^2=\frac{\sqrt{(n^2-k^2-\sin^2\varphi)^2+4n^2k^2}-n^2-k^2-\sin^2\varphi}{2} \tag{2-24}$$

其中，n 为物体复折射率中的实部；k 为物体复折射率中的虚部。

式(2-20)表征目标表面自发辐射的偏振特性，而非物体内部点 P 的自发辐射偏振特性，原因是目标表面介质和空气之间存在界面，P 点辐射的偏振特性在探测点处已经发生变化，而且偏振特性没有考虑大气的衰减效应，只适合点源目标和具有光滑表面的目标。

图 2-4～图 2-6 为用本节数学模型计算获得的结果。仿真过程考虑金属与非金属两类材料，金属材料选取铝和铁，非金属材料选取陶瓷和玻璃。实验证明，金属与非金属具有明显的偏振度差异。这也是利用不同偏振特性能够识别不同材质目标的原理。仿真用到的主要参数为材料的复折射率。需要注意的是，各种材料的复折射率在不同的波段的取值有所不同。分析发现，在长波红外波段内，不同

复折射率不会对偏振度的计算造成太大的差别，因此计算采用 10.6μm 处的折射率(表 2-1)。

表 2-1　部分材料在 10.6μm 处的折射率

折射率	铝	铁	陶瓷	玻璃
实部 n	25.00	6.31	1.7	1.53
虚部 k	85.96	28.75	0	0

如图 2-4 所示，对于平行分量发射率，两种非金属材料有类似的变化趋势；对于垂直分量发射率，两种非金属也具有类似的变化趋势，但仍存在一定差别，这也使两种材料具有不同的偏振特性。不管陶瓷还是玻璃材料，随着观测角度的增加，发射率的垂直分量和平行分量都会出现明显的差异。正是这种差异，才导致红外自发辐射偏振特性的产生。

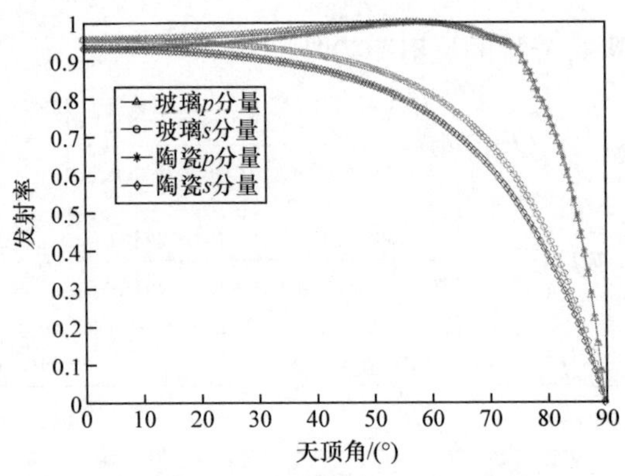

图 2-4　陶瓷和玻璃的 p 分量和 s 分量发射率曲线

仿真过程考虑的第一个因素是构成目标的不同材料，第二个因素是目标辐射的观测角度，也就是折射角。图 2-5 中的四条曲线分别代表金属铝和铁的平行分量发射率和垂直分量发射率随观测角度的变化趋势。对于平行分量发射率，这两种金属材料具有类似的变化趋势；对于垂直分量发射率，这两种金属也具有类似的变化趋势。但就每种金属的平行分量和垂直分量而言，二者之间随发射角的变化会产生较为明显的差异。此外，在观测角接近 90°时，无论哪种材料的垂直分量都趋于零，并且无论哪种材料的发射率，平行方向的分量总是比垂直方向的分量大，而发射率表征物体的辐射能力，因此这两种金属材料自发辐射中平行方向的分量总是较垂直的分量更强，进一步证明物体的红外自发辐射具有偏振特性。

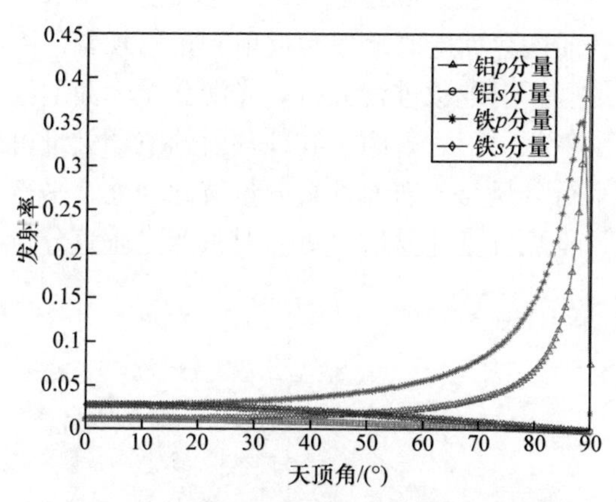

图 2-5　铝和铁的 p 分量和 s 分量发射率曲线

陶瓷、玻璃、铝和铁的自发红外辐射偏振度曲线如图 2-6 所示。金属材料铝和铁的偏振度表现出极为类似的变化趋势，都是随着观测角度的增加而增大，最后达到峰值，非金属材料陶瓷和玻璃的偏振度随着观测角度变化呈现出逐渐增大的趋势，但是与材料铝和铁的偏振度相比，存在较为明显的差异。

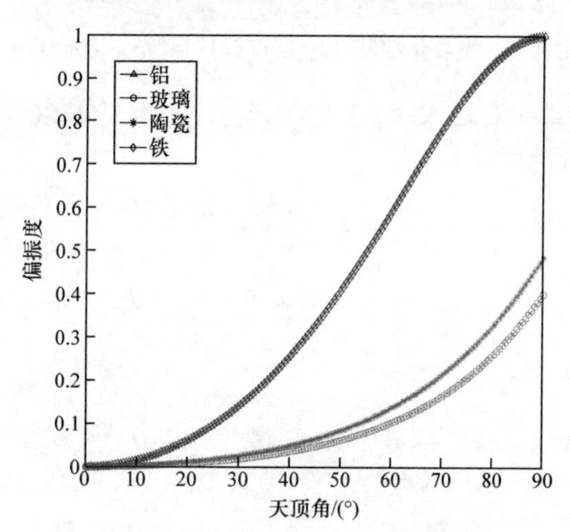

图 2-6　4 种材料自发红外辐射的偏振度曲线

2.2　红外反射偏振模型

上节介绍了红外自发辐射从物体表面出射时产生的偏振特性。同样，当红外辐射被光滑物体表面反射时也会产生偏振现象。下面对物体反射红外辐射的偏振特性进行推导分析。

作为一种电磁波，红外辐射与可见光一样遵循反射定律和折射定律。当红外辐射到达两种不同介质的界面上时会发生反射和折射现象，因此可采用菲涅耳公式定量地对这种反射和折射现象进行分析。光滑介质表面上红外反射辐射光矢量示意图如图 2-7 所示。相对于入射面，红外辐射的电场矢量可以分解为两个正交分量。为使入射面平行分量与入射面垂直分量彼此独立，平行分量在反射、折射时只产生平行分量，垂直分量在反射、折射时只产生垂直分量。

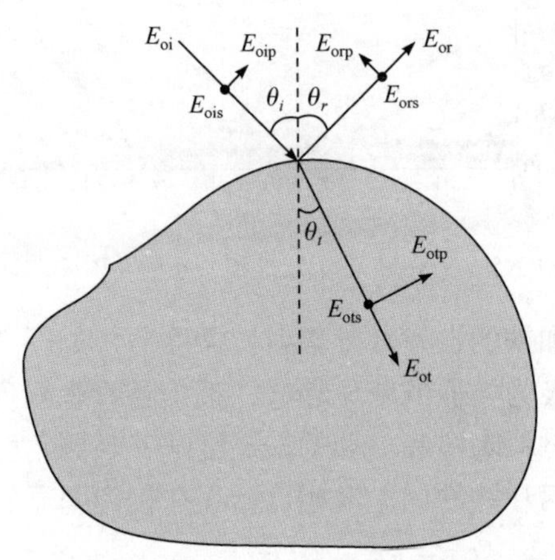

图 2-7　光滑介质表面上红外反射辐射光矢量示意图

菲涅耳公式的四个表达式分别是电场矢量两个正交分量的反射振幅比和透射振幅比，即

$$
\begin{aligned}
r_s &= \frac{E_{\text{ors}}}{E_{\text{ois}}} = \frac{n_1\cos\theta_i - n_2\cos\theta_r}{n_1\cos\theta_i + n_2\cos\theta_r} \\
r_p &= \frac{E_{\text{orp}}}{E_{\text{oip}}} = \frac{n_2\cos\theta_i - n_1\cos\theta_r}{n_2\cos\theta_i + n_1\cos\theta_r}
\end{aligned}
\tag{2-25}
$$

$$
\begin{aligned}
t_s &= \frac{E_{\text{ots}}}{E_{\text{ois}}} = \frac{2n_1\cos\theta_i}{n_1\cos\theta_i + n_2\cos\theta_t} \\
t_p &= \frac{E_{\text{otp}}}{E_{\text{oip}}} = \frac{2n_1\cos\theta_i}{n_2\cos\theta_i + n_1\cos\theta_t}
\end{aligned}
\tag{2-26}
$$

其中，n_1 为入射介质的折射率；n_2 为透射介质的折射率；θ_i 为入射角；θ_t 为折射角；θ_r 为反射角。

界面上的反射辐射遵从 Snell 定律($n_1\sin\theta_1 = n_2\sin\theta_2$)。若已知分界面两侧的折射率 n_1、n_2，入射角 θ_i，就可由 Snell 定律求出折射角 θ_t，进而求出振幅反射比 r_s 和 r_p。

界面上的反射遵从菲涅耳定律。光波入射到两种介质的分界面后，如不考虑吸收、散射等其他形式的能量损耗，则入射光的能量只在反射光和折射光中重新分配，而总能量保持不变，利用菲涅耳公式就可以确定能量的分配方式[7]。垂直分量和水平分量的反射率 R_s 与 R_p 可由振幅反射比的平方得到，即

$$
\begin{aligned}
R_s &= \left(\frac{E_{\text{ors}}}{E_{\text{ois}}}\right)^2 = \left(\frac{n_1\cos\theta_i - n_2\cos\theta_t}{n_1\cos\theta_i + n_2\cos\theta_t}\right)^2 \\
R_p &= \left(\frac{E_{\text{orp}}}{E_{\text{oip}}}\right)^2 = \left(\frac{n_2\cos\theta_i - n_1\cos\theta_t}{n_2\cos\theta_i + n_1\cos\theta_t}\right)^2
\end{aligned}
\tag{2-27}
$$

若考虑折射率含有虚部的物体，反射率为

$$
R_s(T,\lambda,\varphi) = \frac{s^2+t^2-2s\cos\varphi+\cos^2\varphi}{s^2+t^2+2s\cos\varphi+\cos^2\varphi} \tag{2-28}
$$

$$
R_p(T,\lambda,\varphi) = \frac{s^2+t^2-2s\sin\varphi\tan\varphi+\sin^2\varphi\tan^2\varphi}{s^2+t^2+2s\sin\varphi\tan\varphi+\sin^2\varphi\tan^2\varphi}\rho_s(T,\lambda,\varphi) \tag{2-29}
$$

$$
s^2 = \frac{\sqrt{(n^2-k^2-\sin^2\varphi)^2+4n^2k^2}+n^2-k^2-\sin^2\varphi}{2} \tag{2-30}
$$

$$
t^2 = \frac{\sqrt{(n^2-k^2-\sin^2\varphi)^2+4n^2k^2}-n^2-k^2-\sin^2\varphi}{2} \tag{2-31}
$$

其中，天顶角 $\varphi = \theta_i$。

反射分量的偏振度定义为

$$
\text{DoLP} = \left|\frac{R_p(T,\lambda,\varphi) - R_s(T,\lambda,\varphi)}{R_p(T,\lambda,\varphi) + R_s(T,\lambda,\varphi)}\right| \tag{2-32}
$$

与上一节采用的材料相同，首先对非金属材料玻璃和陶瓷的反射率曲线进行仿真。玻璃和陶瓷的平行和垂直反射率曲线如图 2-8 所示。对于反射率的平行分量和垂直分量，两种非金属材料有类似的变化趋势，而且与上节的发射率曲线有对称的变化趋势。随着观测角度的增加，反射率的垂直分量和平行分量都会出现明显的差异。反射率平行分量和垂直分量之间的差异才是红外反射辐射偏振特性产生的原因。

仿真过程考虑的第一个因素是构成目标的不同材料，第二个因素是目标辐射的观测角度，也就是天顶角。金属铝和铁的平行和垂直反射率曲线如图 2-9 所示。对于反射率的平行分量和垂直分量，两种金属材料有类似的变化趋势，而且与上一节的发射率曲线有着对称的变化趋势。此外，在观测角度接近 90°时，无论哪种材料的垂直分量都趋于 1，并且无论哪种材料的反射率，垂直方向的分量总是比平行方向的分量大，而反射率的差异证明了物体反射的红外辐射具有偏振特性。

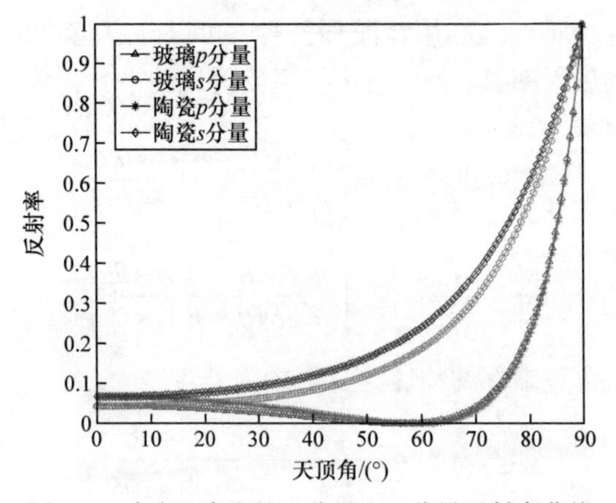

图 2-8　玻璃和陶瓷的 p 分量和 s 分量反射率曲线

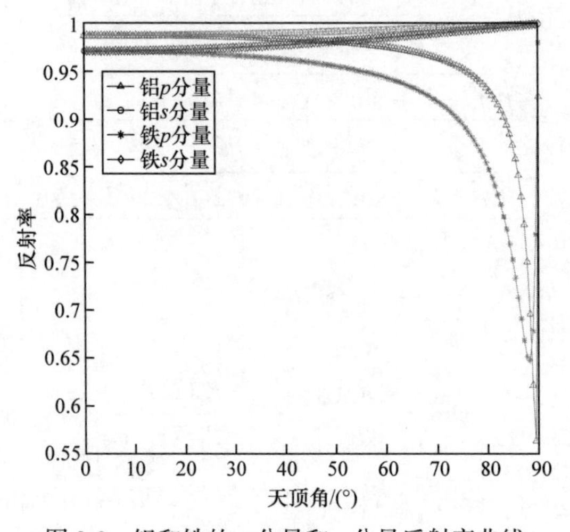

图 2-9　铝和铁的 p 分量和 s 分量反射率曲线

陶瓷、玻璃、铝和铁反射的红外辐射偏振度曲线如图 2-10 所示。金属材料和非金属材料的偏振度整体趋势比较类似，都是随着观测角度的增加而增大，达到峰值后逐渐下降为 0。非金属材料陶瓷和玻璃的偏振度随着观测角度变化范围较大，而金属材料则趋势较缓。总体上来讲，金属材料和非金属材料的偏振度存在较为明显的差异。

菲涅耳公式对界面进行了理想化考虑，实际界面红外反射的偏振性大小影响因素除了入射光偏振态、入射角、介质的折射率，还包括物体表面的材料、纹理、粗糙度等表面理化特性。总之，任何物体在红外反射过程中都会产生由它们自身性质和光学基本定律决定的偏振特性，红外反射的偏振效应是普遍存在的。

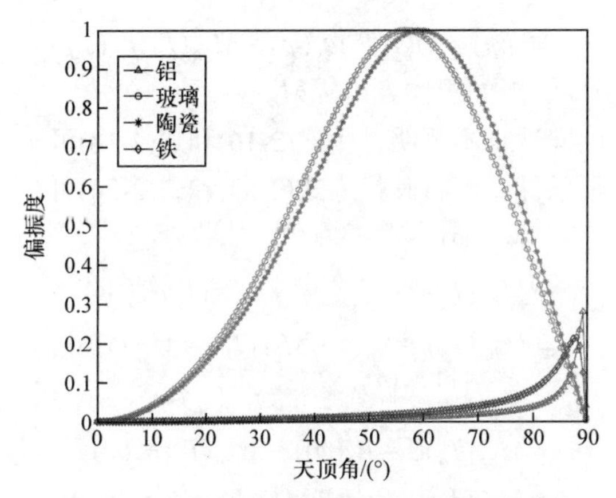

图 2-10　4 种材料反射的红外辐射偏振度曲线

2.3　基于红外自发辐射与反射辐射的偏振模型

对目标红外偏振特性进行观测时，探测器接收到的辐射通常包括红外反射辐射和目标的红外自发辐射，因此红外偏振特性受红外反射辐射和自发辐射共同影响。探测器接收的目标红外辐射示意图如图 2-11 所示。

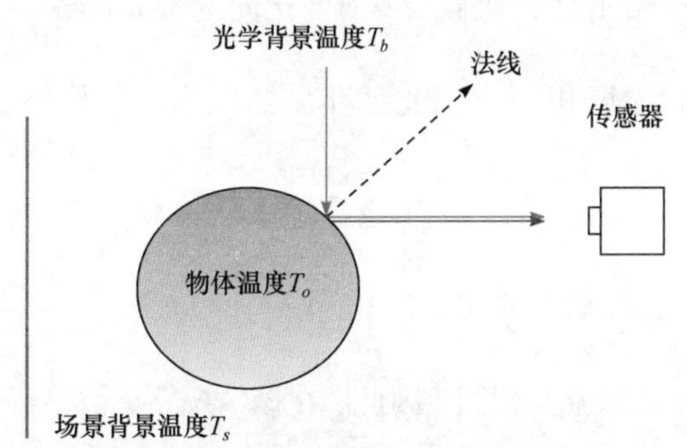

图 2-11　探测器接收的目标红外辐射示意图[8]

设光学背景温度为T_b、物体温度为T_o、场景背景温度为T_s、观测角为φ、物体平行分量的发射率和反射率为$\varepsilon_p(T,\lambda,\varphi)$和$R_p(T,\lambda,\varphi)$、垂直分量的发射率和反射率为$\varepsilon_s(T,\lambda,\varphi)$和$R_s(T,\lambda,\varphi)$，红外波段可以近似认为发射率和反射率随波长变化较小，并且发射率和反射率都是物体温度T_b下的数值，因此发射率和反射率可简化为与观测角之间的变量，即$\varepsilon_p(\varphi)$、$R_p(\varphi)$和$\varepsilon_s(\varphi)$、$R_s(\varphi)$。探测器接收到的平行分量$M_p(\varphi)$和垂直分量$M_s(\varphi)$的光谱辐射为

$$M_p(\varphi) = M_{bb}(T_o)\varepsilon_p(\varphi) + M_{bb}(T_b)\rho_p(\varphi) \tag{2-33}$$

$$M_s(\varphi) = M_{bb}(T_o)\varepsilon_s(\varphi) + M_{bb}(T_b)\rho_s(\varphi) \tag{2-34}$$

其中，$M_{bb}(T)$ 为温度 T 下的黑体光谱辐射。

假设物体为各向同性且不透明，由式(2-16)和式(2-18)可知，平行和垂直分量都必须满足能量守恒条件，则将其代入式(2-33)和式(2-34)可得

$$\begin{aligned} & M_p(\varphi) \\ &= M_{bb}(T_o)(1 - R_p(\varphi)) + M_{bb}(T_b)R_p(\varphi) \\ &= M_{bb}(T_o) + R_p(\varphi)(M_{bb}(T_b) - M_{bb}(T_o)) \end{aligned} \tag{2-35}$$

$$\begin{aligned} & M_s(\varphi) \\ &= M_{bb}(T_o)(1 - R_s(\varphi)) + M_{bb}(T_b)R_s(\varphi) \\ &= M_{bb}(T_o) + R_s(\varphi)(M_{bb}(T_b) - M_{bb}(T_o)) \end{aligned} \tag{2-36}$$

根据偏振度的定义，目标表面的偏振度为

$$\text{DoLP} = \left| \frac{M_s(\varphi) - M_p(\varphi)}{M_s(\varphi) + M_p(\varphi)} \right| = \left| \frac{(R_s(\varphi) - R_p(\varphi))(M_{bb}(T_b) - M_{bb}(T_o))}{2M_{bb}(T_o) + (R_s(\varphi) + R_p(\varphi))(M_{bb}(T_b) - M_{bb}(T_o))} \right| \tag{2-37}$$

目标的红外偏振特性存在以下三种特殊情况。

(1) 当 $T_b \gg T_o$ 时，由斯特藩-玻尔兹曼定律可知 $M_{bb}(T_b) \gg M_{bb}(T_o)$，$M_{bb}(T_o)$ 相对于 $M_{bb}(T_b)$ 可忽略不计，则式(2-37)可化简为 $\text{DoLP} = \left| \frac{R_s(\varphi) - R_p(\varphi)}{R_s(\varphi) + R_p(\varphi)} \right|$，即与式(2-32)红外反射偏振度相同。因此，在该情况下，偏振特性由红外反射辐射主导。

(2) 当 $T_o \gg T_b$ 时，由斯特藩-玻尔兹曼定律可知 $M_{bb}(T_o) \gg M_{bb}(T_b)$，$M_{bb}(T_b)$ 相对于 $M_{bb}(T_o)$ 可忽略不计，则式(2-37)可化简为 $\text{DoLP} = \left| \frac{R_s(\varphi) - R_p(\varphi)}{2 - R_s(\varphi) - R_p(\varphi)} \right|$，即与式(2-20)红外自发辐射偏振度相同。因此，在该情况下，偏振特性由红外自发辐射主导。

(3) 当 $T_o \approx T_b$ 时，物体温度与光学背景相近时，则 $M_{bb}(T_o) \approx M_{bb}(T_b)$，式(2-37)偏振度约等于 0。在该情况下，尽管图像中存在对比度，但是偏振特性可能不明显。

在其他情况下，物体的红外偏振特性由红外自发辐射和反射辐射共同影响。记目标强度为 S_0，如图 2-12 所示，金属球在约 15℃室温下放置，金属球与背景温度相同，因此边缘无法区分，偏振度图像中也无法区分金属球边缘。由于人体表面温度大于金属球表面温度，因此该区域偏振特性由反射辐射主导。如图 2-13 所示，目标为光滑的金属球，金属球加热至 60℃，约为人体表面温度两倍。在该情况下，偏振特性主要由金属球自发辐射主导，金属反射人体的辐射，但是在偏振度图像中并不明显。如图 2-14 所示，将金属球加热到 40℃与人体的温度相近

时，由于观测角的减小，从金属球的周围至中心的偏振度是逐渐减小的，但是反射人体辐射的部分偏振度接近于 0。这与上述第三种情况相符，当存在热平衡时，红外偏振特性不明显。

(a) S_0图像

(b) 偏振度图像

图 2-12　常温下目标反射红外辐射强度图像和红外偏振度图像

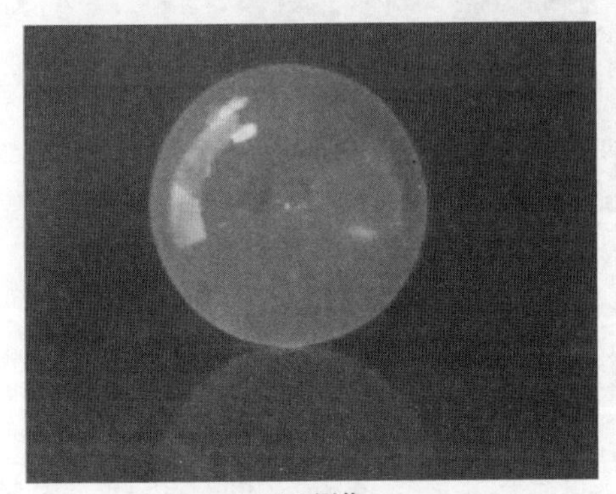

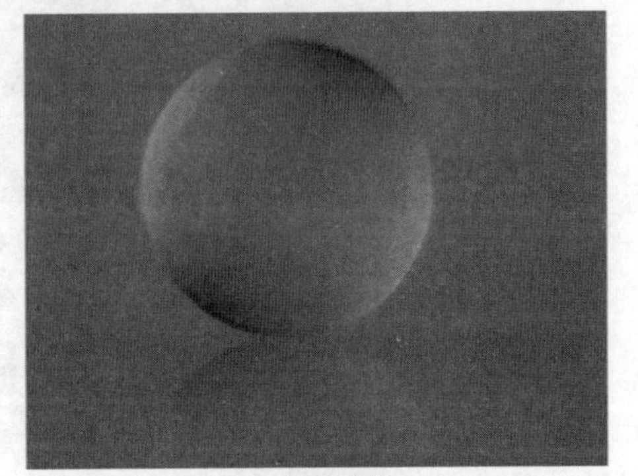

(a) S_0图像

(b) 偏振度图像

图 2-13　60℃金属球红外辐射强度图像和红外偏振度图像

(a) S_0图像

(b) 偏振度图像

图 2-14　40℃金属球红外辐射强度图像和红外偏振度图像

2.4　红外辐射偏振模型实验分析

为了分析不同材质目标的红外辐射与反射辐射的偏振特性，使用分焦平面红外偏振相机采集全天时红外偏振图像数据，拍摄对象为铝板、锡箔、砂纸、玻璃和橡胶。实验对象如图 2-15 所示。实验对象红外强度图如图 2-16 所示。

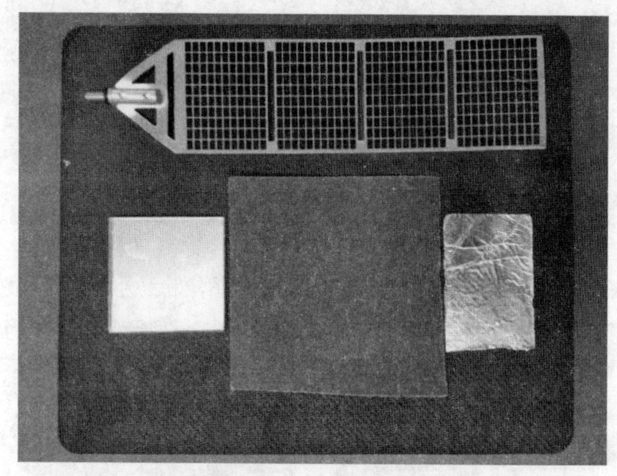

图 2-15　实验对象(铝板、锡箔、砂纸、玻璃、橡胶)

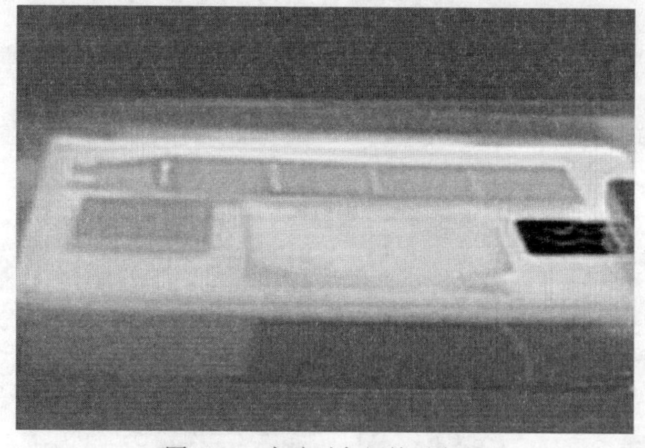

图 2-16　实验对象红外强度图

选取五种不同材质、不同粗糙度(铝板、锡箔、砂纸、玻璃、橡胶)的物体所在区域进行分析，设置每 2min 取一组图片计算目标强度(S_0)和 DoLP。为了使实验结果更易观测，通过选取五种物体强度图像和偏振度图像中心区域的平均值，绘制昼夜一天内随时间变换曲线。

从图 2-17(a)可以看出，在白天某时刻下，物体辐射由反射环境辐射和自发辐射共同组成，温度相同导致不同材料的物体区别不明显。在图 2-17(b)中，由于电介质材料与金属材料粗糙度和折射率不同，两种物体可被明显区分。边缘处入射角较大，对应较高的偏振度，因此边缘处表现出与其他部分偏振度的巨大差异。持续采集全天候数据，最终可以得到五个实验目标强度和偏振度的变化曲线。

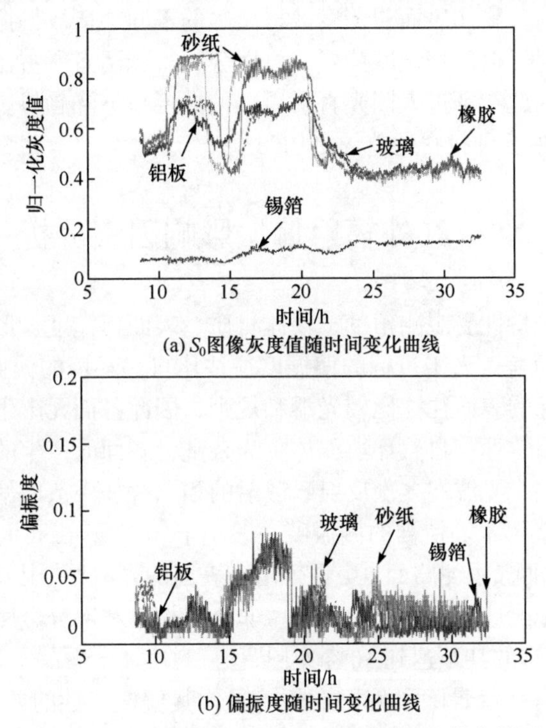

图 2-17　5 种材料的强度和 DoLP 随时间变化曲线图

在室外环境中，受太阳光照和大气的影响，探测器接收到的红外辐射来自物体自发辐射和红外反射辐射的叠加。一般情况下，物体自发辐射和红外反射辐射都是部分线偏振的，自发辐射以平行分量为主，而红外反射辐射以垂直分量为主。两者的叠加导致观测到的红外偏振特性随时间呈现不同的变化趋势。

从图 2-17(a)可以看出，从太阳开始照射物体表面，五种材料的温度持续升高，引起自发辐射量的升高，相机也开始接收物体反射太阳光的辐射。当太阳光的辐射量达到一天中的最高值时，强度值也达到峰值，此时对应图 2-17(b)的偏振度也是最大值。经过最高点之后，太阳光的辐射量逐渐减少，相机接收到的物体自发辐射和红外反射辐射逐渐减少，直到太阳光无法照射到物体表面时，相机接收到的红外辐射仅为环境辐射和物体的自发辐射。因此，经过最高点之后灰度值逐渐降低，最后在夜晚到达一个较低水平。在温度较低时，所拍摄的五种材料灰度值之间的差异较小，但是在温度升高时，材质的不同导致的发射率随温度的变化也不同，因此灰度值差异逐渐增大。

从图 2-17(b)可以看出，在夜晚无太阳光照射时，五种材料偏振度变化趋势相似，相机接收到的辐射只有环境辐射和物体自发辐射，因此偏振度只受环境辐射和物体自发辐射的影响。在白天有太阳光照射时，相机接收到的辐射还包含物体反射太阳光的辐射。物体表面粗糙度、材质等的不同会造成偏振度存在差异。考虑自发辐射和反射辐射的偏振度公式，可以分析得到两者所占比例不同会导致偏振度发生变化，因此在经过太阳光直射后，偏振度呈下降趋势。与红外强度图像相比，图 2-17(b)中五种材料的差异更加明显。

2.5 红外辐射偏振影响因素分析

红外辐射偏振特性受观测角度、物体材质、表面粗糙度、形状结构等多种因素的影响。一般而言，人工目标的偏振度往往比自然环境的偏振度高(除水外)。这是由于人工目标的表面往往比较光滑和规则，因此各面元产生的红外辐射在偏振方向上更具有一致性；自然环境整体更为杂乱，各面元产生的红外辐射在偏振方向的一致性较差，光波在多次反射、散射的相互叠加中造成偏振特性的抵消和衰减。常见的花草树木等植被的偏振度一般小于 0.5%；山石泥土的偏振度介于 0.5%～1.5%[9]；水面、水泥路面、房顶等由于表面的光滑性，其偏振度大于 1.5%，尤其是水面的偏振度达到 8%～10%；某些非金属材料和部分金属材料表面的偏振度达到 2%以上，有的甚至达到 10%以上[10]。

人工目标与自然背景除了偏振度的差异，其偏振特性的差别还体现在 AoP 上。自然背景的 AoP 与人工目标的 AoP 相比显得更为杂乱，另外目标边缘部位的 AoP 与目标平面上的相比有一个比较大的突变，基于以上特点可以利用 AoP 特征实现区域分割或边缘检测，例如通过对车辆目标与自然背景的 AoP 等参数差异的研究，实现车辆目标的检测[11]，以及通过 AoP 描述物体不同的表面取向，从自然背景中凸显人工目标，提高目标与背景的对比度等[12]。

观测角的不同直接影响观测红外辐射的偏振特性。一般情况下，观测角度越大，物体的红外偏振特性越强，倾斜观测往往能获得更强的偏振性。究其原因，一方面体现在菲涅耳公式中，另一方面倾斜角度越大，物体表面也显得越光滑。

金属与绝缘体的偏振特性存在较大的差别。当一束红外光入射时，对于大多数入射角度，绝缘体表面的反射光具有更大的偏振度，而导电性更好的金属表面反射光的偏振度更小[13]。此外，由于金属导电性的存在，其折射率为复数。根据菲涅耳公式，反射前后其平行分量和垂直分量的相位都会发生变化；绝缘体表面反射前后两个分量的相位不会发生变化，因此金属与绝缘体的偏振特性差异还体现在红外反射光的 AoP 差上。利用反射光的相位延迟可以确定所测物质是金属还是绝缘体，具体可通过检测反射光的 AoP 图像确定物质是否对光波的相位产生延迟[14]。

光滑物体与粗糙物体的偏振特性也存在差异。一般来说，物体表面红外反射的偏振度与表面粗糙度成反比。因为光滑物体表面(如水面、冰面、玻璃表面)主要发生镜面反射，反射光会表现出较大的线偏振特性。粗糙物体表面主要发生漫发射，它由大量的微面元组成。这些微面元反射光的偏振方向比较杂乱。入射光经过多次反射叠加，导致反射光消偏振，从而表现出较小的 DoLP[15,16]。材料的表面类型也对热辐射偏振性产生影响，各向同性表面的热辐射偏振度随着表面粗糙度的增加而减小，而各向异性表面的热辐射偏振度随着粗糙度的增加而增加[17]。

2.6　本 章 小 结

本章介绍红外辐射的基本原理，重点分析红外反射辐射和红外自发辐射的偏振特性，以及在热平衡条件下红外特性不明显的原因，并通过仿真和实验验证红外辐射偏振理论。此外，本章还分析影响红外偏振特性的各种因素，包括地物背景红外偏振特性的差异，物体偏振特性与观测角、材料的导电性、表面粗糙度之间的关系。这些理论基础可为后续目标偏振特性的提取和检测识别提供理论依据。

参 考 文 献

[1] 张建奇, 方小平. 红外物理. 西安: 西安电子科技大学出版社, 2004.

[2] Zhao Y, Zhang L, Pan Q. Object separation by polarimetric and spectral imagery fusion. Computer Vision and Image Understanding, 2009, 113(8): 855-866.

[3] 赵永强，李宁，张鹏，等. 红外偏振感知与智能处理. 红外与激光工程，2018，47(11): 1102001.

[4] Bhattacharjee P. The generalized vectorial laws of reflection and refraction. European Journal of Physics, 2005, 26(5): 901.

[5] Jackson R, Zamlynny V. Optimization of electrochemical infrared reflection absorption spectroscopy using Fresnel equations. Electrochimica Acta, 2008, 53(23): 6768-6777.

[6] Wolff M, Lundberg A, Tang R. Image understanding from thermal emission polarization// Computer Vision and Pattern Recognition, Santa Barbra, 1998: 625-631.

[7] 廖延彪. 偏振光学. 北京: 科学出版社, 2003.

[8] Tyo J, Ratliff B, Boger J, et al. The effects of thermal equilibrium and contrast in LWIR Polarimetric images. Optics Express, 2007, 15(23): 15161-15167.

[9] Ben-Dor B, Oppenheim U, Balfour L. Polarization properties of targets and backgrounds in the infrared//The 8th Meeting in Israel on Optical Engineering. International Society for Optics and Photonics, New York, 1993: 68-77.

[10] 赵永强, 马位民, 李磊磊. 红外偏振成像进展. 飞控与探测, 2019, 2(3): 77-84.

[11] Miller M, Blumer R, Howe J. Active and passive SWIR imaging polarimetry//International Symposium on Optical Science and Technology, San Diego, 2002: 87-99.

[12] 赵永强, 潘泉, 陈玉春, 等. 基于偏振成像技术和图像融合理论杂乱背景压缩. 电子学报, 2005, (3): 433-435.

[13] Wolff L. Polarization-based material classification from specular reflection. IEEE Transactions on Pattern Analysis and Machine Intelligence, 1990, 12(11): 1059-1071.

[14] 赵永强, 潘泉, 程咏梅. 成像偏振光谱遥感及应用. 北京: 国防工业出版社, 2011.

[15] 刘必鎏, 时家明, 赵大鹏, 等. 红外偏振探测的机理. 红外与激光工程, 2008, 37(5): 777-781.

[16] 张朝阳, 程海峰, 陈朝辉, 等. 伪装材料表面偏振散射的几何光学解. 红外与激光工程, 2009, 38(6): 1064-1067.

[17] El-Saba A, Bezuayehu T. Higher probability of detection of subsurface land mines with a single sensor using multiple polarized and unpolarized image fusion//SPIE Defense and Security Symposium. International Society for Optics and Photonics, Orlando, 2008: 69720U-14.

第 3 章　偏振焦平面设计

红外偏振摄像方式采用空间换时间的思想，牺牲一部分空间分辨率，以类似于彩色滤波阵列的方式实现不同方向偏振信息的实时采集，具有更高的效率、更低的误差，以及更小的体积、重量，并且易集成，是偏振摄像技术发展的基础。红外偏振摄像仪的基础是偏振焦平面，而偏振焦平面的核心部件是微偏振片阵列。通过对像素级不同方向偏振片的有规律排布，可以实现对不同方向偏振调制信息的实时采集。本章重点介绍微偏振片阵列的结构参数与空间排布的设计。

3.1　微偏振片阵列的设计

为了实现像元级偏振调制，目前有两种方式将微偏振片阵列与成像焦平面阵列高精度集成，一种是在新的窗口基底上制备微偏振片阵列，然后将其与焦平面阵列配准贴合，另一种是直接在探测器像元表面制备微偏振片。第一种方法对配准贴合的要求较高，因为配准误差、贴合平行度误差，以及贴合间隙等都会导致像元串扰问题[1]，严重影响偏振成像质量。第二种方法无须贴合过程，探测器像元表面直接制备微偏振片阵列集成度更高，更适合工艺线大规模生产。在此，以长波红外非制冷分焦平面偏振成像探测器为例，介绍如何基于非制冷微测热辐射计红外探测器实现红外偏振焦平面的制备。微测热辐射计焦平面通常采用图 3-1

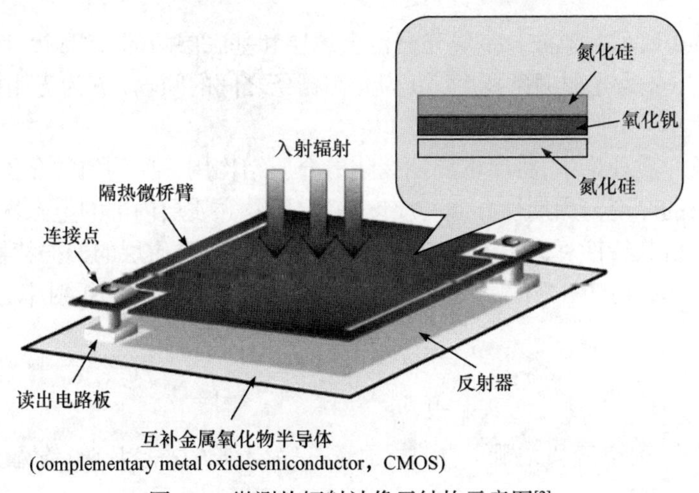

图 3-1　微测热辐射计像元结构示意图[2]

中的微桥式像元结构[2]。如果采用不合理的方式集成微偏振片阵列，可能破坏这种桥式结构，对探测器造成不可逆的损坏，并且配准贴合过程容易引入像元串扰问题。

3.1.1 亚波长金属光栅偏振片

光栅是一种常用的光学器件。根据结构的不同，光栅可实现衍射、干涉、分束和偏振等功能。当衍射光栅的周期比光的波长小时，通过光栅的衍射光只剩下零级衍射，其余各个级次的都属于消逝波。这类周期小于光波的光栅称为亚波长光栅。亚波长光栅可以实现 TM 偏振(偏振方向垂直于栅条方向)的高透射和 TE 偏振(偏振方向平行于栅条方向)的高反射，同时具备高消光比的特点[3-5]，因此可以用亚波长光栅实现偏振片的功能。亚波长光栅根据采用介质材料的不同，可分为亚波长介质光栅、亚波长金属光栅和亚波长金属介质复合光栅。亚波长金属光栅偏振片的结构示意图如图 3-2 所示。通过控制亚波长金属光栅栅条的方向，可以实现不同透振方向的调制效果，将不同透振方向的亚波长金属光栅组合到一起即可构造微偏振片阵列。

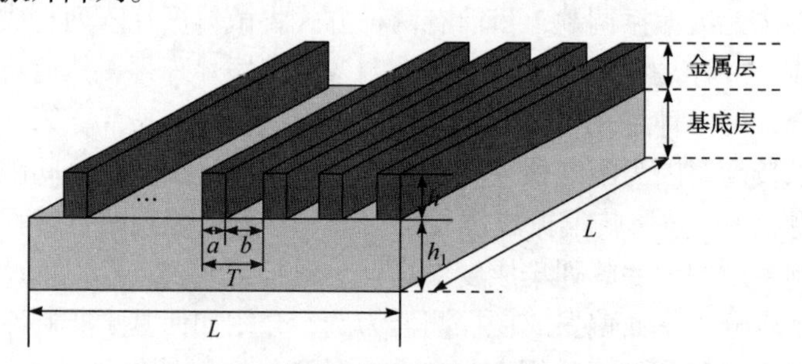

图 3-2　亚波长金属光栅偏振片结构示意图

如图 3-2 所示，亚波长金属光栅由金属层和基底层两部分组成，图中 T 代表光栅的周期，a 为光栅栅条宽度，b 为光栅栅条之间的间隔，h 为光栅槽深，L 为基底尺寸大小，h_1 为基底厚度。

在等效介质理论中，将原本周期变化的介质结构用一层均匀的介质等效替代，等效介质层的厚度与周期性介质的厚度一致。等效介质层内部的电磁场是均匀的，因此便于分析其特性。为了分析亚波长金属光栅等效介质层的偏振特性，需要知道它的折射率，对于 TM 偏振光和 TE 偏振光，等效介质层的折射率分别为

$$n_{\mathrm{TE}}=[fn_2^2+(1-f)n_1^2]^{1/2} \tag{3-1}$$

$$n_{\mathrm{TM}}=[fn_2^{-2}+(1-f)n_1^{-2}]^{-1/2} \tag{3-2}$$

其中，n_1 和 n_2 为空气和光栅介质的折射率；f 为光栅的占空比(栅条宽度与光栅周期之比，即 a/T)。

通常金属材料的折射率为复数,折射率的虚部代表金属材料对入射光的吸收。从式(3-1)和式(3-2)可以看出，亚波长金属光栅对 TM 偏振光和 TE 偏振光的折射率有很大的差异，这种现象称为形式双折射效应。对于亚波长金属光栅来说，由于等效介质层折射率的差异，TE 偏振光通常会被反射，TM 偏振光则会透射。从物理机理上来看，这是因为 TE 偏振光的电场方向与光栅上的金属栅条平行，表面电子自由振荡生成电流，使光能受到损失；TM 偏振光的电场方向垂直于光栅上的金属栅条，而纳米金属线之间不存在导电的介质，使电子无法形成并进行大规模的移动，使 TM 偏振光几乎没有损耗地通过介质层。于是，光栅就产生偏振特性。

衡量偏振片性能的两个主要指标是主透过率与消光比。二者的定义如下。

(1) 主透射率，即电矢量垂直于金属光栅方向的 TM 偏振光透射率。假设与偏振单元透射方向一致的入射线偏振光的辐射强度为 I_{TMin}，出射偏振光的辐射强度为 I_{TMout}，那么 TM 偏振光的透射率(即主透射率)为

$$\eta_{\mathrm{TM}}=\frac{I_{\mathrm{TMout}}}{I_{\mathrm{TMin}}}\times 100\% \tag{3-3}$$

(2) 消光比，即 TM 偏振光透射率(电矢量垂直于金属光栅方向，即入射偏振光的振动方向与偏振单元的透射方向一致)与 TE 偏振光透射率(电矢量平行于金属光栅方向，即入射偏振光的振动方向与偏振单元的透射方向垂直)的比值，可以表示为

$$\mathrm{ER}=\frac{\eta_{\mathrm{TM}}}{\eta_{\mathrm{TE}}}=\frac{I_{\mathrm{TMout}}/I_{\mathrm{TMin}}}{I_{\mathrm{TEout}}/I_{\mathrm{TEin}}} \tag{3-4}$$

进入偏振片的入射偏振辐射能量相同，即

$$I_{\mathrm{TMin}}=I_{\mathrm{TEin}} \tag{3-5}$$

由此可得

$$\mathrm{ER}=\frac{\eta_{\mathrm{TM}}}{\eta_{\mathrm{TE}}}=\frac{I_{\mathrm{TMout}}}{I_{\mathrm{TEout}}} \tag{3-6}$$

需要注意的是，对于亚波长金属光栅，根据严格耦合波与等效介质理论[3]，微偏振片的透光方向为金属光栅的垂直方向。

亚波长金属光栅的结构如图 3-2 所示。影响亚波长金属光栅偏振片性能的主要因素与规律总结起来有如下几点。

(1) 光栅层金属材料。金属材料的趋肤深度越小(即其折射率虚部越大[6])，TE 偏振光的通过率越低，则偏振消光比越高。

(2) 光栅周期 T。通常在其他参数不变的前提下，光栅周期越大，主透射率越高，但是消光比也越低。

(3) 光栅占空比 f (光栅宽度与周期之比，即 $f = a/T$)。通常在其他参数不变的前提下，光栅占空比越大，主透射率越低，但是消光比也越高。

(4) 光栅高度 h。通常在其他参数不变的前提下，光栅高度越高，主透射率越低，但是消光比也越高。

3.1.2　微偏振片阵列仿真设置

采用 640×512 分辨率的 17μm 像元非制冷氧化钒红外探测器作为基础焦平面。考虑现有的加工工艺极限，以及可加工金属材料，结合亚波长金属光栅结构尺寸对微偏振片性能影响的规律，最大化微偏振片的主透射率和消光比，选用金属钛作为光栅层材料。光栅周期设置为可加工最小周期 800nm，占空比设置为 0.5，光栅高度设置为 300nm。更高的光栅高度不但加工难度大，而且带来的性能提升有限。下面分析真实像元尺寸下不同方向微偏振片像元的性能表现。

采用 FDTD Solutions 对光线在真实像元尺寸下不同方向微偏振片像元中的传播进行仿真研究。FDTD Solutions 基于时域有限差分法(finite-difference time-domain scheme，FDTD)将空间网格化，可实现三维空间麦克斯韦方程的准确求解。需要注意的是，虽然基础焦平面的像元尺寸为 17μm，但是像元与像元之间存在一定的间隙，而且还有图 3-1 中微支撑结构所需的空间，真正感光区域的尺寸为 10μm × 16μm。氧化钒探测器像元结构最上层为氮化硅保护层，其下才是红外吸收层和热敏电阻氧化钒(图 3-1)，因此金属光栅直接制备在氮化硅层之上，氮化硅相当于光栅阵列的基底层，仿真设置氮化硅层的厚度为 300nm，氮化硅的折射率参数根据实际加工使用的氮化硅材料测得。钛金属光栅的结构参数根据前述设计进行设置，钛的折射率根据测量结果进行设置。光栅结构采用 FDTD Solutions 中的刻蚀功能实现。

分析不同方向微偏振片像元的性能时，可以忽略像元串扰的影响，这样只需对单一像素进行仿真。根据实际的微偏振片排布模式，在对不同方向像素仿真的过程中设置 X 与 Y 方向的边界条件为完全匹配层(perfectly matched layer，PML)。采用宽带完全线偏振光作为入射光，波段范围设置为 8～14μm。为了计算微偏振片的主透射率和消光比，每个像元需要进行两次仿真，为入射光偏振方向垂直于光栅方向(TM 偏振光)与平行于光栅方向(TE 偏振光)。

需要注意的是，基础焦平面是微测热辐射计红外探测器。这是一种基于热敏电阻材料氧化钒的热成像探测器，入射光经过上层光栅结构后，不仅透射的光线会被像元收集，光栅层与氮化硅保护层吸收的能量也会传导至下层热敏层。这表明，除了被光栅反射的光线，透射光线与吸收光线最终都会被像元敏感。因此，在仿真过程中设置两个二维电场监视器，一个在基底层之下记录透射光线的能量，一个在入射光的上方记录被光栅反射的光线能量。利用记录的透射光能量与反射光能量便可计算被光栅吸收的能量。由于像元感光区域为矩形而非正方形，因此0°像元与 90°像元的光栅是不等效的，需要分别进行仿真；45°像元与 135°像元的光栅是对称的，因此只需对 45°像元或 135°像元仿真。不同方向微偏振片像元的FDTD 仿真视图如图 3-3 所示。

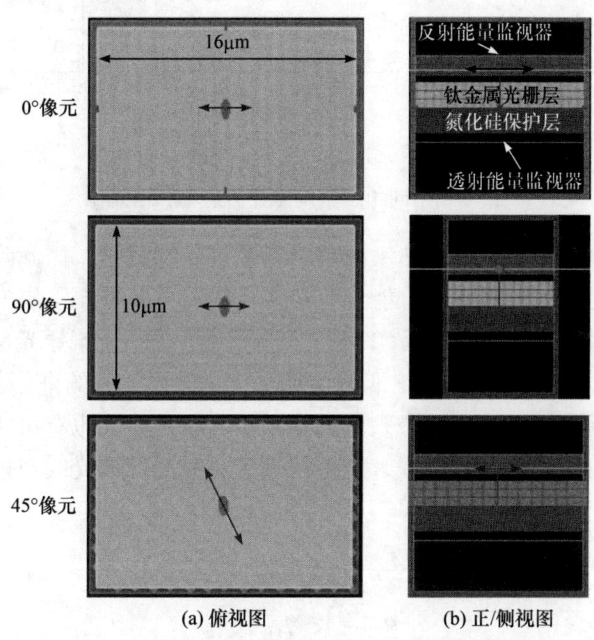

图 3-3　不同方向微偏振片像元的 FDTD 仿真视图

3.1.3　仿真结果与分析

首先，只考虑入射光经过微偏振片后的透射 TM 偏振光与透射 TE 偏振光。透射 TM 偏振光的透过率、透射 TE 偏振光的透过率，以及基于透射成分计算的不同方向像元的消光比如图 3-4 所示。从仿真结果可以发现，不同方向微偏振片像元的主透过率十分接近，总体分布在 30%～70%，90°微偏振片像元的透过率略高于 45°/135°微偏振片像元，45°/135°微偏振片像元的透过率又略高于 0° 微偏振片像元。不同方向微偏振片像元对 TE 偏振光透过率的影响区别较大，这也体现在消光比的表现上，可以发现 0°微偏振片像元具有最高的消光比，90°微偏振片像元次之，45°/135°微偏振片像元的消光比性能最差。消光比结果表明，在有限的像元尺寸范围内，光栅数量(0°微偏振片像元)比光栅长度(90°微偏振片像元)对消光比的提升更有效，45°/135°微偏振片像元虽然拥有更多数量的光栅，但是45°/135°微偏振片右上角与左下角区域的光栅长度较小，很难起到有效的消光作用。因此，45°/135°微偏振片像元的消光比表现最差。

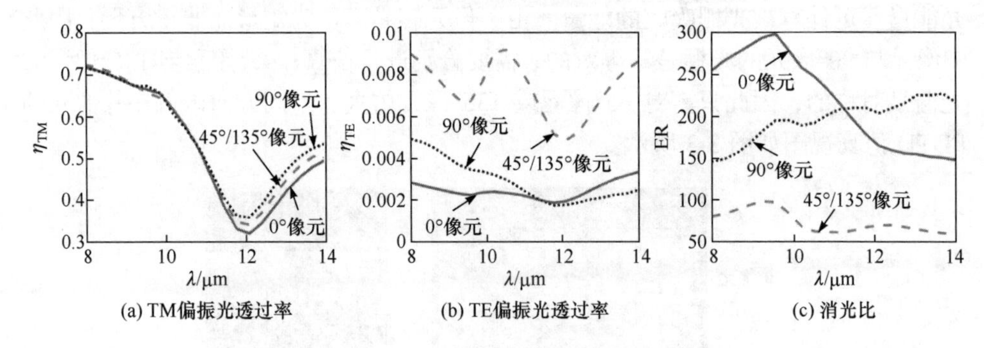

图 3-4　不同角度微偏振片透过率和消光比

由于微测热辐射计是基于热敏电阻材料的红外探测器，因此除了透过光栅与被光栅反射的光线，还有一部分能量会被光栅吸收并传导至下层的热敏材料，被读出电路转化。令 r_{TM} 和 r_{TE} 表示 TM 偏振光反射率和 TE 偏振光反射率，a_{TM} 和 a_{TE} 表示 TM 偏振光吸收率和 TE 偏振光吸收率。需要注意的是，除了透过光栅的光线与被光栅反射的光线，其余入射光除了被光栅吸收，也有可能会散射至像元以外的区域。为了简化分析过程，这里将除去透过光栅的光线与被光栅反射的光线都纳入吸收光线，因此有

$$a_{\mathrm{TM}} = 1 - \eta_{\mathrm{TM}} - r_{\mathrm{TM}} \tag{3-7}$$

$$a_{\mathrm{TE}} = 1 - \eta_{\mathrm{TE}} - r_{\mathrm{TE}} \tag{3-8}$$

不同方向微偏振片像元的 TM 反射率、TE 反射率、TM 吸收率，以及 TE 吸收率如图 3-5 所示。对于 TM 偏振光，各方向微偏振片像元的反射率均不超过 10%，但是吸收率却达到 25%～60%，吸收能量占较大的比重。对于 TE 偏振光，各方向微偏振片像元均有较高的反射率(80%左右)，说明大部分 TE 偏振光均被微偏振片反射。但是，由于 TE 偏振光的透过率极低(不到 1%，如图 3-4 所示)，因此 TE 偏振光的吸收率仍在 20%的水平。所以，不论是 TM 偏振光，还是 TE 偏振光，微偏振片的吸收能量都是不可忽视的。

为了分析光栅吸收能量对微偏振片性能的影响，图 3-6 分析了极限情况下各方向微偏振片像元的性能表现，即吸收能量全部被下层光敏电阻响应并全部被电路读出转化。在这种极限条件下，各方向微偏振片像元的主透射率(TM 偏振光透射率)均达到 90%以上，同时 TE 偏振光透射率也达到 20%左右。这也导致像元消

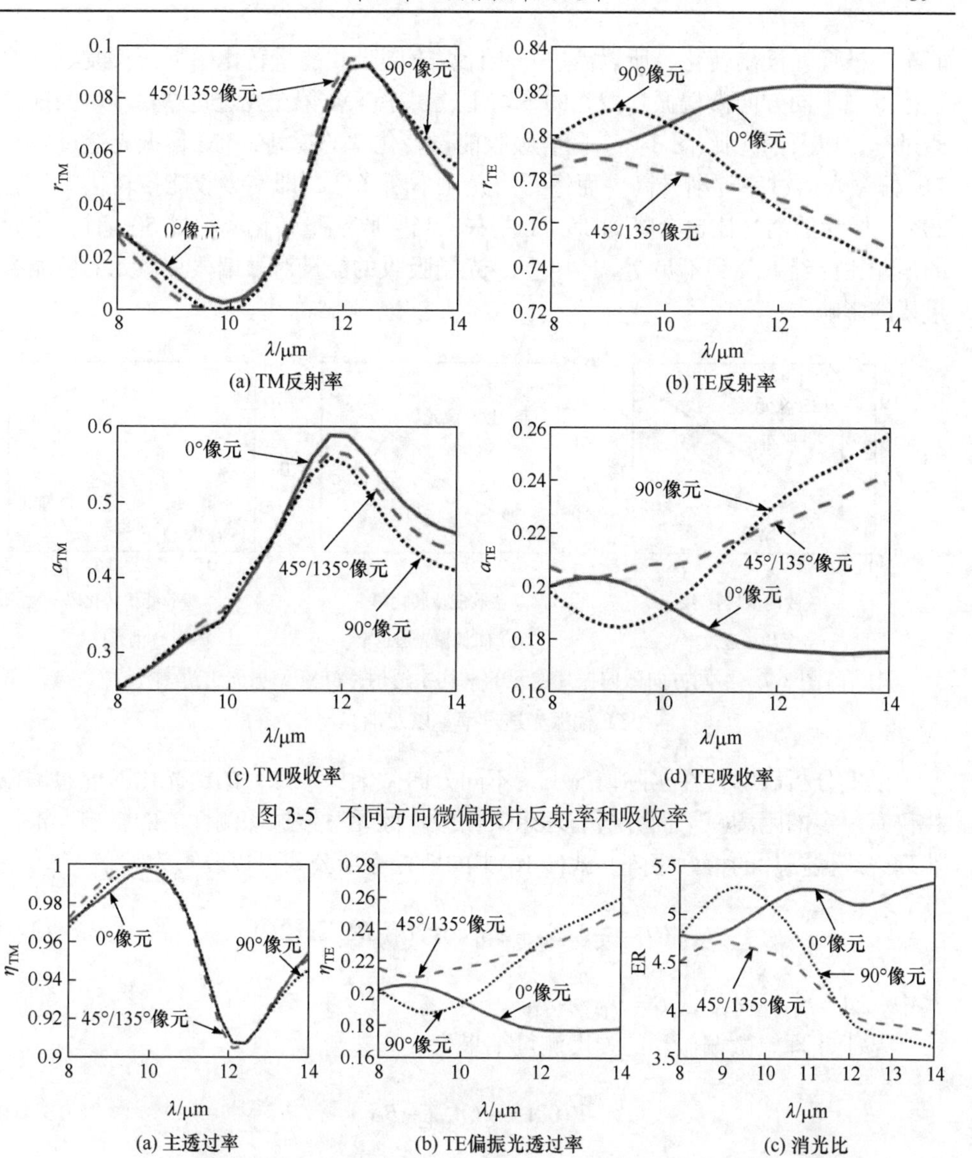

(a) TM反射率　(b) TE反射率

(c) TM吸收率　(d) TE吸收率

图 3-5　不同方向微偏振片反射率和吸收率

(a) 主透过率　(b) TE偏振光透过率　(c) 消光比

图 3-6　光栅吸收能量被全部转化读出时各方向微偏振片像元的性能表现

光比的急剧下降，各方向微偏振片像元只有不到 6 : 1 的消光比。在这种情况下，0°微偏振片像元仍然具有最高的消光比，接着是 90°微偏振片像元和 45°/135°微偏振片像元，这与不考虑吸收能量时的情况保持一致。以上分析表明，光栅的吸收能量对微偏振片像元性能的影响严重，因此在实际情况下，尤其是对基于热敏电阻的微测热辐射计非制冷红外探测器，光栅的吸收能量是不可忽视的。

上面讨论了光栅吸收能量的极限情况，但在实际条件下这部分吸收能量不可能全部被像元读出转化，所以需进一步计算不同吸收能量转化率下，长波红外波段范围内不同方向微偏振片像元的平均主透射率(TM 偏振光透过率)、TE 偏振光透过率，以及消光比(图 3-7)。随着吸收能量转化率的提高，TM 偏振光透过率和 TE 偏振光透过率逐渐升高，而像元消光比不断降低，即使吸收能量转化率只有 20%，像元的消光比也会降到 15∶1 左右；当吸收能量转化率超过 50%时，像元的消光比已经下降到不足 7∶1。可见，光栅吸收的能量对微偏振片像元的性能有重要的影响。

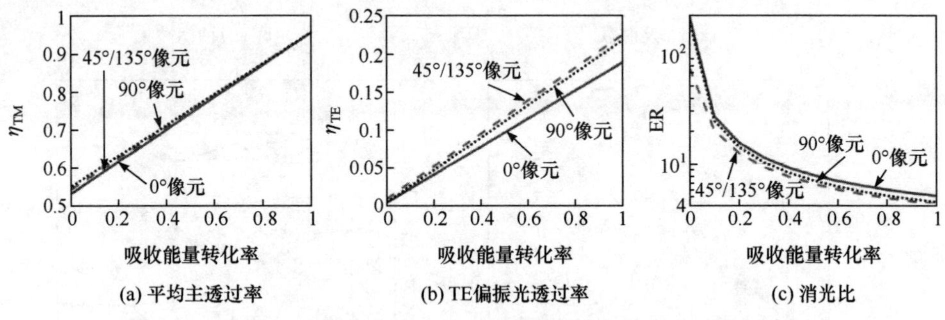

图 3-7　不同方向微偏振片像元的平均主透射率(TM 偏振光透过率)、TE 偏振光透过率，以及消光比

以上分析表明，在实际情况下，不同方向微偏振片像元的消光比离理想偏振片仍有一定的距离。下面分析非理想微偏振片像元对偏振探测性能的影响。根据非理想线偏振片的穆勒矩阵，式(1-16)中的斯托克斯公式可以改写为

$$I'(\theta)=\frac{1}{2}(AS_0+BS_1\cos 2\theta+BS_2\sin 2\theta) \tag{3-9}$$

其中，$A=\eta_{TM}+\eta_{TE}$；$B=\eta_{TM}-\eta_{TE}$。

基于非理想微偏振片的强度测量结果为

$$I'(0°)=\frac{1}{2}(AS_0+BS_1) \tag{3-10}$$

$$I'(45°)=\frac{1}{2}(AS_0+BS_2) \tag{3-11}$$

$$I'(90°)=\frac{1}{2}(AS_0-BS_1) \tag{3-12}$$

$$I'(135°)=\frac{1}{2}(AS_0-BS_2) \tag{3-13}$$

非理想微偏振片条件下的前三个斯托克参量为

$$S_0' = \frac{1}{2}(I'(0°) + I'(45°) + I'(90°) + I'(135°)) = AS_0 \tag{3-14}$$

$$S_1' = I'(0°) - I'(90°) = BS_1 \tag{3-15}$$

$$S_2' = I'(45°) - I'(135°) = BS_2 \tag{3-16}$$

进一步，可得

$$\text{DoLP}' = \frac{B\sqrt{S_1^2 + S_2^2}}{AS_0} = \frac{\text{ER} - 1}{\text{ER} + 1}\text{DoLP} \tag{3-17}$$

$$\text{AoP}' = \frac{1}{2}\tan^{-1}\left(\frac{S_2'}{S_1'}\right) = \text{AoP} \tag{3-18}$$

基于非理想微偏振片计算得到的 DoLP 小于真实的 DoLP，并且 DoLP 的测量精度为 $\frac{\text{ER}-1}{\text{ER}+1}$，与微偏振片的消光比有关，而 AoP 的测量则不受消光比的影响。图 3-8 所示为消光比对 DoLP 测量精度的影响，当消光比达到 20∶1 时，DoLP 的测量精度超过 90%，更大的消光比对偏振度测量精度的提升比较有限，即使消光比只有 5∶1，DoLP 的测量精度也可以达到约 70%。对微偏振片像元的仿真结果表明，即使在吸收能量转化率为 100%的极限条件下，微偏振片的消光比也大于 4∶1，只需进行合适的标定便可解决非理想微偏振片带来的 DoLP 测量精度问题。

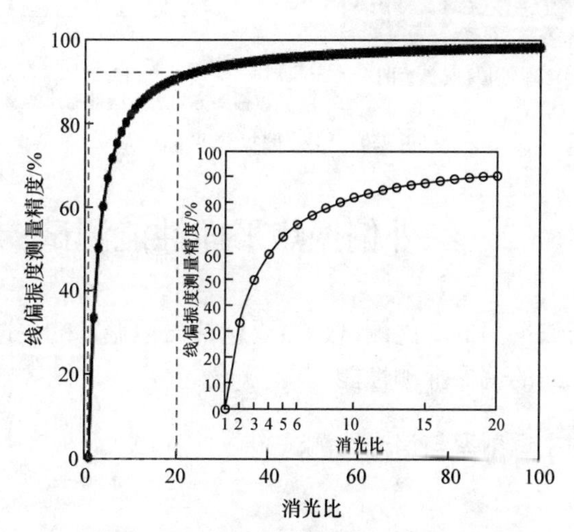

图 3-8　消光比对 DoLP 测量精度的影响

基于本节设计的光栅结构参数，在 640×512 分辨率的 17μm 像元非制冷氧化钒红外探测器的基础焦平面上集成钛金属光栅，得到的红外偏振焦平面如图 3-9

所示。由于采用直接集成的方式，只需在传统红外焦平面制备工艺上增加光栅制备工艺，得到的红外偏振焦平面与传统焦平面在外观上并没有区别。进一步，采用该红外偏振焦平面构建红外偏振摄像仪(图 3-9(b))。红外偏振焦平面探测器的噪声等效温差(noise equivalent temperature difference，NETD)不超过 50mK，最大帧率可以达到 60Hz，动态范围不小于 70dB。此外，图 3-9 中还给出部分集成亚波长光栅的微偏振片阵列电子显微镜图，以及光栅阵列的排布模式。

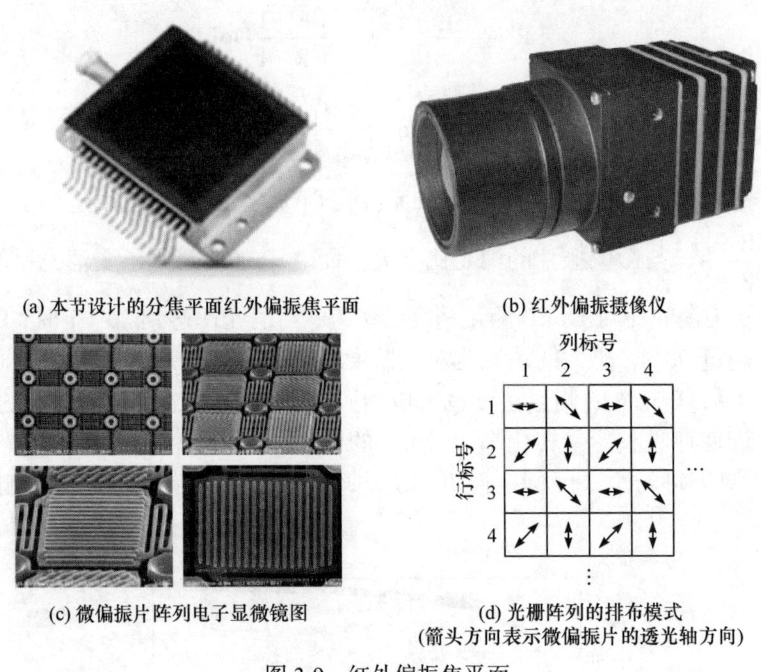

(a) 本节设计的分焦平面红外偏振焦平面　　(b) 红外偏振摄像仪

(c) 微偏振片阵列电子显微镜图　　(d) 光栅阵列的排布模式（箭头方向表示微偏振片的透光轴方向）

图 3-9　红外偏振焦平面

3.2　红外偏振焦平面性能测试

对于红外偏振焦平面的性能测试，主要包括微偏振片的主透射率和消光比，以及红外偏振焦平面的偏振探测性能。

3.2.1　微偏振片的主透射率与消光比测试

1. 测试方法

对于集成式微偏振片主透射率的测试，根据式(3-3)的定义，需要同时记录入射与透过微偏振片线偏振光的能量，但是对于采用图 3-9 中排布模式的红外偏振焦平面，无法同时记录入射与透过微偏振片线偏振光的能量。这为集成式红外偏振摄像仪的主透射率测试带来困难。为了解决这一问题，可以在微偏振片阵列中加入非偏振全通像元，即不制备光栅的常规像元。这样就可以利用全通像元记录入射线偏振光的能量，从而实现集成式红外偏振摄像仪主透射率的测试。带有全通像元微偏振片阵列的排布模式如图 3-10 所示。每个超像素(线框内的 2×2 超像素单元，表示光栅阵列排布的最小周期)中都包含一个全通像元。

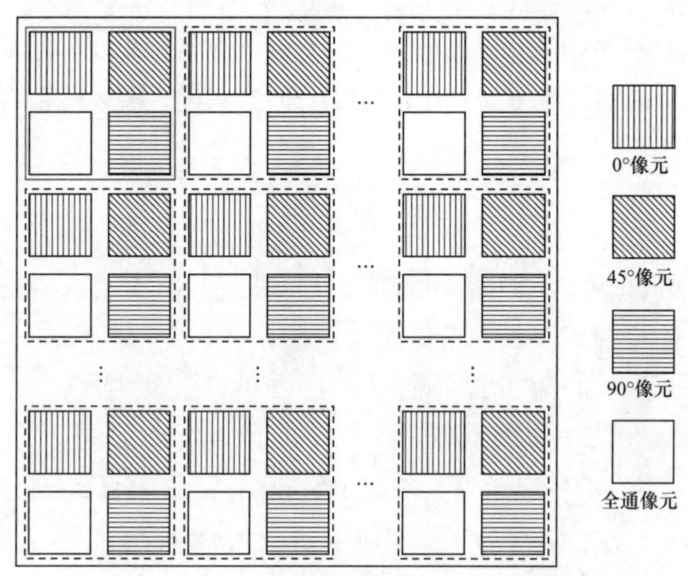

图 3-10 带有全通像元微偏振片阵列的排布模式

根据主透射率的定义，集成微偏振片的像元用来记录透过该像元，并且振动方向与其透光轴方向一致的线偏振光能量，全通像元用来记录入射线偏振光的能量。假设探测器的响应是线性的，即

$$I = gL + b \tag{3-19}$$

其中，I 为像元响应值；L 为入射辐射能量；g 和 b 为像元响应增益和偏置。

可以发现，如果直接采用像元响应值测量主透射率会引入 g 和 b 的干扰，因此本章采用高低温作差的方式消除像元响应增益和偏置的影响。假设集成微偏振片像元的高低温响应为

$$I_{\mathrm{H}}^{(\theta)} = g^{(\theta)}\eta_{\mathrm{TM}}^{(\theta)}L_{\mathrm{H}}^{(\theta)} + b^{(\theta)}, \quad \theta\in\{0^\circ,45^\circ,90^\circ\} \tag{3 20}$$

$$I_{\mathrm{L}}^{(\theta)} = g^{(\theta)}\eta_{\mathrm{TM}}^{(\theta)}L_{\mathrm{L}}^{(\theta)} + b^{(\theta)}, \quad \theta\in\{0^\circ,45^\circ,90^\circ\} \tag{3-21}$$

其中，$g^{(\theta)}$ 和 $b^{(\theta)}$ 为不同角度微偏振片像元的响应增益与偏置；$L_{\mathrm{H}}^{(\theta)}$ 和 $L_{\mathrm{L}}^{(\theta)}$ 为高低温入射线偏振光的辐射能量(入射偏振光的振动方向与微偏振片像元的透光方向一致)；$I_{\mathrm{H}}^{(\theta)}$ 和 $I_{\mathrm{L}}^{(\theta)}$ 为相应的像元响应值；$\eta_{\mathrm{TM}}^{(\theta)}$ 为不同角度微偏振片像元的主透

射率。

对于全通像元，即

$$\overline{I}_{\mathrm{H}}^{(\theta)} = g_e L_{\mathrm{H}}^{(\theta)} + b_e, \quad \theta \in \{0°, 45°, 90°\} \tag{3-22}$$

$$\overline{I}_{L}^{(\theta)} = g_e L_{\mathrm{L}}^{(\theta)} + b_e, \quad \theta \in \{0°, 45°, 90°\} \tag{3-23}$$

其中，g_e 和 b_e 为全通像元的响应增益与偏置。

利用高低温作差法可以消除像元响应偏置项的干扰，假设在同一超像素内，全通像元与微偏振片像元的响应增益相同，即 $g^{(\theta)} = g_e$，那么利用高低温作差法可得主透射率为

$$\eta_{\mathrm{TM}}^{(\theta)} = \frac{I_{\mathrm{H}}^{(\theta)} - I_{\mathrm{L}}^{(\theta)}}{\overline{I}_{\mathrm{H}}^{(\theta)} - \overline{I}_{\mathrm{L}}^{(\theta)}} \tag{3-24}$$

对于消光比的测试，同样采用高低温作差法，当入射辐射为 TM 偏振光时，各方向微偏振片像元的高低温响应为

$$I_{\mathrm{TMH}}^{(\theta)} = g^{(\theta)} \eta_{\mathrm{TM}}^{(\theta)} L_{\mathrm{TMH}}^{(\theta)} + b^{(\theta)}, \quad \theta \in \{0°, 45°, 90°, 135°\} \tag{3-25}$$

$$I_{\mathrm{TML}}^{(\theta)} = g^{(\theta)} \eta_{\mathrm{TM}}^{(\theta)} L_{\mathrm{TML}}^{(\theta)} + b^{(\theta)}, \quad \theta \in \{0°, 45°, 90°, 135°\} \tag{3-26}$$

当入射辐射为 TE 偏振光时，各方向微偏振片像元的高低温响应为

$$I_{\mathrm{TEH}}^{(\theta)} = g^{(\theta)} \eta_{\mathrm{TE}}^{(\theta)} L_{\mathrm{TEH}}^{(\theta)} + b^{(\theta)}, \quad \theta \in \{0°, 45°, 90°, 135°\} \tag{3-27}$$

$$I_{\mathrm{TEL}}^{(\theta)} = g^{(\theta)} \eta_{\mathrm{TE}}^{(\theta)} L_{\mathrm{TEL}}^{(\theta)} + b^{(\theta)}, \quad \theta \in \{0°, 45°, 90°, 135°\} \tag{3-28}$$

对于 TM 入射偏振光与 TE 入射偏振光，在高低温情况下，区别只在振动方向的不同，其辐射强度是相同的，即

$$L_{\mathrm{TMH}}^{(\theta)} = L_{\mathrm{TEH}}^{(\theta)}, \quad \theta \in \{0°, 45°, 90°, 135°\} \tag{3-29}$$

$$L_{\mathrm{TML}}^{(\theta)} = L_{\mathrm{TEL}}^{(\theta)}, \quad \theta \in \{0°, 45°, 90°, 135°\} \tag{3-30}$$

同样，采用高低温作差法，可得消光比为

$$\mathrm{ER}^{(\theta)} = \frac{\eta_{\mathrm{TM}}^{(\theta)}}{\eta_{\mathrm{TE}}^{(\theta)}} = \frac{I_{\mathrm{TMH}}^{(\theta)} - I_{\mathrm{TML}}^{(\theta)}}{I_{\mathrm{TEH}}^{(\theta)} - I_{\mathrm{TEL}}^{(\theta)}}, \quad \theta \in \{0°, 45°, 90°, 135°\} \tag{3-31}$$

2. 测试系统的构建

上述主透射率与消光比的测试方法均基于高低温作差法，并且需要完全线偏振光作为输入。在长波红外波段，通常可以采用黑体辐射源加高性能线偏振片产生完全线偏振光，通过调节黑体温度可以产生不同强度的线偏振光，通过绕光轴旋转偏振片来调节线偏振光的振动方向。常规红外偏振摄像仪测试系统如图 3-10

所示。可以发现，这种测试系统进入相机的光线包含三部分。我们用斯托克斯矢量来表示各部分能量，分别是黑体辐射源的辐射能量经过偏振片调制后的光线 S_{in}，一部分是偏振片的自发辐射能量 S_E，还有一部分就是偏振片反射的辐射能量 S_R。S_R 又包含两部分，即偏振片反射的摄像仪辐射能量 S_{R1}，以及摄像仪反射的入射辐射经偏振片二次反射的能量 S_{R2}。假设测试过程的环境温度恒定，线偏振片与相机的温度也是恒定的，那么采用高低温作差法可以消除 S_E 和 S_{R1} 这两部分辐射能量的干扰。但是，S_{R2} 也会随黑体温度的变化而改变，所以这一项无法完全消除。这就导致经过高低温作差后的入射辐射本身存在误差，从而影响测试精度。

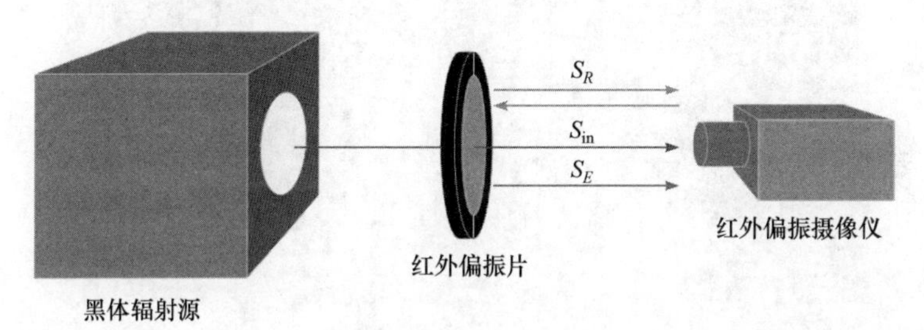

图 3-11　常规红外偏振摄像仪测试系统

为了解决传统测试系统的这种缺陷，可以将线偏振片沿竖直方向倾斜一个较小的角度(通常不大于 5°)，使线偏振片的镜面反射光路不再与相机光轴平行，并在线偏振片的反射光路上安置一个参考黑体或恒温的低反射率物体，同时在高低温实验过程中保持参考黑体温度不变。这样就可以保证 S_R 不随黑体辐射源温度的变化而变化，通过高低温作差的方式就可以得到更加干净的 ΔS_{in} 输入。改进后的红外偏振摄像仪测试系统如图 3-12 所示。

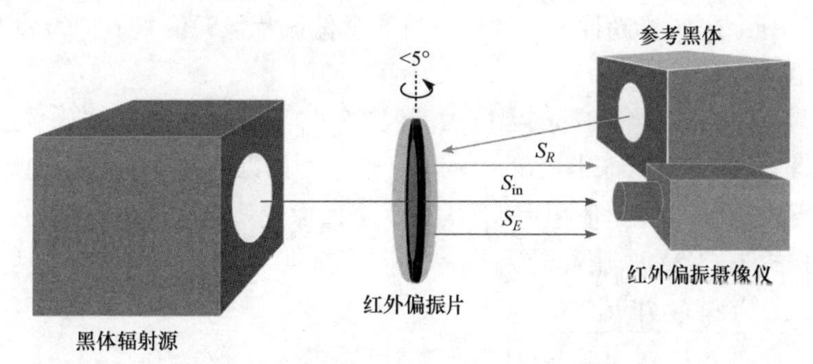

图 3-12　改进后的红外偏振摄像仪测试系统

根据改进后的测试系统，搭建的真实测试系统如图 3-13 所示。其中线偏振片为 Thorlabs 的 WP50LM-IRC，消光比达到 10000∶1，因此可以将黑体辐射经过偏振片后的光作为接近理想的完全线偏振光。线偏振片安装在一个电动转台上，通过该转台可以实现对偏振片的高精度旋转。微微倾斜电动转台使线偏振片的反光轴对准参考黑体。将红外偏振摄像仪固定在一个升降台上，调节升降台高度使相机光轴与线偏振片光轴在同一高度。所有器件均固定在一个光学平台上来保证测试系统光路的稳定。

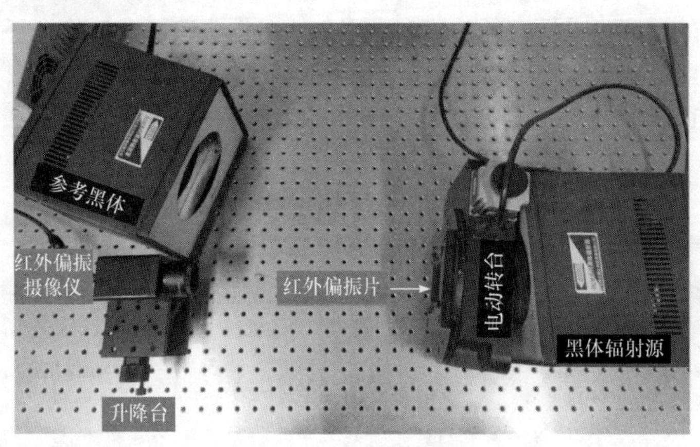

图 3-13　真实测试系统

3. 具体测试流程

主透射率测试的具体步骤如下。

(1) 旋转红外偏振片，使其透光方向与待测微偏振片像元透射方向一致。

(2) 设置参考辐射源温度为 25℃，并保持整个测试过程温度恒定。

(3) 调节面源黑体辐射源的温度为低温 35℃，通过红外偏振摄像仪连续采集 100 帧图像数据，对得到的 100 幅图像数据取平均得到低温数据(以减小随机误差)，记作 $I_{\rm L}$，在 (i,j) 超像素位置处将待测微偏振片像元像素值记为 $I_{\rm L}^{(\theta)}(i,j)$，全通像元像素值记为 $\overline{I}_{\rm L}(i,j)$。

(4) 调节面源黑体辐射源的温度为高温 65℃，通过红外偏振摄像仪连续采集 100 帧图像数据，将 100 幅图像的数据取平均得到高温数据 $I_{\rm H}$，在 (i,j) 超像素位置处，待测偏振单元像素值记为 $I_{\rm H}^{(\theta)}(i,j)$，全通像元像素值记为 $\overline{I}_{\rm H}(i,j)$。

(5) 根据式(3-24)采用高低温作差法计算待测微偏振片像元主透射率，即 $\eta_{\rm TM}^{(\theta)}(i,j)=\dfrac{I_{\rm H}^{(\theta)}(i,j)-I_{\rm L}^{(\theta)}(i,j)}{\overline{I}_{\rm H}^{(\theta)}(i,j)-\overline{I}_{\rm L}^{(\theta)}(i,j)}$。

消光比测试的具体步骤如下。

(1) 设置参考辐射源温度为 25℃，并保持整个测试过程温度恒定。

(2) 旋转红外偏振片，使其透光方向与待测微偏振片像元透射方向一致。

(3) 调节面源黑体辐射源的温度为低温 35℃，通过红外偏振摄像仪连续采集100 帧图像数据，将 100 幅图像的数据取平均得到低温数据 I_{TML}，在 (i,j) 超像素位置处，将待测微偏振片像元像素值记为 $I_{\mathrm{TML}}^{(\theta)}(i,j)$。

(4) 调节面源黑体辐射源的温度为高温 65℃，通过红外偏振摄像仪连续采集100 帧图像数据，将 100 幅图像的数据取平均得到高温数据 I_{TMH}，在 (i,j) 超像素位置处，待测偏振单元像素值记为 $I_{\mathrm{TMH}}^{(\theta)}(i,j)$。

(5) 旋转红外偏振片，使其透光方向与待测微偏振片像元透射方向相互垂直。

(6) 调节面源黑体辐射源的温度为低温 35℃，通过红外偏振摄像仪连续采集100 帧图像数据，将 100 幅图像的数据取平均得到低温数据 I_{TEL}，在 (i,j) 超像素位置处，将待测微偏振片像元像素值记为 $I_{\mathrm{TEH}}^{(\theta)}(i,j)$。

(7) 调节面源黑体辐射源的温度为高温 65℃，通过红外偏振摄像仪连续采集100 帧图像数据，将 100 幅图像的数据取平均得到高温数据 I_{TEH}，在 (i,j) 超像素位置处，待测偏振单元像素值记为 $I_{\mathrm{TEH}}^{(\theta)}(i,j)$。

(8) 根据式(3-31)采用高低温作差法计算待测微偏振片像元消光比即 $\mathrm{ER}^{(\theta)}(i,j)=\dfrac{I_{\mathrm{TMH}}^{(\theta)}(i,j)-I_{\mathrm{TML}}^{(\theta)}(i,j)}{I_{\mathrm{TEH}}^{(\theta)}(i,j)-I_{\mathrm{TEL}}^{(\theta)}(i,j)}$。

4. 测试结果与分析

采用上述方法对自研非制冷红外偏振摄像仪的主透射率和消光比进行测试，结果如图 3-14 所示。可以发现，各方向微偏振片像元的主透射率均在 75%以上，最大透射率达到 90%以上，平均透射率基本都在 80%以上，45°微偏振片像元拥有最高的主透射率，90°微偏振片像元的主透过率次之，0°微偏振片像元的主透过率相对最低。这与上一节的仿真分析是一致的。对于消光比，各方向微偏振片像

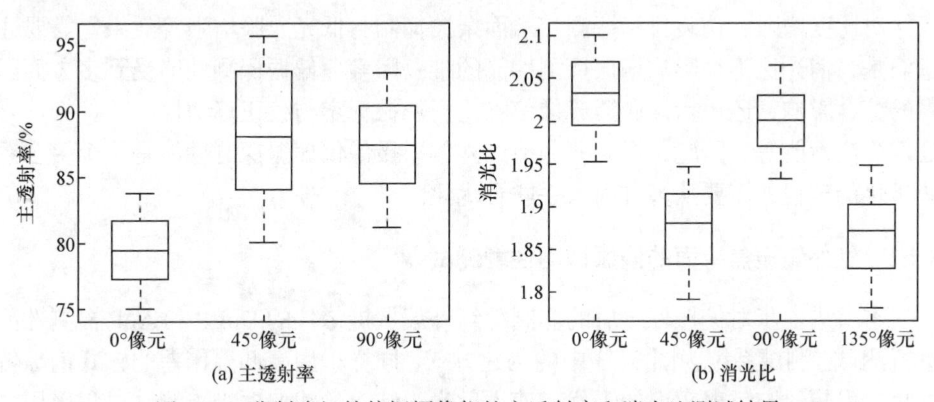

图 3-14　非制冷红外偏振摄像仪的主透射率和消光比测试结果

元的消光比基本在 1.85∶1～2∶1 的水平，且 0°微偏振片像元消光比最高，其次是 90°微偏振片像元的消光比，45°和 135°微偏振片像元的消光比相当，不及 0°和 90°微偏振片像元，这一趋势与上一节中的仿真结果一致。3.1.3 节仿真所得各方向微偏振片像元的消光比的最低水平也大于 4∶1，测试结果较低的原因可能有两点。

(1) 3.1.3 节中的仿真表明，对于 TE 偏振光，有超过 70%的入射辐射被微偏振片反射(图 3-5)，这部分能量大部分会穿过探测器锗窗，但是即使经过增透处理的锗窗，其透射率也难以达到 100%(通常不低于 95%)，那么少部分能量仍会被锗窗反射回焦平面，从而被探测器感应转化。这部分能量无法通过高低温作差法消除，因为这部分二次反射能量会随着入射辐射的增强而增大。另外，测试过程中采用的是完全线偏振光作为入射光。在 TE 偏振光条件下，光栅反射能量较大，所以这部分二次反射能量可能使消光比测试结果偏低。在真实场景应用中，由于自然场景中极少存在完全线偏振光情况，因此光栅的反射辐射绝大部分都穿过锗窗重新进入自然环境。锗窗二次反射辐射对偏振探测的影响是有限的，并且这部分影响可以通过标定过程校正。

(2) 如图 3-1 所示，微测热辐射计的像元是微桥式结构，热敏材料与下层反射层之间通过微桥臂结构悬空相隔(距离约为 2μm)。像元的非桥臂侧与其他像元之间存在约 1μm 的狭缝间隔，微桥臂与像元之间也存在约 0.5μm 的狭缝。这些狭缝小于入射光波长(8～14μm)，所以入射光经过这些狭缝会产生衍射效应，部分辐射能量会到达像元下层的反射层，从而被反射至热敏层转化为电信号。这部分能量也有可能降低微偏振片阵列的消光比。

虽然非制冷红外偏振摄像仪的实测消光比与理想消光比仍存在一定的差距，但是低消光比不影响 AoP 的定量测量与 DoLP 的定性测量，而绝大部分红外偏振视觉应用不需要反演目标的绝对偏振度信息。偏振度的相对测量结果也可以达到目标对比度增强、伪装目标探测、水面杂波抑制与低光人脸增强等效果。需要注意的是，消光比不是影响偏振探测性能的唯一因素，偏振探测性能受到多方面因素的综合影响，还包括探测器成像信噪比、偏振标定与校正算法性能、偏振信号处理算法性能等。因此，提升非制冷红外偏振摄像仪偏振探测性能是一个综合系统优化的过程，需要从多方面入手联合优化。

3.2.2　红外偏振焦平面的偏振探测性能测试

本节进一步对偏振标定后的非制冷红外偏振摄像仪的 DoLP 和 AoP 探测性能进行测试。测试系统为图 3-13 中的构建方式，同样采用高低温作差的方式消除偏振片自发辐射与反射辐射的干扰，使入射光为纯净的线偏振光。测试过程采用电动转台控制线偏振片从 0°～180°以 10°的间隔进行旋转，产生不同方向的线偏振光。在每个角度分别设置黑体温度为 35℃和 65℃进行图像采集，将高低温图像作差可以得到差值图像。然后，采用直接下采样的方式提取四通道偏振图像，并计算场景 DoLP 与 AoP。

为了减少测量误差，选取图像中心 60×60 像素区域作为测试结果进行分析，为了衡量探测器对 DoLP 和 AoP 测量的准确性，采用 AoP 和 DoLP 的平均测量误差，以及噪声等效线偏振度(noise equivalent degree of linear polarization，NeDoLP)和噪声等效偏振角(noise equivalent angle of polarization，NeAoP)作为评价指标。DoLP 和 AoP 的平均测量误差定义为

$$\varepsilon_{\text{DoLP}}=\frac{1}{N}\sum_{i=1}^{N}|d_i-d_{\text{GT}}| \tag{3-32}$$

$$\varepsilon_{\text{AoP}}=\frac{1}{N}\sum_{i=1}^{N}\min(|\alpha_i-\alpha_{\text{GT}}|,180^\circ-|\alpha_i-\alpha_{\text{GT}}|) \tag{3-33}$$

其中，$\varepsilon_{\text{DoLP}}$ 和 ε_{AoP} 为 DoLP 和 AoP 的平均测量误差；N 为测试区域的像素数；d_i 为像素 i 位置处的 DoLP 测量结果；d_{GT} 为 DoLP 真值，实验的入射辐射为线偏振光，所以 $d_{\text{GT}}=1$；α_i 为像素 i 位置处的 AoP 测量结果；α_{GT} 为 AoP 真值。

需要注意的是，AoP 分布范围是$[0^\circ,180^\circ]$，所以 0° AoP 和 180° AoP 是等效的。基于 AoP 的特点，本章在计算 AoP 的平均测量误差时采用式(3-33)。

采用测试区域所有像素的 DoLP 测量结果标准差作为入射光为线偏振光时的 NeDoLP，采用测试区域所有像素的 AoP 测量结果标准差作为入射光为不同方向线偏振光时的 NeAoP[7]。实验结果如表 3-1 所示。

表 3-1　AoP 和 DoLP 的平均测量误差，以及 NeDoLP、NeAoP 的测量结果

真实 AoP/(°)	ε_{AoP} /(°)	NeAoP/(°)	$\varepsilon_{\text{DoLP}}$	NeDoLP
0	0.7725	0.3604	0.0095	0.0119
10	0.3897	0.4008	0.0114	0.0144
20	1.2315	0.5019	0.0107	0.0138
30	1.7113	0.5099	0.0091	0.0115
40	1.4205	0.4367	0.0099	0.0124
50	0.5453	0.5073	0.0104	0.0130
60	0.7054	0.9125	0.0103	0.0128
70	1.3930	0.9238	0.0099	0.0123
80	1.3616	0.6337	0.0105	0.0137
90	0.7423	0.3895	0.0103	0.0135
100	0.3794	0.4203	0.0092	0.0118
110	1.1344	0.5129	0.0087	0.0124

续表

真实 AoP/(°)	ε_{AoP} /(°)	NeAoP/(°)	ε_{DoLP}	NeDoLP
120	1.5213	0.5180	0.0091	0.0131
130	0.7952	0.4268	0.0143	0.0192
140	0.4706	0.5317	0.0194	0.0273
150	1.7293	0.8134	0.0095	0.0120
160	2.4269	0.8233	0.0112	0.0148
170	2.5143	0.8410	0.0118	0.0152
180	1.6805	0.4230	0.0102	0.0129

结果表明，AoP 的测量误差主要在 1°左右，最大的 AoP 测量误差不超过 3°，而且 NeAoP 均在 1°以内。对于入射光为线偏振光的情况，DoLP 的测量误差主要在 0.01 左右，最大不超过 0.02，NeDoLP 总体不超过 0.03。综上，非制冷红外偏振摄像仪满足偏振探测的需要。

3.3　微偏振片阵列空间排布模式设计方法

偏振焦平面中微偏振片阵列是由不同角度(0°、45°、90°、135°)的像素级偏振片组合而成的，可以通过一次图像捕获同时获取全部的偏振测量信息。对基于偏振焦平面的成像系统，瞬时视场误差(instantaneous field-of-view error，简称 IFoV 误差)是一个固有问题。现有的减少或进一步去除瞬时视场误差的方法主要有两类。

(1) 通过优化微偏振片阵列的排布模式实现瞬时视场误差的去除。

(2) 通过去马赛克方法实现瞬时视场误差的去除。

红外偏振焦平面主要结构示意图如图 3-15 所示。其中，上层为不同角度(0°、45°、90°、135°)的微偏振片阵列，下层为分焦平面探测器。

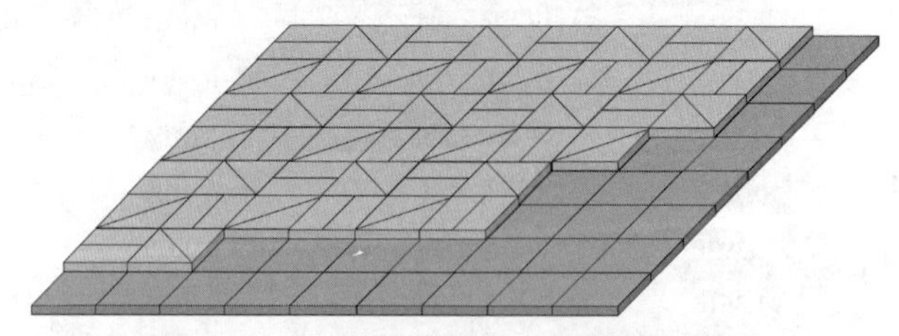

图 3-15　红外偏振焦平面主要结构示意图

本节主要介绍如何通过优化微偏振片阵列的排布模式实现对瞬时视场误差的抑制。

3.3.1 瞬时视场误差

由于偏振焦平面的每个像素位置只能获取一个偏振片方向的测量信息，在恢复斯托克斯矢量时，需要根据邻域像素对该位置处的其他偏振片方向信息进行估计。估计过程会因每个像素位置不同的瞬时视场引入误差。首先，假设存在一个不受 IFoV 误差影响的理想微偏振片阵列偏振摄像仪。理想偏振摄像仪示意图如图 3-16 所示[8]。

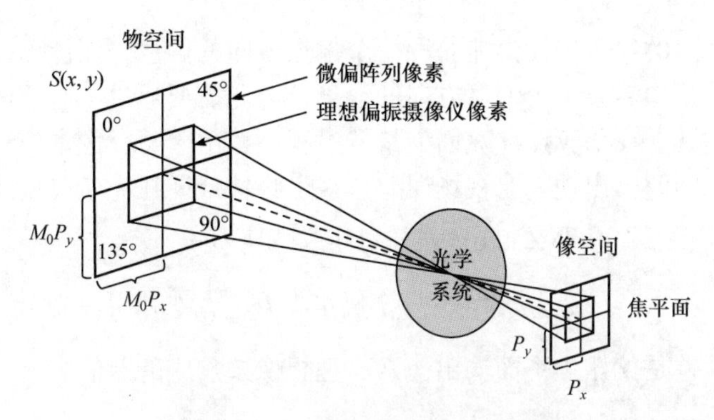

图 3-16　理想偏振摄像仪示意图

可以看出，该光学系统的放大系数为 M_0。目标物的辐射能量以斯托克斯矢量的形式表示为 $S(x,y)$，其中 x 和 y 是连续空间中的坐标。微偏振片阵列和理想偏振摄像系统的像素位置均在图中标识，理想像素点位于微偏振片阵列四个不同角度的偏振片相交点处。该光学系统可通过光学点扩散函数(point spread function, PSF) $h(x,y)$ 来描述。每个像素位置前放置一个固定角度 $\theta(\theta=0°,\pm45°,90°)$ 的偏振片，假设每个像素前的偏振片均为理想状态，并且以穆勒矩阵 $M(\theta)$ 表示。焦平面获取调制后的斯托克斯矢量 $S(x,y)_{\text{Det}}^{\theta}$ 可以表示为

$$S(x,y)_{\text{Det}}^{\theta}=M(\theta)(S(x,y)*h(x,y)) \tag{3-34}$$

由于光学探测器只能感知光强信息，这里只考虑 S_0 分量，即

$$\begin{aligned}S_0(x,y)_{\text{Det}}^{\theta}&=S_0(x,y)(q+r)+S_1(x,y)(q-r)\cos 2\theta\\&\quad+S_2(x,y)(q-r)\sin 2\theta\end{aligned} \tag{3-35}$$

其中，q 和 r 为偏振片关于平行和正交偏振光的透射系数。

因此，偏振方向为 θ 的理想偏振焦平面响应为

$$P_{\text{Ideal}}^{\theta}(m',n')=\tau_t\Omega\int_{M_0p_y\left(m'-\frac{1}{2}\right)}^{M_0p_y\left(m'+\frac{1}{2}\right)}\int_{M_0p_x\left(n'-\frac{1}{2}\right)}^{M_0p_x\left(n'+\frac{1}{2}\right)}S_0(x,y)_{\text{Det}}^{\theta}\,\mathrm{d}x\mathrm{d}y \tag{3-36}$$

其中，τ_t 为光功率传输系数；Ω 为立体角；m 和 n 为焦平面每个像素中心位置的坐标，$m' = m + k, n' = n + k$，当理想像素与焦平面单元对准时，$k = 0$，当理想像素与焦平面单元位置偏离时，$k = 1/2$。

偏振焦平面单元响应可表示为

$$P_{\mu\text{grid}}^{\theta}(m,n) = \tau_t \Omega \int_{M_0 p_y\left(m-\frac{1}{2}\right)}^{M_0 p_y\left(m+\frac{1}{2}\right)} \int_{M_0 p_x\left(n-\frac{1}{2}\right)}^{M_0 p_x\left(n+\frac{1}{2}\right)} s_0(x,y)_{\text{Det}}^{\theta} \, \mathrm{d}x\mathrm{d}y \tag{3-37}$$

偏振焦平面的每个像元只能获取一个偏振方向的信息，而计算该像元位置的斯托克斯矢量至少需要三个偏振方向的信息，因此需要通过一些邻域像素对缺失的信息进行估计。在估算斯托克斯矢量的过程中，由于每个像素位置都具有不同的瞬时视场，因此会出现瞬时视场误差。这里将估计斯托克斯矢量得到的焦平面响应记为 $\hat{P}_{\mu\text{grid}}^{\theta}(m',n')$，那么 IFoV 误差可定义为[8]

$$\hat{\varepsilon}_{\theta}(m',n') = P_{\text{Ideal}}^{\theta}(m',n') - \hat{P}_{\mu\text{grid}}^{\theta}(m',n') \tag{3-38}$$

即瞬时视场误差是偏振焦平面输出像素与理想像素响应的差值。

3.3.2 微偏振片阵列的频域分析

微偏振片阵列排布模式 $h_p(x,y)$ 是微偏振片阵列的最小周期单元,而微偏振片阵列排布模式又可以分解成四个基础的排布模式 $h_p^{\theta}(x,y)$。以经典的 2×2 微偏振片阵列为例，其阵列排布模式可以表示为

$$h_p = \begin{bmatrix} I_{0^\circ} & I_{45^\circ} \\ I_{135^\circ} & I_{90^\circ} \end{bmatrix} \tag{3-39}$$

可以分解为四个不同的偏振方向，即

$$h_p^{(0^\circ)} = \begin{bmatrix} 1 & 0 \\ 0 & 0 \end{bmatrix}, \quad h_p^{(45^\circ)} = \begin{bmatrix} 0 & 1 \\ 0 & 0 \end{bmatrix}, \quad h_p^{(90^\circ)} = \begin{bmatrix} 0 & 0 \\ 0 & 1 \end{bmatrix}, \quad h_p^{(135^\circ)} = \begin{bmatrix} 0 & 0 \\ 1 & 0 \end{bmatrix}$$

$$h_p^{(\theta)}(x,y) = \begin{cases} 1, & h_p(x,y) = I_{\theta}(x,y) \\ 0, & \text{其他} \end{cases} \tag{3-40}$$

在空间域，阵列排布模式可描述为

$$h_p(x,y) = \sum_{\theta} h_p^{(\theta)}(x,y) \cdot (S_0(x,y) + \cos 2\theta \cdot S_1(x,y) + \sin 2\theta \cdot S_2(x,y)) \tag{3-41}$$

并且 $h_p^{(\theta)}(x,y)$ 的和是一个全 1 矩阵，即 $\sum_{\theta} h_p^{(\theta)}(x,y) = 1$。

偏振焦平面直接输出的图像定义为偏振马赛克图像 $f_{\text{MPA}}(x,y)$，可以表示为

$$
\begin{aligned}
&f_{\mathrm{MPA}}(x,y)\\
&=\sum_{\theta} f_{\mathrm{MPA}}^{\theta}(x,y)\\
&=\sum_{\theta} h_{\mathrm{MPA}}^{(\theta)}(x,y)(S_0(x,y)+\cos 2\theta\cdot S_1(x,y)+\sin 2\theta\cdot S_2(x,y))
\end{aligned}
\tag{3-42}
$$

其中

$$
h_{\mathrm{MPA}}^{\theta}(x,y)=\begin{cases}1, & I(x,y)=S_0(x,y)+\cos 2\theta\cdot S_1(x,y)+\sin 2\theta\cdot S_2(x,y)\\ 0, & \text{其他}\end{cases}
\tag{3-43}
$$

对偏振马赛克图像 $f_{\mathrm{MPA}}(x,y)$ 进行傅里叶变换可得

$$
\begin{aligned}
F_{\mathrm{MPA}}(u,v)&=\mathrm{DFT}(f_{\mathrm{MPA}}(x,y))\\
&=\mathrm{DFT}\left(\sum_{\theta} f_{\mathrm{MPA}}^{(\theta)}(x,y)\right)\\
&=\sum_{\theta}\mathrm{DFT}(f_{\mathrm{MPA}}^{(\theta)}(x,y))\\
&=\sum_{\theta} F_{\mathrm{MPA}}^{(\theta)}(u,v)
\end{aligned}
\tag{3-44}
$$

根据式(3-42)，可知

$$
\begin{aligned}
F_{\mathrm{MPA}}^{\theta}(u,v)&=\mathrm{DFT}(f_{\mathrm{MPA}}^{\theta}(x,y))\\
&=\mathrm{DFT}[(S_0(x,y)+\cos 2\theta\cdot S_1(x,y)+\sin 2\theta\cdot S_2(x,y))\cdot h_{\mathrm{MPA}}^{(\theta)}(x,y)]
\end{aligned}
\tag{3-45}
$$

由于微偏振片阵列 $h_{\mathrm{MPA}}^{(\theta)}(x,y)$ 是阵列排布模式 $h_p^{(\theta)}(x,y)$ 重复排列组成的，因此 $h_{\mathrm{MPA}}^{(\theta)}(x,y)=h_p^{\theta}(x \bmod n, y \bmod m)$。

首先，计算 $h_{\mathrm{MPA}}^{(\theta)}(x,y)$ 的频谱 $H_{\mathrm{MPA}}^{(\theta)}(u,v)$，即

$$
\begin{aligned}
H_{\mathrm{MPA}}^{(\theta)}(u,v)&=\mathrm{DFT}(h_{\mathrm{MPA}}^{(\theta)}(x,y))\\
&=\frac{1}{NM}\sum_{x=0}^{N}\sum_{y=0}^{M} h_{\mathrm{MPA}}^{(\theta)}\mathrm{e}^{-\mathrm{i}2\pi(xu+yv)}\\
&=\left(\frac{1}{nm}\sum_{x=0}^{n}\sum_{y=0}^{m} h_p^{(\theta)}(x,y)\mathrm{e}^{-\mathrm{i}2\pi(xu+yv)}\right)\cdot\left(\frac{n}{N}\sum_{k_x=0}^{\frac{N}{n}-1}\mathrm{e}^{-\mathrm{i}2\pi k_x nu}\right)\cdot\left(\frac{m}{M}\sum_{k_y=0}^{\frac{M}{m}-1}\mathrm{e}^{-\mathrm{i}2\pi k_y mv}\right)\\
&=\begin{cases}H_p^{\theta}(u,v), & nu\in\mathbf{Z};\ mv\in\mathbf{Z}\\ 0, & \text{其他}\end{cases}
\end{aligned}
\tag{3-46}
$$

其中，$H_p^{\theta}(u,v),(u,v)\in[0,1)^2$ 是对阵列排布模式 $h_p^{(\theta)}(x,y)$ 做离散傅里叶变换得到的。

联合式(3-45)和式(3-46)可得

$$\begin{aligned}
F_{\mathrm{MPA}}^{\theta}(u,v) &= F^{(\theta)}(u,v) * H_{\mathrm{MPA}}^{(\theta)}(u,v) \\
&= \frac{1}{2}\left(S_0(u,v) + \cos 2\theta \cdot S_1(u,v) + \sin 2\theta \cdot S_2(u,v)\right) \cdot H_{\mathrm{MPA}}^{(\theta)}(u,v) \\
&= \frac{1}{2}\sum_{k_x=0}^{N-1}\sum_{k_y=0}^{M-1}\left(S_0\left(u-\frac{k_x}{N}, v-\frac{k_y}{M}\right) + \cos 2\theta \cdot S_1\left(u-\frac{k_x}{N}, v-\frac{k_y}{M}\right)\right. \\
&\quad \left. + \sin 2\theta \cdot S_2\left(u-\frac{k_x}{N}, v-\frac{k_y}{M}\right)\right) \cdot H_{\mathrm{MPA}}^{(\theta)}(u,v) \\
&= \frac{1}{2}\sum_{k_x=0}^{n-1}\sum_{k_y=0}^{m-1} H_p^{(\theta)}\left(\frac{k_x}{n}, \frac{k_y}{m}\right)\left(S_0\left(u-\frac{k_x}{n}, v-\frac{k_y}{m}\right) + \cos 2\theta \cdot S_1\left(u-\frac{k_x}{n}, v-\frac{k_y}{m}\right)\right. \\
&\quad \left. + \sin 2\theta \cdot S_2\left(u-\frac{k_x}{n}, v-\frac{k_y}{m}\right)\right)
\end{aligned} \tag{3-47}$$

由此可知，偏振马赛克图像的频谱 $F_{\mathrm{MPA}}^{\theta}(u,v)$ 是由 $n \times m$ 个基带频率位于 $(k_x/n, k_y/m)$ 的频率成分求和得到的。我们可以使用矩阵 $T^{(\theta)}$ 描述偏振马赛克图像 $f_{\mathrm{MPA}}(x,y)$ 中偏振方向 θ 的频谱，即

$$T^{(\theta)} = \left(H_p^{(\theta)}\left(\frac{k_x}{n}, \frac{k_y}{m}\right) \cdot \frac{S_0(\omega) + \cos 2\theta \cdot S_1(\omega) + \sin 2\theta \cdot S_2(\omega)}{2} \right) \tag{3-48}$$

其中，$k_x = 0,1,\cdots,n-1$；$k_y = 0,1,\cdots,m-1$。

阵列 $T^{(\theta)}$ 称为微偏振片阵列 $h_{\mathrm{MPA}}^{(\theta)}$ 对应的偏振频率结构矩阵。该矩阵包含偏振马赛克图像的所有偏振方向的频率成分及其在频谱中的位置信息。矩阵中的元素 (k_x, k_y) 代表频谱中心坐标为 $\left(\frac{k_x}{n}, \frac{k_y}{m}\right)$ 的频率成分。

偏振马赛克图像的频谱 F_{MPA} 可以表示为

$$\begin{aligned}
F_{\mathrm{MPA}} &= \sum_{\theta} F_{\mathrm{MPA}}^{\theta}(u,v) \\
&= \sum_{\theta} H_p^{\theta}\left(\frac{k_x}{n}, \frac{k_y}{m}\right) \cdot \frac{S_0(u,v) + \cos 2\theta \cdot S_1(u,v) + \sin 2\theta \cdot S_2(u,v)}{2} \\
&= \sum_{\theta} T^{(\theta)} \\
&= T_{\mathrm{MPA}}
\end{aligned} \tag{3-49}$$

F_{MPA} 是阵列中各个偏振方向频率结构的和。已知频率结构矩阵中的各元素是

具有相同基频位置的各角度频率成分之和，称频率结构矩阵 T_{MPA} 中的各元素为混叠成分。其中，坐标为(0,0)的元素是偏振亮度成分，记作 P_L。它在对应的偏振马赛克图像的频谱中位于基频(0,0)位置；偏振频率结构矩阵中坐标不为(0,0)的元素为偏振色度成分，记作 P_{CX}。它在对应的偏振马赛克图像的频谱中位于非基频位置。

3.4　基于多目标优化的微偏振片阵列排布模式设计

3.4.1　基于帕累托最优的多目标优化

多目标优化问题中的多个目标不是独立存在的，而是处于一种相互竞争的状态。这决定了多目标优化与单目标优化具有较大的差异，即只有一个目标函数时，不同的解通过比较可以获取一个全局最大或最小的最优解。有多个目标函数时，不同的目标函数之间可能产生冲突或无法比较，因此不一定能够找到使所有目标函数均达到最优的解。多目标优化问题的解不是唯一的，通常情况下，在多目标优化中会存在一系列无法相互比较的均衡解，这个解集称为非支配解集，即帕累托(Pareto)最优解集[9]。它的特点是无法在改进任一目标性能的同时不削弱至少一个其他目标，即在搜索空间中不存在比这些解更优的解，并且这些解之间没有绝对的优劣。

一般的多目标优化问题是由 m 个变量参数、n 个目标函数和 p 个约束条件组成的，即

$$\begin{aligned}&\min\ \ y=f(x)=\{f_1(x),f_2(x),\cdots,f_n(x)\}\\&\text{s.t.}\ \ g(x)=(g_1(x),g_2(x),\cdots,g_p(x))\leqslant 0,\quad x\in\Omega\\&\qquad x=\{x_1,x_2,\cdots,x_m\}\\&\qquad y=\{y_1,y_2,\cdots,y_n\}\end{aligned}\tag{3-50}$$

其中，Ω 为决策空间，即所有的决策变量组成决策空间；$y\in\Lambda$，Λ 为目标函数空间，即所有的目标函数值组成目标函数空间。

由于多目标优化问题的目标函数大多都是相互冲突的，因此在所有约束条件都满足的情况下，能够使每个目标函数均达到全局最优的解可能并不存在。解决多目标优化问题是在各个目标之间进行权衡，使各个目标函数值尽可能地被决策者接受。这样的解称为帕累托最优解，其数学定义如下。

(1) 帕累托支配(占优)。对于任意向量 $u,v\in\Lambda$，$u=\{u_1,u_2,\cdots,u_k\}$，$v=\{v_1,v_2,\cdots,v_k\}$，若两向量满足 $\forall i\in\{1,2,\cdots,k\}$，$f_i(u)\leqslant f_i(v)$，且 $\exists j\in\{1,2,\cdots,k\}$，$f_j(u)<$

$f_j(v)$，则称向量 v 被向量 u 支配，记作 $u \prec v$。

以图 3-17 中的 E 点为例，$f_1(E) < f_1(C)$ 且 $f_2(E) < f_2(C)$，$f_1(E) < f_1(D)$ 且 $f_2(E) < f_2(D)$，即解 E 的两个目标函数值均小于解 C 与解 D 的目标函数值，因此称解 C 与解 D 被解 E 支配。

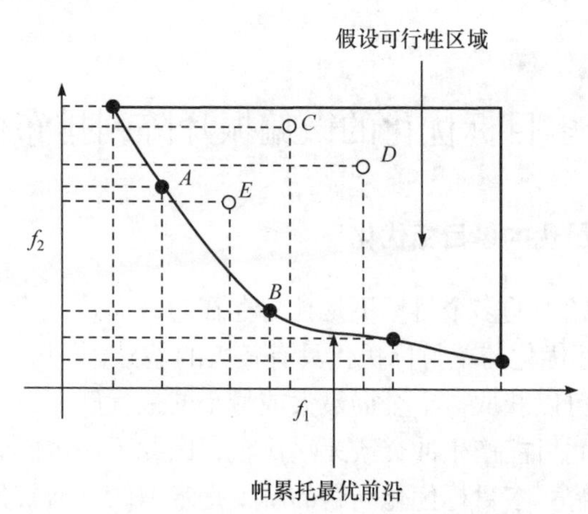

图 3-17 两个目标函数的多目标优化问题

(2) 帕累托最优解。在决策空间 Ω 中，如果决策变量 u 不能被空间内的任一向量支配，则称向量 u 为帕累托最优解。

如图 3-17 所示，在可行性区域中找不到一个可以支配解 B 的解，因此称解 B 为帕累托最优解。通过进一步比较可知，实心点处的解均不能被区域内的其他解支配，因此实心点处的解均为帕累托最优解。这再次验证了多目标优化问题的结果不是唯一的解，而是一组均衡解。帕累托最优解的集合称为帕累托最优解集，并且对应的目标向量构成帕累托最优前沿。

所有帕累托最优解组成的解集称为帕累托解集，可以表示为 $P = \{u \in \Omega \mid$ 不存在 $v \in \Omega, f_i(v) \leqslant f_i(u), i = (1,2,\cdots,m)\}$。

对于最小化多目标优化问题，目标函数空间的下边界称为帕累托前沿。帕累托前沿也是帕累托解集在目标函数空间中的映射，可以表示为 $\mathrm{PF} = \{f(u) \mid u \in P\}$。

3.4.2 微偏振片阵列频域设计方法

偏振马赛克图像的频谱可以通过偏振频率结构求得，进而获得场景的斯托克斯矢量信息。因此，为了减少瞬时视场误差的影响，进一步提升偏振信息重构的准确性，就需要提高分布在频域内各个位置混叠成分的重构精度。

频域内各混叠成分之间存在的串扰，在恢复一个混叠成分时，会引入其他混叠成分的信息，导致重构精度降低。为了提升各混叠成分的重构精度，应尽量减少混叠成分间的串扰，因此混叠成分间的串扰越小越好。此外，若各混叠成分间具有较强的相关性，则可有效引导各混叠成分的重构，提升偏振信息的恢复精度。总结来说，我们提出两条微偏振片阵列的设计准则，即混叠成分间的串扰应尽可能地小(准则一)；混叠成分间的相关性应尽可能地高(准则二)。

基于该设计准则，在设计微偏振片阵列时需要考虑两个重要因素，即微偏振片阵列排布模式的大小和各位置处的偏振方向信息。根据之前的分析，微偏振片阵列排布模式的大小和偏振频率结构矩阵的大小是一致的。因此，一旦确定偏振频率结构矩阵的大小，微偏振片阵列排布模式的大小也随之确定。在微偏振片阵列排布模式中，每个像素位置的偏振方向也可通过对偏振频率结构矩阵做符号离散傅里叶变换得到。因此，微偏振片阵列的设计问题可以转化为微偏振片阵列频率结构的选择问题。由于频谱图更加简洁直观，因此我们可将微偏振片阵列的设计问题最终转化为频谱分布的选择问题。

根据准则一，频谱中相邻的非零混叠成分间的最小距离应尽可能地大，以确保尽可能少地受串扰的影响。频谱中相邻的非零混叠成分间的距离包括偏振亮度成分与偏振色度成分之间的距离，以及两个偏振色度成分之间的距离。根据准则二，我们应该尽可能多地增加偏振色度成分的个数，同时使它们相关。可以看到，准则一和准则二之间是有明显的冲突的，主要体现在对偏振色度成分个数的选择上。因此，我们无法设计出唯一的最优微偏振片阵列排布模式，可以通过构建多目标优化函数过滤掉很多不合理的频谱分布，从而完成对微偏振片阵列排布模式的设计。

根据设计准则，将频率结构的确定转换为求解一个多目标优化函数，即

$$\min_{x}\left\{\frac{1}{f_1(x)},\frac{1}{f_2(x)},\frac{1}{f_3(x)}\right\} \tag{3-51}$$
$$\text{s.t. } x\in \text{偏振色度成分的可行位置集合}$$

其中，f_1 为偏振亮度成分与偏振色度成分之间距离的最小值；f_2 为偏振色度成分之间距离的最小值；f_3 为偏振色度成分的个数。

偏振亮度成分的中心坐标记为 (a,b)，偏振色度成分的数量为 N。

由于偏振频率结构矩阵在水平方向和垂直方向是周期性重复的，因此我们可以采用如下方法计算两个位置之间的距离。假设两个位置的坐标为 (x_1,y_1) 和 (x_2,y_2)，那它们之间的水平距离和垂直距离就可以表示为 $d_x=\min(|x_1-x_2|, 1-|x_1-x_2|)$ 和 $d_y=\min(|y_1-y_2|,1-|y_1-y_2|)$，其中 $|x|$ 为标量 x 的绝对值。因此，两个位置之间的欧氏距离为 $\sqrt{d_x^2+d_y^2}$。由于唯一的偏振亮度成分位于偏振频率结构的左上角，即坐标为 (0,0) 的位置，因此仅需确定色度成分及其在矩阵中的位置

来确定偏振频率结构。若将偏振色度成分的中心坐标记作(x_i, y_i)，$i \in N$，则可得

$$\begin{aligned} d_{x1} &= \min(|x_i|, 1-|x_i|) \\ d_{y1} &= \min(|y_i|, 1-|y_i|) \\ d_{x2} &= \min(|x_{i1}-x_{i2}|, 1-|x_i-x_{i2}|) \\ d_{y2} &= \min(|y_{i1}-y_{i2}|, 1-|y_i-y_{i2}|) \end{aligned} \tag{3-52}$$

因此，式(3-51)可表示为

$$f_1 = \sqrt{d_{x1}^2 + d_{y1}^2}, \quad f_2 = \sqrt{d_{x2}^2 + d_{y2}^2}, \quad f_3 = N \tag{3-53}$$

求解微偏振片阵列排布模式的优化过程如图 3-18 所示。

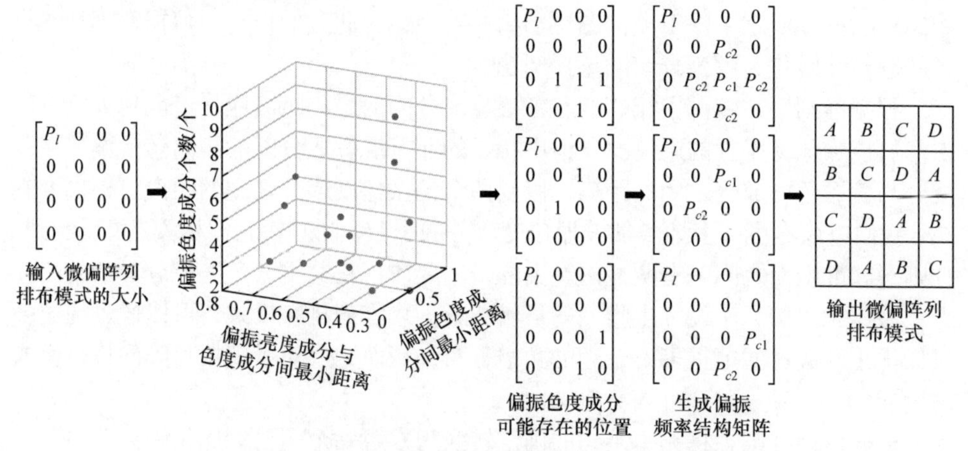

图 3-18　求解微偏振片阵列排布模式的优化过程

3.5　微偏振片阵列排布模式及仿真结果

3.5.1　设计的微偏振片阵列

根据 3.4 节的设计准则，可以设计不同大小的微偏振片阵列排布模式。在此以4×4大小的排布模式为例，对其设计过程进行详细阐述。当微偏振片阵列排布模式的大小确定为4×4后，可以通过求解多目标优化函数得到一系列的解，即若干个合理的频谱分布模式。以其中一个为例，其对应的频率结构矩阵为

$$\begin{bmatrix} P_1 & 0 & 0 & 0 \\ 0 & 0 & P_{c2} & 0 \\ 0 & P_{c2} & P_{c1} & P_{c2} \\ 0 & 0 & P_{c2} & 0 \end{bmatrix} \tag{3-54}$$

偏振频率结构矩阵确定后，就可以通过逆离散傅里叶变换(inverse discrete Fourier transform，IDFT)将微偏振片阵列排布模式 h_p 通过 P_l、P_{c1}、P_{c2} 表示出来。4×4 大小的微偏振片阵列中存在 4 个不同的独立变量，恰好可以使用 4 个基础角度(0°、45°、90°、135°)的偏振片。设计得到的一种 4×4 微偏振片阵列排布模式如图 3-19 所示。

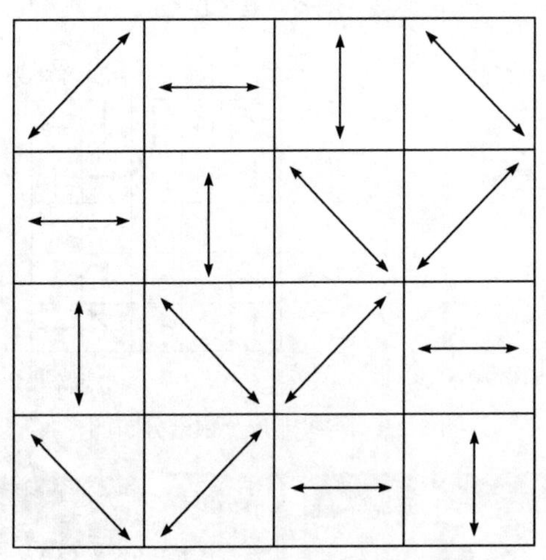

图 3-19　4×4 微偏振片阵列排布模式

需要注意的是，根据设计准则不能得到唯一的最优微偏振片阵列排布模式，它只能辅助更快速地剔除大量不合理的排布模式，从而得到一个相对最优的结果。通过同样的方法，可以获得 2×4 和 5×5 大小的微偏振片阵列排布模式。

图 3-20 中的 A、B、C、D 代表四个基础偏振方向 0°、45°、90°、135°，它们可以以任意顺序应用在设计的排布模式中。如果设定 A、B、C、D 分别对应 45°、90°、135°、0°，就可以得到和 Lemaster 等[10]相同的 2×4 微偏振片阵列。改变角度的顺序就可以得到一个新的 2×4 微偏振片阵列，如图 3-21(a)所示。可以看到，图 3-21(a)和图 3-21(b)具有相同的频谱分布。此外，两个 2×4 阵列的重构性能的对比结果展示在图 3-22 中。可以看到，重构结果基本一致。具体地说，0°、45°、

A	*C*	*B*	*D*
B	*D*	*A*	*C*

(a) 2×4

A	*B*	*C*	*D*
B	*C*	*D*	*A*
C	*D*	*A*	*B*
D	*A*	*B*	*C*

(b) 4×4

A	*B*	*C*	*C*	*B*
C	*B*	*A*	*B*	*C*
B	*C*	*C*	*B*	*A*
B	*A*	*B*	*C*	*C*
C	*C*	*B*	*A*	*B*

(c) 5×5

图 3-20　设计的不同大小微偏振片阵列排布模式

90°的重构结果存在较多的细节丢失，而最后一组135°的两张图像具有较高的重构质量。

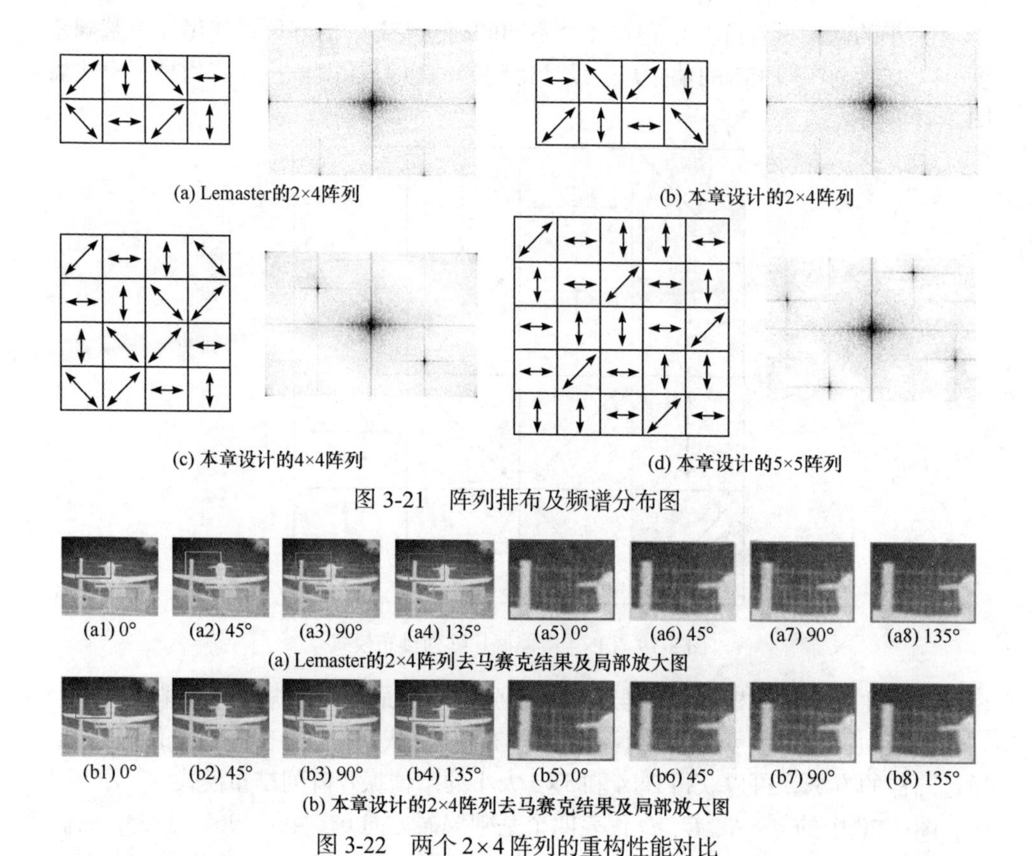

(a) Lemaster的2×4阵列　(b) 本章设计的2×4阵列

(c) 本章设计的4×4阵列　(d) 本章设计的5×5阵列

图 3-21　阵列排布及频谱分布图

(a1) 0°　(a2) 45°　(a3) 90°　(a4) 135°　(a5) 0°　(a6) 45°　(a7) 90°　(a8) 135°

(a) Lemaster的2×4阵列去马赛克结果及局部放大图

(b1) 0°　(b2) 45°　(b3) 90°　(b4) 135°　(b5) 0°　(b6) 45°　(b7) 90°　(b8) 135°

(b) 本章设计的2×4阵列去马赛克结果及局部放大图

图 3-22　两个 2×4 阵列的重构性能对比

3.5.2　微偏振片阵列的对比分析

为了验证所设计的微偏振片阵列具有更好的性能，从搭建的偏振红外图像数据库中选出几组代表性图像，对设计的微偏振片阵列进行验证。这里选择 Lemaster 的 2×4 阵列、Alenin 的 2×3 和 2×7 阵列作为对比阵列，评估我们设计的微偏振片阵列。为了验证本章提出设计方法的有效性及新设计的微偏振片阵列的性能，采用视觉对比及客观评价两种对比方法。

首先是视觉对比，通过仿真得到微偏振片阵列对应的偏振马赛克图像。以 4×4 微偏振片阵列为例，首先需要获取四个偏振角度(0°、45°、90°、135°)的图像。在 4×4 微偏振片阵列对应图像中，坐标为(1, 2)、(2, 1)、(3, 4)、(4, 3)的像素是 0°图像；坐标为(1, 1)、(2, 4)、(3, 3)、(4, 2)的像素是 45°图像；坐标为(1, 3)、(2, 1)、(3, 4)、(4, 3)的像素是 90°图像；坐标为(1, 4)、(2, 3)、(3, 2)、(4, 1)的像素是 135°

图像。因此，从采集的 0°偏振图像中挑出坐标为(1, 2)、(2, 1)、(3, 4)、(4, 3)的像素，从 45°偏振图像中挑出坐标为(1, 1)、(2, 4)、(3, 3)、(4, 2)的像素，从 90°偏振图像中挑出坐标为(1, 3)、(2, 1)、(3, 4)、(4, 3)的像素，从 135°偏振图像中挑出坐标为(1, 4)、(2, 3)、(3, 2)、(4, 1)的像素。依此类推，最终可以得到仿真的 4×4 微偏振片阵列对应的偏振马赛克图像。其他大小的微偏振片阵列对应图像也通过同样的方法获取。

在对比实验中，选择 0°和 90°两个偏振方向的图像做重构性能对比。插值方法选择双线性插值算法。重构结果如图 3-23 所示。在图 3-23(a)中，第一行是 0°偏振图像，第三行是 90°偏振图像，第二行和第四行分别是第一行和第三行中方框中图像的细节展示。第一列是真值图像，在此作为基准图像用作阵列性能的对比。第二列图像是 2×3 排布模式的偏振马赛克图像的重构结果。可以清楚地看到，0°偏振图像和 90°偏振图像均存在图像细节丢失的问题。2×7 排布模式的重构结果在第三列。可以看到，由于采样率过低，视觉效果非常差，已经基本无法辨识出栅栏。第四列是 2×4 排布模式的重构结果，比第二列和第三列的视觉效果都要好，但并不是最优。第五列和第六列分别展示我们设计的 4×4 和 5×5 排布模式的重构结果。可以看到，5×5 排布模式的效果最好，尤其是 90°偏振图像。同样，在图 3-23(b)中，严重的数据丢失依然存在于第二列和第三列的重构结果中，已经基本无法辨识出“楼”字的结构。第四列和第五列的重构结果更优，但依旧是最后一列具有最好的视觉质量。

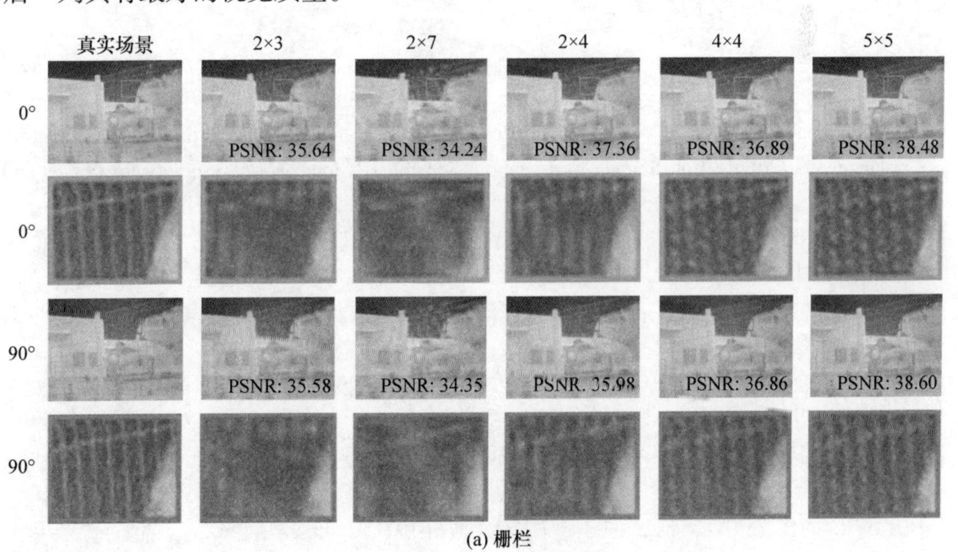

(a) 栅栏

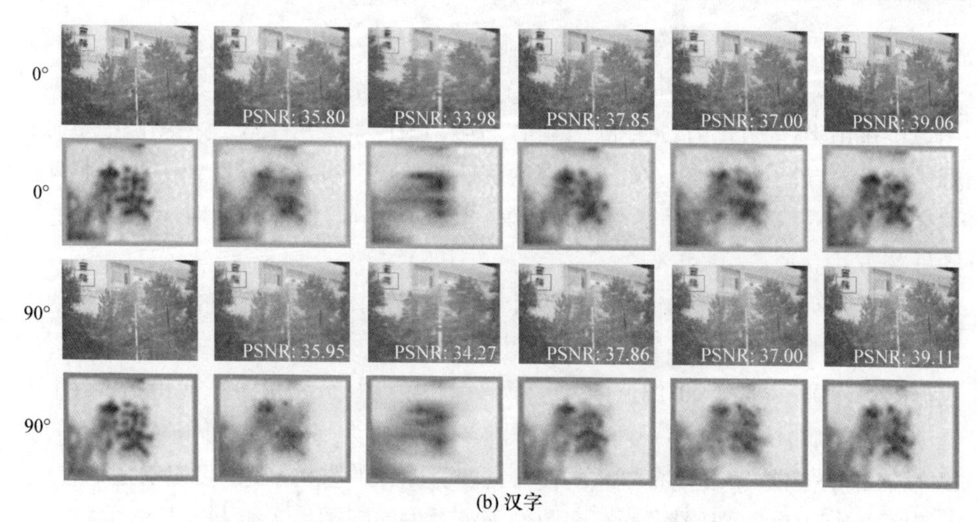

(b) 汉字

图 3-23　不同微偏振片阵列对应偏振马赛克图像的重构性能对比结果

3.6　本 章 小 结

在设计偏振焦平面的过程中，涉及微偏振片振列结构的设计和排布模式的设计。为了提高偏振焦平面的消光比和透过率，本章分析了亚波长金属光栅的设计。为有效地减少瞬时视场误差的影响，进一步提升成像准确性，本章提出微偏振片振列排布模式设计架构。

参 考 文 献

[1] Jones M W, Persons C M. Performance predictions for micro-polarizer array imaging polarimeters//Polarization Science and Remote Sensing III. International Society for Optics and Photonics, San Diego, 2007: 668208.

[2] 冯涛, 金伟其, 司俊杰. 非制冷红外焦平面探测器及其技术发展动态. 红外技术, 2015, 37(3): 177-184.

[3] 张娜, 褚金奎, 赵开春, 等. 基于严格耦合波理论的亚波长金属光栅偏振器设计. 传感技术学报, 2006, (5): 1739-1743.

[4] 孟凡涛, 褚金奎, 韩志涛, 等. 亚波长金属光栅偏振器设计. 纳米技术与精密工程, 2007, 5(4): 269-272.

[5] 王志文, 褚金奎, 王倩怡. 单层亚波长金属光栅偏振器透射机理研究. 光学学报, 2015, (7): 57-63.

[6] 方容川. 固体光谱学. 合肥: 中国科学技术大学出版社, 2003.

[7] 尹佳琪. 红外分焦平面偏振成像探测关键技术的研究. 上海: 中国科学院上海技术物理研究所, 2021.

[8] Gruev V, Van der Spiegel J, Engheta N. Dual-tier thin film polymer polarization imaging sensor. Optical Express, 2010, 18(18): 19292-19303.
[9] 林锉云, 董加礼. 多目标优化的方法与理论. 沈阳: 吉林教育出版社. 1992.
[10] Lemaster D, Hirakawa K. Improved microgrid arrangement for integrated imaging polarimeters. Optical Letters, 2014, 39(7): 1811-1814.

第 4 章　偏振去盲元和校正

红外偏振焦平面是普通红外焦平面和微偏振片阵列的组合。每个微偏振片对应焦平面上的一个像元。这种设计使每个偏振通道信息都在相同的辐射条件下测量获得。微偏振片阵列的加工偏差，以及与焦平面集成时的装配误差等，导致相同检偏角的微偏振片存在消光比、透过率、偏振方向排列误差[1]。这些因素共同作用导致微偏振片阵列偏振调制作用的不一致，这是红外偏振焦平面非均匀性的重要来源。红外偏振焦平面的非均匀性不但影响强度成像质量，而且对后续偏振参数的计算有重要的影响[2]。此外，微偏振片阵列的引入，除了加工难度增大易产生更多盲元，还带来新的盲元类型，即像元辐射响应正常但是无法按照设计检偏方向正确检偏的盲元。与红外焦平面不同，由于不同检偏方向的微偏振片周期循环排列，红外偏振焦平面盲元的 8 邻域中不存在与其检偏方向相同的像元。这给红外偏振焦平面的盲元校正带来困难。由于红外偏振焦平面的异构属性，直接使用传统非均匀校正和盲元校正方法，不能实际解决红外偏振焦平面的非均匀校正和盲元校正问题。

4.1　基于偏振响应曲线的定标非均匀校正

红外偏振焦平面的非均匀性严重影响成像质量、探测灵敏度和空间分辨率。红外偏振焦平面引入了消光比误差、透过率误差、装配误差等因素，使非均匀性问题更加严重。由于需要同时兼顾温度响应和偏振响应的均匀性，现有的非均匀校正算法无法在红外偏振焦平面取得预期的效果。

4.1.1　红外偏振焦平面像元响应特性

红外偏振焦平面不仅有温度响应特性，还有偏振响应特性。下面探讨像元的温度响应特性和偏振响应特性，并给出像元响应值的取值范围描述。

1. 温度响应特性

红外焦平面随面源黑体温度变化的响应曲线如图 4-1 所示[3]。像元温度响应形似 S 形曲线，这种非线性的 S 形是多种因素造成的，主要包括两个方面。从输入来看，根据斯特藩-玻尔兹曼定律[4]，有

$$j^* = \varepsilon\sigma T^4 \tag{4-1}$$

一个黑体表面单位面积在单位时间内辐射出的总功率，称为物体的辐射度或能量通量密度，j^* 与黑体本身的热力学温度 T 的 4 次方成正比，因此温度-辐射强度曲线如图 4-2 所示。随着单位温度的变化，辐射强度并不是同等增强的，但在一定长度的区间内可以看作一条直线。从接受辐射的红外焦平面的物理特性出发，红外敏感材料有其阈值和最大激励，并且有一定的非线性度，使焦平面的实际静态特性输出是条曲线。在这两方面的因素影响之下，红外焦平面对温度的响应曲线是一条非线性的 S 形曲线。

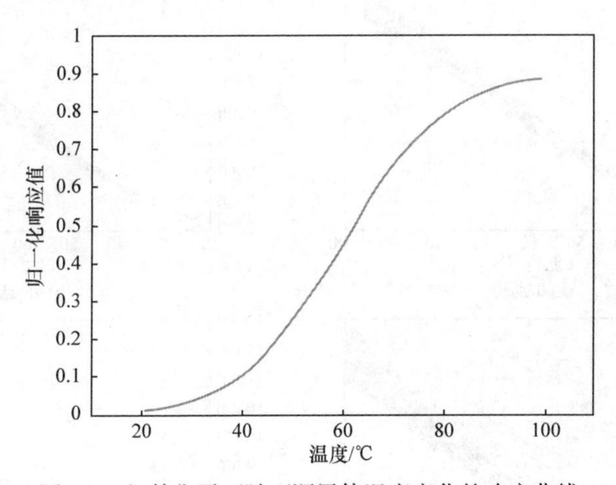

图 4-1　红外焦平面随面源黑体温度变化的响应曲线

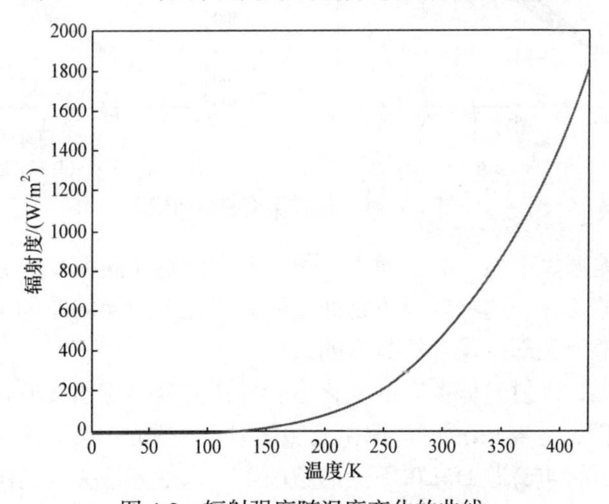

图 4-2　辐射强度随温度变化的曲线

红外偏振焦平面上像元随温度变化的响应特性与红外焦平面的像元基本一致，即若入射辐射的偏振态不变，仅仅改变辐射强度的条件下，红外偏振焦平面上像元的响应曲线也表现为一条形似 S 形的曲线。与红外焦平面不同，由于制造工艺的特性，4 个通道的温度响应曲线有一定的差异。

为了更好地说明这种差异，接下来通过实验得到的数据进行描述。将红外偏振摄像仪置于黑体前，在室温 18℃的环境下，将黑体的温度从 20℃逐渐加热到 100℃，每升温 2℃就暂停加热，待黑体温度稳定后采集当前黑体温度下的像元响应，以此得到 4 个通道上所有像元的温度响应曲线(图 4-3)。

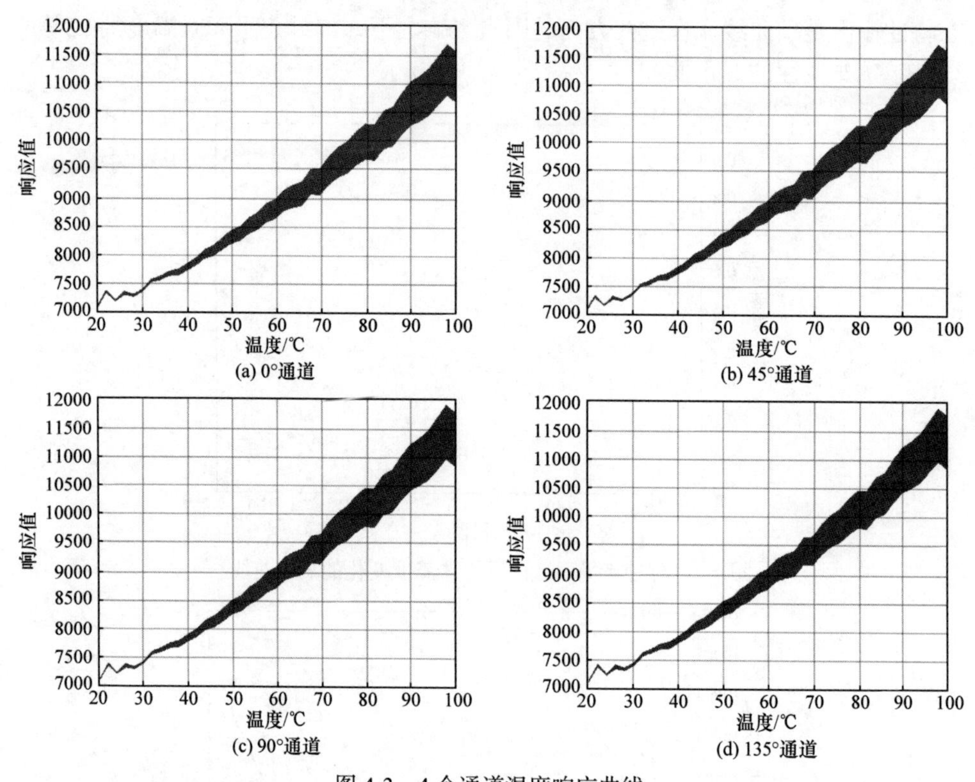

图 4-3　4 个通道温度响应曲线

对于红外偏振焦平面，4 个通道上像元的温度响应曲线变化趋势非常相似，但还是有一定的差异。这种差异不是通道间偶然几个像元的非均匀性引起的，而是某个检偏通道上大部分像元都具有的共性。

对单个像元，入射光偏振态的变化也会导致温度响应曲线变化。以检偏方向为 0°的像元为例，图 4-4(a)为 90°偏振光照射时，入射光 DoLP 不同产生的模拟温度响应曲线，图 4-4(b)为 DoLP 不变的情况下，入射光偏振方向不同产生的模拟温度响应曲线。

虽然不同入射辐射偏振态可能导致同一像元温度响应曲线的变化，但是红外偏振焦平面上的像元温度响应曲线仍然保持 S 形曲线的特性，与红外焦平面上的像元相同。

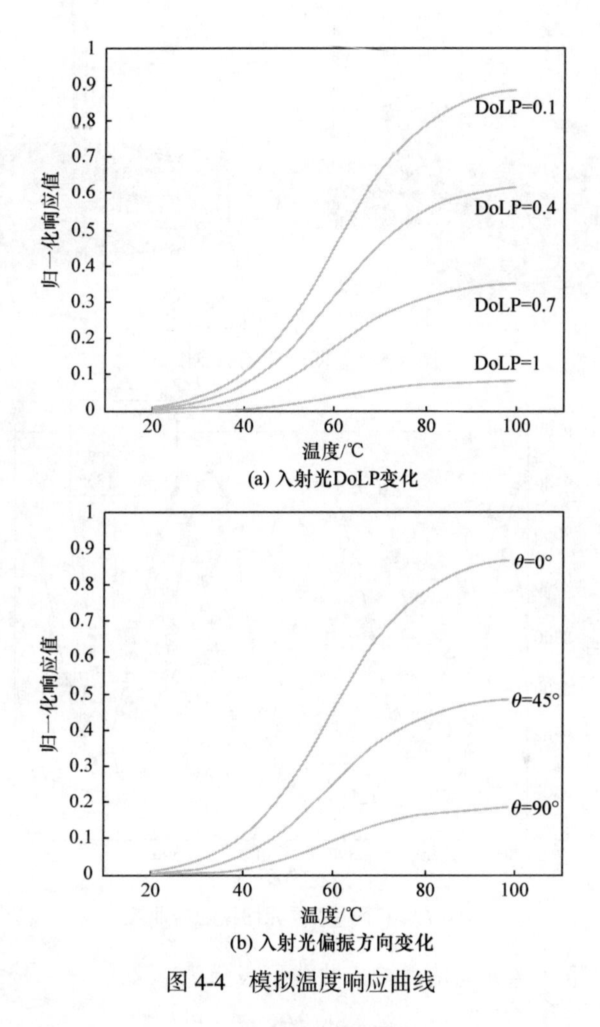

图 4-4　模拟温度响应曲线

2. 偏振响应特性

红外偏振焦平面最大的特点在于，它随着入射辐射偏振态的变化会产生不同的响应，具有偏振响应特性。与分析温度响应曲线不同，需要将辐射源输出的强度保持在一个固定值，通过在辐射源前加偏振片来调制不同的偏振态。偏振光调制示意图如图 4-5 所示。

将红外偏振相机放置在外置偏振片前方，不断旋转外置偏振片，每旋转 15°暂停旋转，采集当前偏振方向下的像元响应，得到 4 个通道上像元的偏振响应曲线。4 个检偏通道上像元的偏振响应曲线为相位差 45°的 4 条正弦曲线，如图 4-6 所示。

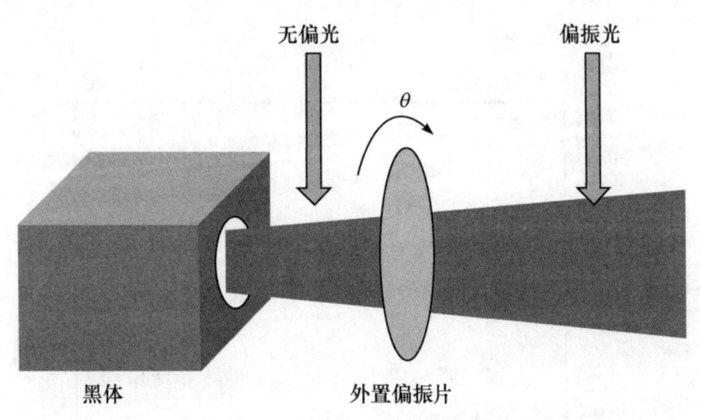

图 4-5　偏振光调制示意图

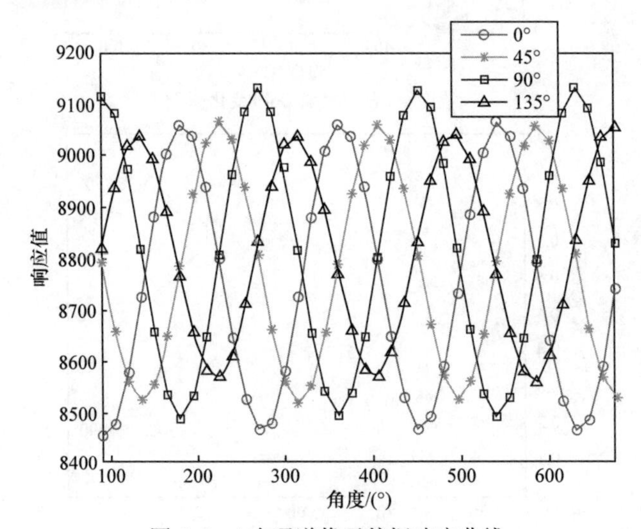

图 4-6　4 个通道像元偏振响应曲线

在理想条件下，像元的偏振响应曲线可表示为

$$y = A\sin(2\theta + \varphi) + b \tag{4-2}$$

其中，y 为响应响应值；A 为正弦曲线的振幅；θ 为入射光偏振方向；φ 为相位差；b 为偏距，表现为相对坐标轴的上移幅度。

需要指出的是，偏振响应曲线是在固定黑体温度下，入射光偏振方向变化时产生的响应变化。随着温度和 DoLP 的变化，将会产生不同的偏振响应曲线。不同的偏振响应曲线如图 4-7 所示。

在图 4-7 中，曲线的振幅 A 和偏距 b 随着温度升高而增大。随着温度降低而减小，不管温度如何改变，通道间的相位差始终不变。随着 DoLP 减小，正弦曲线的振幅 A 减小，偏距向 $b + A/2$ 变化，当 DoLP =0 时，变为在 $b + A/2$ 上的一条直线。

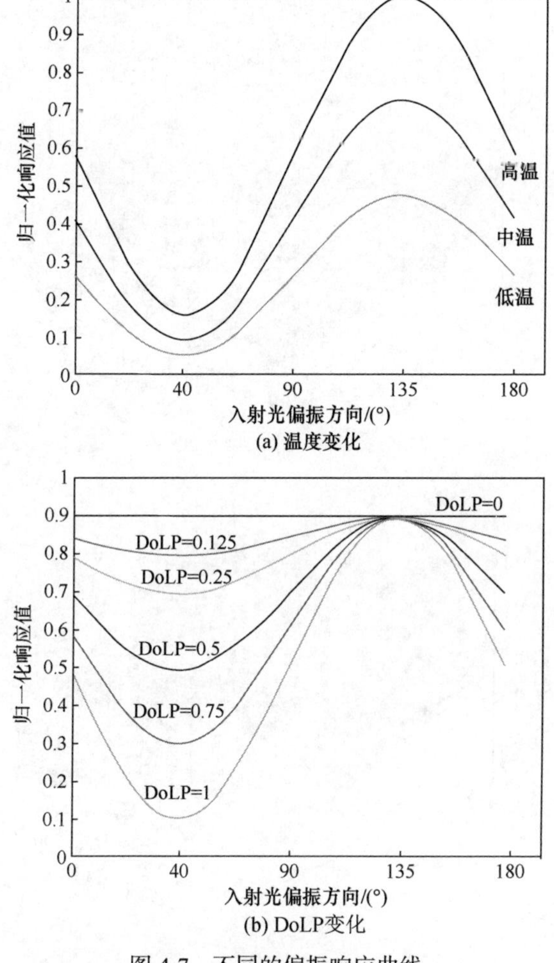

图 4-7　不同的偏振响应曲线

综合红外偏振焦平面的温度响应曲线和偏振响应曲线，焦平面上单个像元的响应是一个以入射光辐射强度和偏振方向为变量的函数，在三维坐标中表现为一个像元响应面(图 4-8)。

若考虑 DoLP 的因素，不同 DoLP 下像元响应面如图 4-9 所示。

将不同 DoLP 下的像元响应面叠加，则变为三维坐标中的一个像元响应空间(图 4-10)。

可以看出，红外偏振焦平面的响应特性远比红外焦平面复杂。仅使用一条 S 形温度响应曲线即可描述红外焦平面上像元的响应特性，而红外偏振焦平面上的像元响应特性则需要用三维的结构表示，即复杂度从线到面，再从面到体，有两个维度的提升。

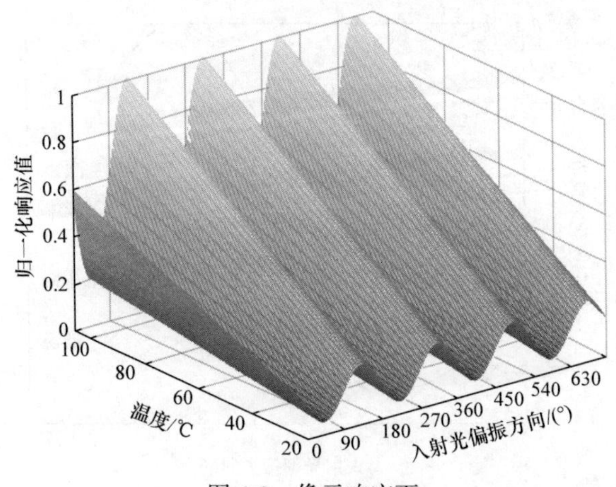

图 4-8　像元响应面

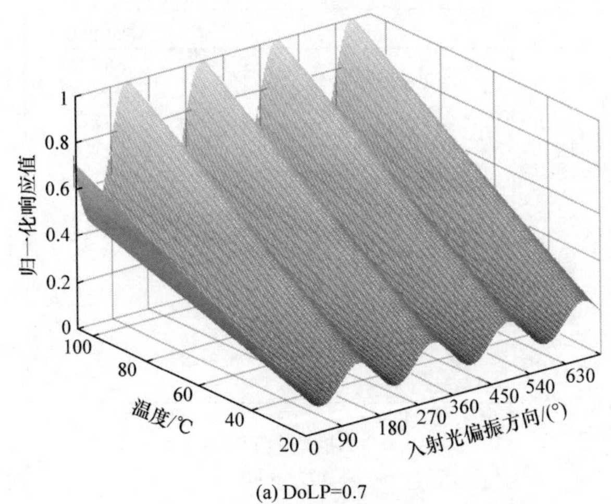

(a) DoLP=0.7

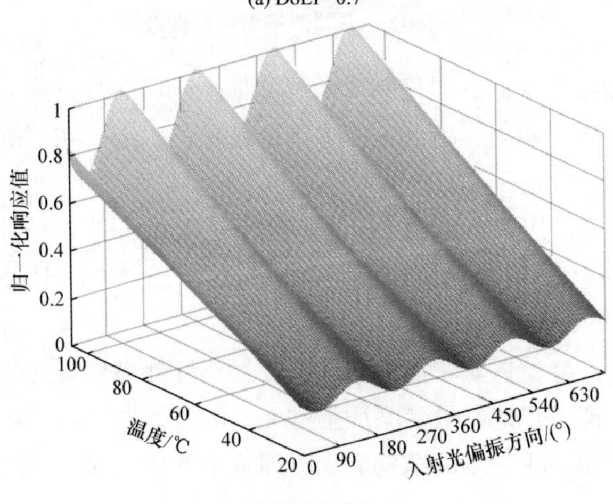

(b) DoLP=0.4

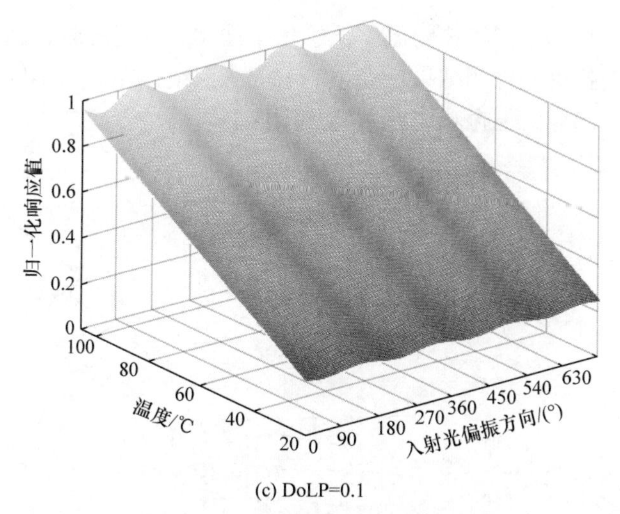

(c) DoLP=0.1

图 4-9　不同 DoLP 下像元响应面

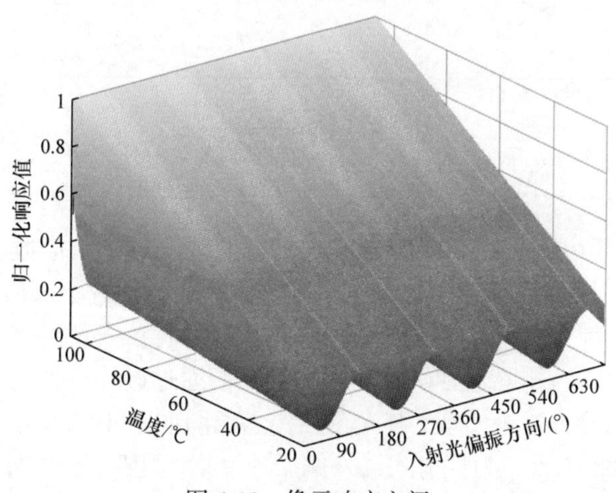

图 4-10　像元响应空间

3. 外置偏振片反射对偏振响应特性的影响

在利用黑体加偏振片分析焦平面的偏振响应特性时,有一个现象需引起注意,即外置偏振片的反射会对焦平面偏振响应产生影响。

由于相机的焦平面在工作时会不断产生热量，加热自身，最终焦平面温度在 40～50℃时发热与散热达到平衡，使焦平面的温度随时间和工作环境的变化而波动。这时，发热的焦平面将不断向外发射具有一定强度的红外光。这束光将通过光路，从镜头射出，照射到偏振实验中设置的反射式偏振片上。由于反射式偏振片的工作特性，它将符合检偏方向的红外偏振光透过，其余的光反射与选定的检偏方向正交的偏振光经由反射，再次进入偏振相机。这将对偏振响应特性的分析造成严重影响，特别是当黑体的温度低于焦平面的工作温度时，甚至会得到与期望的偏振光方向相反的检测结果。在不同方向入射线偏振光与不同黑体温度条件下，反射对各方向像元偏振响应的影响如图 4-11 所示。

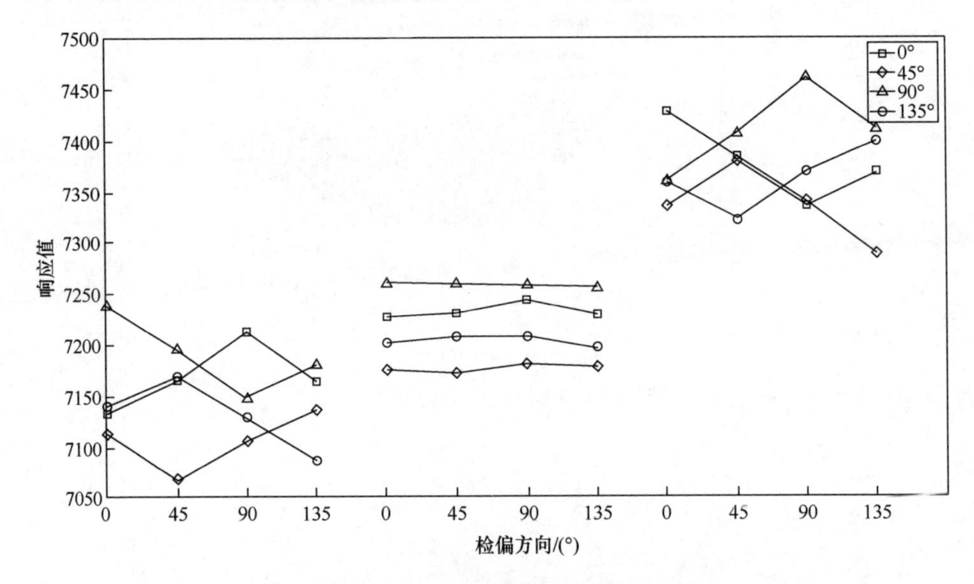

图 4-11　反射对各方向像元偏振响应的影响

由此可知，当黑体温度较低时，在透偏方向为 0°时的响应值小于透偏方向为 90°时的响应值，因为此时产生的 0°偏振光光强小于偏振片上反射回来的 90°偏振光。随着黑体温度升高，前者不断增强最终大于后者，表现出正常的检偏特性。因此，需要采取措施排除这种干扰的影响，我们通过设计一种双黑体的红外偏振焦平面反射光消除方法来实现。其光路结构示意图如图 4-12 所示。图中 1 为非制冷式红外偏振摄像仪，2 为反射式红外偏振片，3 为用于产生红外光的黑体，4 为

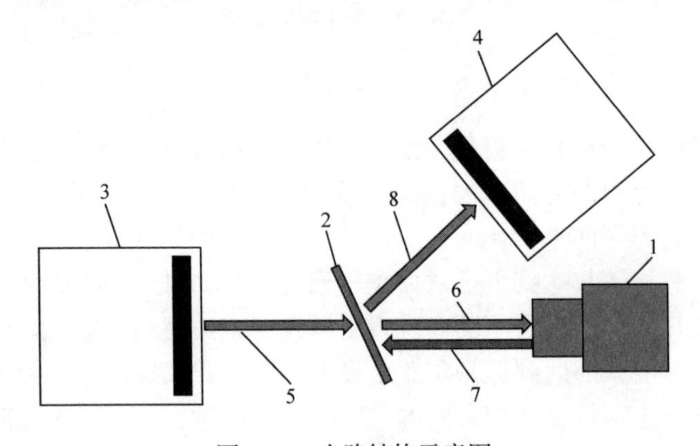

图 4-12　光路结构示意图

接近室温的用于吸收反射红外光的黑体，5 为黑体发射的红外光，6 为经过偏振片调制的特定方向的线偏振光，7 为发热焦平面发射的红外光，8 为经偏振片反射后生成的与目标线偏振光方向正交的红外光。

通过将外置偏振片偏移，在保证入射光能够进入相机的同时，将焦平面发射的红外光反射到另一个黑体上，通过黑体的吸收效应将其带来的干扰消除。消除反射后的偏振响应如图 4-13 所示。

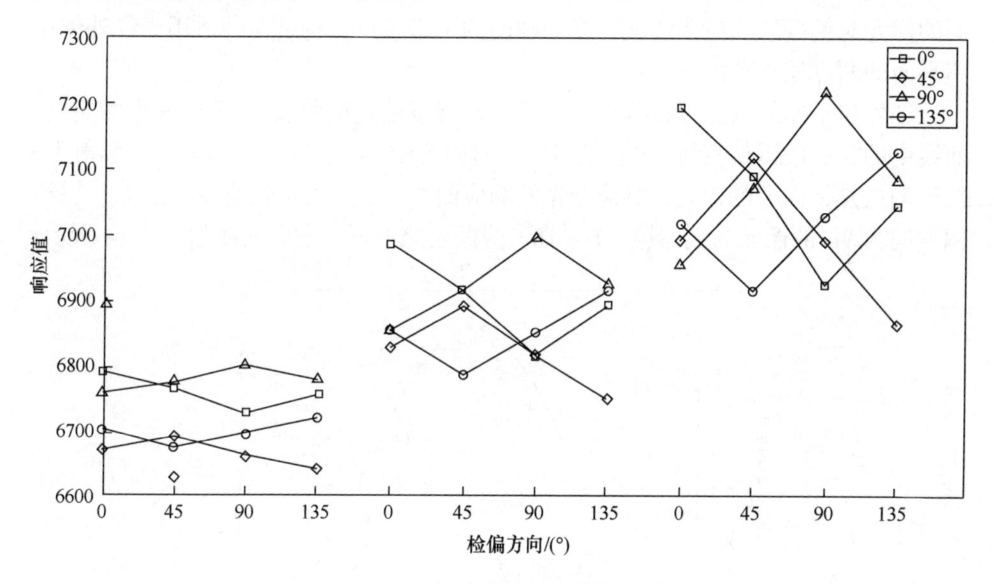

图 4-13　消除反射后的偏振响应

由图 4-13 可知，其在低、中、高温下均表现出正常的检偏特性。在本章偏振响应特性相关的实验中，均采用此法消除反射对偏振响应的影响。

4.1.2　非均匀校正算法

要利用偏振响应曲线进行非均匀校正，首先需要对偏振响应的模型进行简化。由温度响应的 S 曲线出发，将偏振响应的正弦响应曲线简化为双 S 曲线。通过与红外焦平面定标校正相似的在双 S 曲线上取参考点的方式，对像元的增益和偏置进行校正。

1. 偏振响应模型

当前，在红外焦平面非均匀校正领域，运用最广泛的校正算法是两点校正算法。它并不是校正效果最好的算法，大量的改进算法能够提供更好的校正效果。它的校正效果仅优于单点校正，但却是除了单点校正算法外最简单的算法，使用时仅需要一次加法运算和一次乘法运算，而那些计算复杂度在两点校正算法几倍、几十倍，甚至上百倍的校正算法，在实际应用中并不能提供与计算复杂度相匹配的图像质量提升[5]。实际上，工程人员往往更愿意把算力分配给后端的图像优化算法，如动态范围增强和图像锐化算法等。这些后端较为简单的处理算法与两点校正结合，所占用的算力可能与单独使用那些较为复杂的基于定标的非均匀校正算法相当，甚至更少，但是图像效果却远远优于后者[6]。两点校正算法的“两点”源于红外焦平面的像元对温度响应曲线的两个参考点。本节尝试在红外偏振焦平面的像元对偏振的响应曲线上寻找同样的两个参考点，构造一种适用于红外偏振焦平面的两点校正算法。

红外焦平面的两点校正算法源于像元对温度的响应曲线，为近似S形的曲线，曲线中的某一段近似直线，也就是斜率相对固定(图4-1)。在一定温度黑体辐射下，红外偏振焦平面上的像元，对偏振光的响应曲线，是一条正弦曲线(图4-6)。以检偏方向为90°的像元为例，其在0°～180°偏振光照射下的响应曲线如图4-14所示。

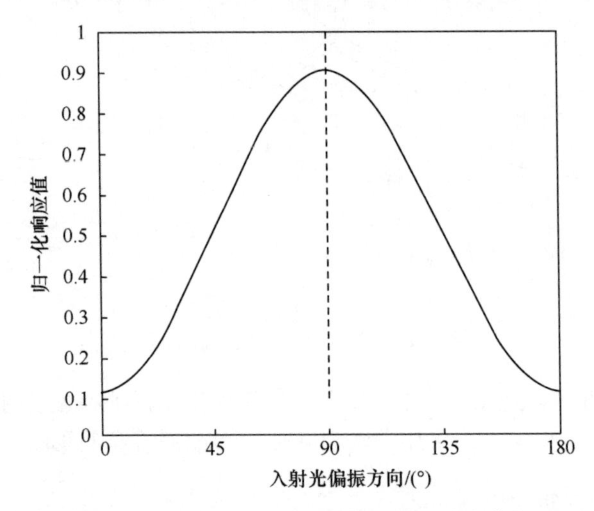

图4-14　检偏方向为90°的像元偏振响应曲线

图4-14中检偏方向为90°的像元偏振响应形似波浪，但是只要将这条曲线从中剖开，就可以得到一条近似S形的曲线和一条近似反S形的曲线。这与两点校正所依据的温度响应曲线极为相似，两条曲线亦有一段近似直线，即斜率相对固定的区间。同时，比起需要进行实际测量才能大概断定S形曲线特性的温度响应曲线，偏振响应曲线的S形曲线能用更确切的函数描述它的形状特性。以45°的像元为例，它在某个辐射水平下的理想偏振响应就是一条标准的正弦曲线，可以表示为

$$y = A\sin 2\theta + b \tag{4-3}$$

因此，对式(4-3)求导，很容易就能得到偏振响应S形曲线的斜率，即

$$y' = 2A\cos 2\theta \tag{4-4}$$

对式(4-4)求二次导，可得

$$y'' = -4A\sin 2\theta \tag{4-5}$$

即 S 形曲线斜率的变化程度。利用它就可以确定基于偏振响应曲线的定标非均匀校正所需要的那一段近似直线的范围，即两个参考点的位置。

通过上述方式，就如同两点校正算法对红外焦平面温度响应模型的简化，基于偏振响应曲线的定标非均匀校正算法可以完成对红外偏振焦平面偏振响应模型的简化。

2. 校正算法

基于偏振响应曲线的定标非均匀校正算法关键在于参考点的选取，所以需要在偏振响应曲线的单个周期内进行尽可能多的采样分析。部分偏振光可以视为无偏光和完全偏振光的组合，可以只对完全偏振光的偏振响应曲线进行校正。综合考虑偏振片性能、电动转台的精度和时域噪声的影响，在偏振片每旋转 5°时进行一次采集。由于偏振响应曲线轴对称，因此在半个周期内需要采集 17 幅图像。将采集得到的图像分通道进行处理，每个通道的校正过程相同，接下来以 90°检偏方向的像元为例进行说明。其正弦响应的函数为

$$y = A\sin(2\theta - 90°) + b \tag{4-6}$$

偏振片每旋转 5°进行一次采集，相当于在正弦响应曲线半个周期上取 17 个点，如图 4-15 所示。

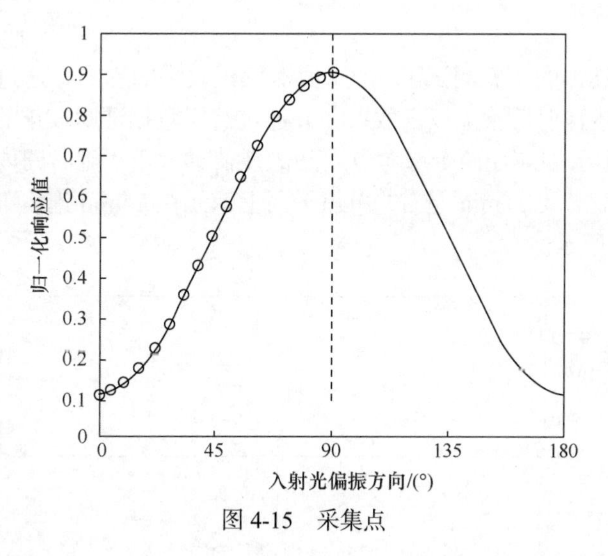

图 4-15　采集点

以零点所在的横坐标 x_0 为中心，将(x_0-k, x_0+k)这个范围内的响应曲线近似为

直线，将 x_0-k 和 x_0+k 这两个点作为参考点。需要指出的是，k 越大，所截取的曲线线性越差，但是并不能因此选取 k 值太小。对于选定的参考点，将响应值大的参考点定义为高点，响应值低的参考点定义为低点。高点和低点接受的辐射强度相等，高点接受入射光的方向更接近像元的检偏方向，所以响应值更高；低点接受入射光方向更接近与像元检偏方向垂直的方向，所以响应值更低。将整个通道上所有像元在高点的响应值取均值作为像元在高点的校正目标值 ph，将低点的响应值取均值，作为像元在低点的校正目标值 pd，将像元的高低点差值与 ph 和 pd 的差值作比，即

$$k_p = \frac{\mathrm{Ih}(I, j) - \mathrm{Id}(I, j)}{\mathrm{ph} - \mathrm{pd}} \tag{4-7}$$

其中，$\mathrm{Ih}(I, j)$ 和 $\mathrm{Id}(I, j)$ 为高低点上坐标为 (i, j) 的像元响应值。

将该像元的偏振响应增益校正系数 k_p 代入近似的直线，由

$$b_p = \mathrm{Ih}(I, j) - k_p\mathrm{ph} \tag{4-8}$$

反解出该像元的偏振响应偏置校正系数 b_p，即可得到所有像元各自的偏振响应校正系数组 k_p 和 b_p，将其应用于在实际使用中得到的响应 $x1$ 上，由

$$x2 = \frac{x1 - b_p}{k_p} \tag{4-9}$$

可得经过基于偏振响应曲线的定标非均匀校正后的像元响应值 $x2$。

4.1.3 测试与分析

本节通过具体的实验测试不同的 k 值对校正效果的影响，通过不同温度、不同偏振态的黑体辐射，验证校正效果，并通过真实数据证明校正的有效性。由此可知，k 的取值下限应使两个参考点之间的差值远大于一定时间内时域噪声。进行一次实验一般需要 12min 左右，由焦平面上像元在 24min 连续工作中的响应变化，如图 4-16 所示。

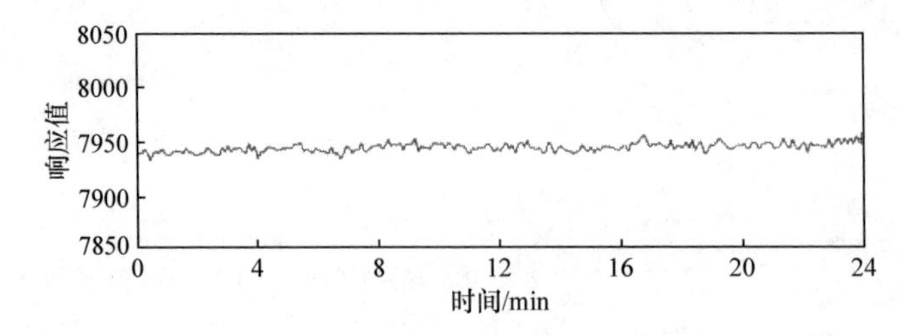

图 4-16　24min 内像元响应变化

由图 4-16 可知，k的取值下限应使两参考点间差值大于 100，而k的取值上限应使两个参考点位于偏振响应正弦曲线半个周期的两端，即 $k \leqslant 45°$。因此，k 的取值范围在 15°～45°，我们以取值范围的端点和中点为例进行测试。

当 $k = 15°$ 时，由式(4-6)可知，两个参考点间的差值为振幅的 1/2。通过对这两个参考点的应用，我们提出的基于偏振响应曲线的定标非均匀校正。校正前后的红外偏振马赛克图像如图 4-17 所示。

图 4-17 校正前后的红外偏振马赛克图像

从直接获得的红外偏振马赛克图像上，肉眼很难区分差异，可以将校正前后图像内的单通道制成散点图，如图 4-18 所示。

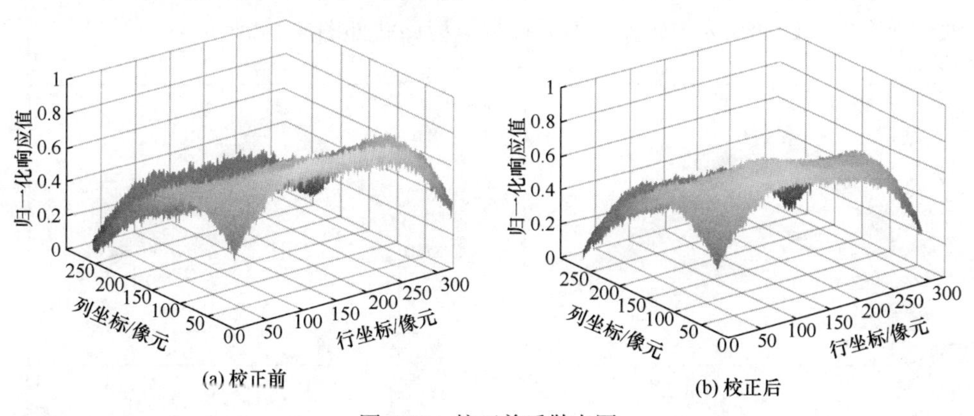

图 4-18 校正前后散点图

可以发现，校正后图像的散点图显得更为均匀，由于红外偏振焦平面是异构焦平面，因此无法直接使用红外焦平面的非均匀性评价[7]，即

$$\mathrm{UR} = \frac{1}{\overline{\overline{R}}}\sqrt{\frac{1}{M \times N - (d+h)}\sum_{i=1}^{M}\sum_{j=1}^{N}(R(i,j) - \overline{R})^2} \tag{4-10}$$

其中，UR 为非均匀性；$\bar{R}$ 为平均响应；M 为像元总行数；N 为像元总列数；d 为死像元数；h 为过热像元数；$R(i,j)$ 为像元响应。

因此，分通道地对校正前后图像的非均匀性进行评价，即

$$\mathrm{UR}_\theta=\frac{1}{\overline{R_\theta}}\sqrt{\frac{1}{M_\theta\times N_\theta-(d_\theta+h_\theta)}\sum_{i=1}^{M_\theta}\sum_{j=1}^{N_\theta}(R_\theta(i,j)-\overline{R_\theta})^2} \tag{4-11}$$

$$\mathrm{UR}_{\mathrm{all}}=\frac{(\mathrm{UR}_0+\mathrm{UR}_{45}+\mathrm{UR}_{90}+\mathrm{UR}_{135})}{4} \tag{4-12}$$

其中，UR_θ 为单通道非均匀性，θ 为该通道检偏方向；$\overline{R_\theta}$ 为单通道平均响应；M_θ 为单通道内像元总行数；N_θ 为单通道内像元总列数；d_θ 为单通道内死像元数；h_θ 为单通道内过热像元数；$R_\theta(i,j)$ 为单通道内像元响应；整个红外偏振焦平面的非均匀性 $\mathrm{UR}_{\mathrm{all}}$ 使用四个检偏通道 UR_θ 的均值代替。

校正前后各通道的非均匀性如表 4-1 所示。

表 4-1　校正前后各通道的非均匀性

检偏通道	0°	45°	90°	135°	整体
校正前 UR_θ	0.3496	0.3067	0.2184	0.2303	0.3314
校正后 UR_θ	0.2872	0.2324	0.1971	0.1984	0.2714

以随机选取的红外偏振焦平面上检偏方向为 45°的 2500 个像元(约占该检偏通道所有像元的 3%)为例，校正前后偏振响应曲线如图 4-19 所示。

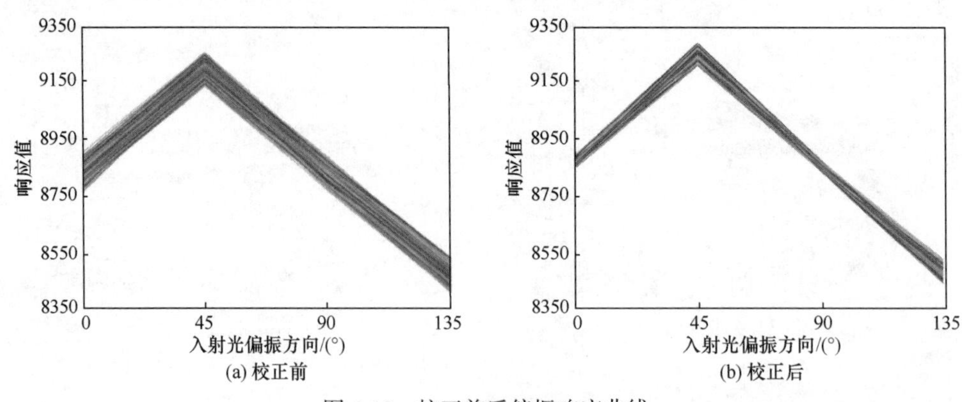

图 4-19　校正前后偏振响应曲线

由此可知，这些像元的偏振响应曲线由未校正前较为松散的集合，经校正后变得更加紧密，这表示同通道的这些像元间具有更好的均匀性。

当 k 值为 30°或 45°时，校正后偏振响应曲线如图 4-20 所示。

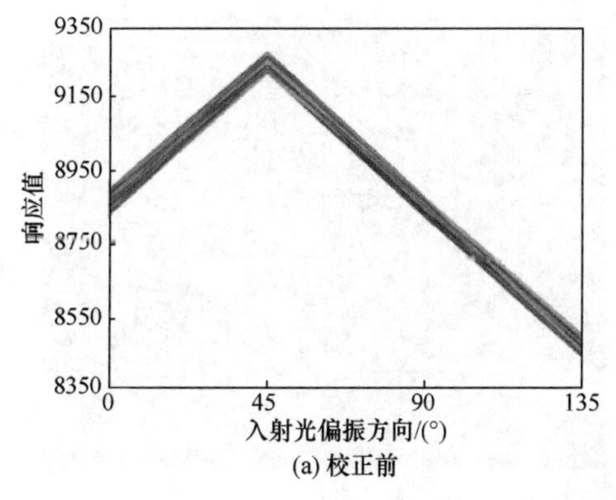

(a) 校正前

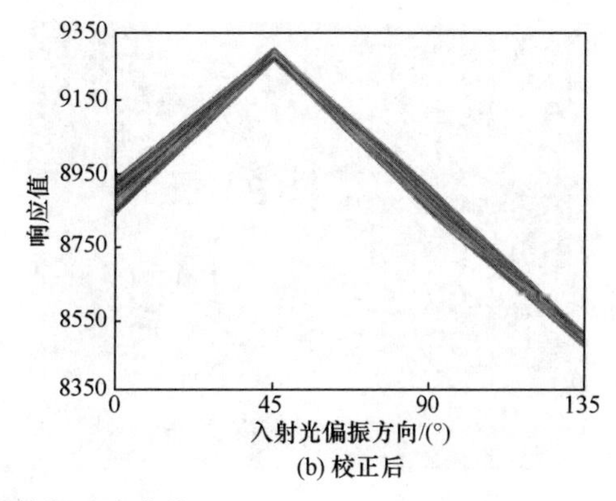

(b) 校正后

图 4-20　校正后偏振响应曲线

对比图 4-19(b)、图 4-20(a)、图 4-20(b)可以看到，在不同 k 的取值下，像元间的偏振响应曲线的均匀性都有所提升，但又有所不同。当 k 值较小时，对偏振响应曲线斜率较大的部分校正效果比较突出，对响应的极值点的效果欠佳；当 k 值适中时，对整条偏振响应曲线都有较为平衡的校正效果，可以尽可能全面地对偏振响应曲线的各部分进行校正。不同校正效果间的取舍也是基于定标的非均匀校正无法回避的问题，应根据具体应用场景进行选择。

使用校正得到的增益和偏置校正系数，对同一时期采集的真实场景的红外偏振马赛克图像进行校正，并计算偏振参量图像，结果如图 4-21 所示。

图 4-21(a)和图 4-21(b)为校正前后的红外偏振马赛克图像，图 4-21(c)和图 4-21(d)为根据图 4-21(a)和图 4-21(b)计算得到的 DoLP 图像，图 4-21(e)和图 4-21(f)为根据图 4-21(a)和图 4-21(b)计算得到的 AoP 图像。校正前红外偏振马赛克图像的 UR_{all} 为 0.6089，校正后红外偏振马赛克图像的 UR_{all} 为 0.5418，非均匀性得到改善。可以观察到，不但红外偏振马赛克图像上属于同一物体的像元的响应更为一致，而且边缘更为清晰，画面上的噪点也更少；偏振计算成像的 DoLP 、AoP 图像上，由

(a)

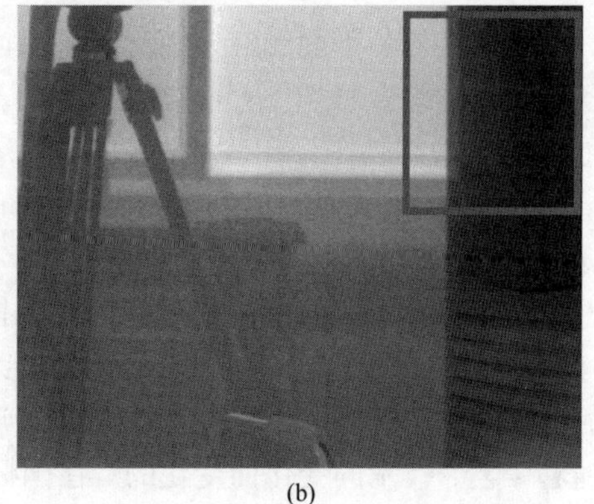
(b)

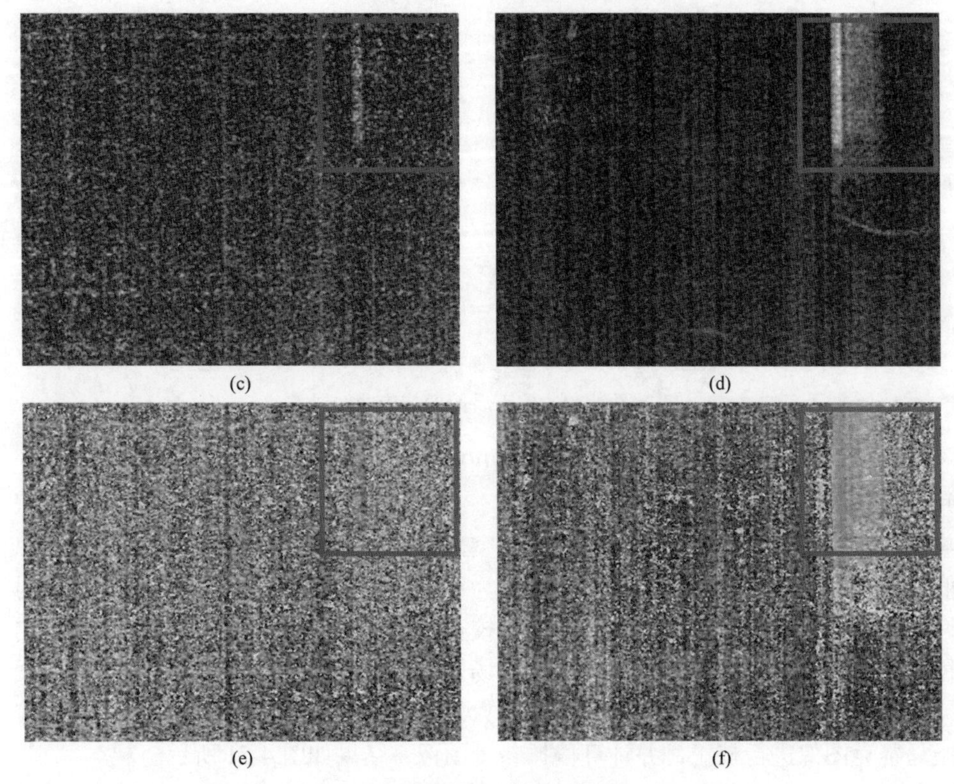

图 4-21　校正前后图像

非均匀性引起的噪点也明显减少。例如，图中立式空调的前面板从噪声中凸显了出来，可以认为 DoLP 图像和 AoP 图像获得了更好的成像效果。

4.2　基于偏振特性的盲元校正

普通红外焦平面受红外敏感元件、读出电路、半导体特性，以及放大电路等各种因素的综合影响，普遍存在盲元，若在成像时不进行相应的处理，盲元会使采集生成的红外图像出现亮点或暗点，严重影响成像质量。盲元也称无效像元(non-effective pixel)，包括死像元(dead pixel)和过热像元(overhot Pixel)。对于无效像元的定义，在国标 GB/T 17444—2013 红外焦平面阵列参数测试方法[7]中，将器件本身对黑体辐射的响应程度作为量化指标来考虑。死像元指像元响应率小于平均响应率 1/2 的像元。过热像元指像元噪声电压大于平均噪声电压 2 倍的像元。需要指出的是，盲元的判断标准与像元响应率间的关系不是一成不变的，是可以随着工艺、技术的变化而变化的。在国标 GB/T 17444—1998《红外焦平面阵列特性参数测试技术规范》[8]中，上述的数字分别是 1/10 和 10，但是随着技术发展，对红外焦平面的质量也提出新的要求，因此国标 GB/T 17444—2013 将更多的像元定义为盲元。

针对红外偏振焦平面的盲元校正问题，本章介绍一种基于偏振特性的盲元校正算法，分析普通盲元和偏振盲元的响应特性，通过将偏振片的消光比参数引入盲元检测。校正方法能够检测特有的偏振盲元。然后，将盲元的检测与像元响应率的增益校正系数关联，使盲元检测可以在非均匀校正的过程中实时更新盲元表。最后，利用盲元邻域内的异构像元信息，通过偏振冗余估计迭代地对盲元进行补偿。

4.2.1　红外偏振焦平面盲元响应特性

偏振马赛克图像需要与邻近像素进行关联的特点，因此提高了对盲元判断标准的要求。红外偏振焦平面除了因为制造工艺更加复杂导致更多盲元，还产生了一种表现与普通盲元有所区别，但对偏振计算有严重影响的无效像元。这种无效像元在红外辐射响应中表现正常，但无法根据检偏方向对偏振光产生正确的响应。这种像元是检偏意义上的盲元，称为偏振盲元。对红外偏振焦平面的成像质量而言，普通盲元与偏振盲元的检测与补偿同样重要。为了更好地对这两种盲元进行检测与补偿，下面对这两种盲元的响应特性进行实验分析。

1. 普通盲元响应特性

红外偏振焦平面上的普通盲元在图像上的表现和红外焦平面上的盲元一致，即在图像上出现亮点或暗点。过热像元和死像元均可能是亮点和暗点产生的原因。过热像元的像元响应率过大，探测器过于敏感。相较于正常像元随温度变化的响应曲线，它的响应曲线更加陡峭。当其向上偏离正常像元响应时表现为亮点，向下偏离时表现为暗点。死像元的响应率太小，探测器过于迟钝。相较于正常像元随温度变化的响应曲线，其响应曲线过于平直。因此，它表现为亮点或者暗点，取决于其平直的响应曲线的位置，在正常响应曲线上方的死像元表现为亮点，下方表现为暗点。盲元响应示意图如图 4-22 所示。

需要指出的是，亮与暗是相对于受到相同入射光照射的正常像元而言的，在实验室中通常采取面阵黑体均匀照射的方式得到这种显示效果。在不同温度黑体的均匀照射下，红外焦平面上像元的亮暗也会有所变化，包含 1 个死像元的部分焦平面在三个温度下的响应，如图 4-23 所示。

由此可知，即使是在某个温度的黑体照射下，明显比周围像元显得过亮或者过暗的像元在某些温度下，在视觉表现上仍表现与周围像元较一致，在温度响应曲线上表现为与正常像元的温度响应曲线相交。因此，不能简单地以某个辐射水平下的视觉表现作为判断一个像元是否是盲元的标准。

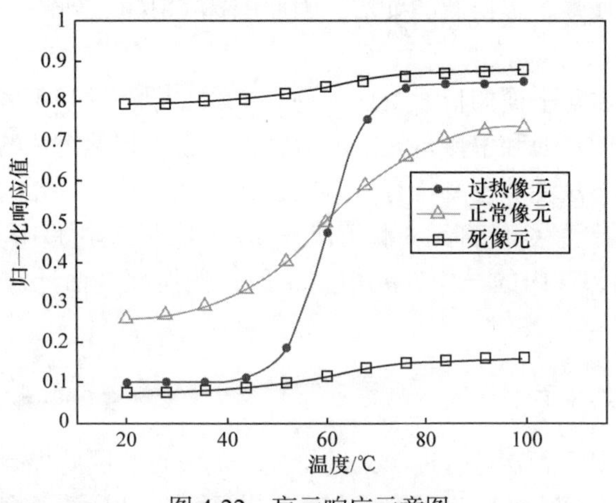

图 4-22　盲元响应示意图

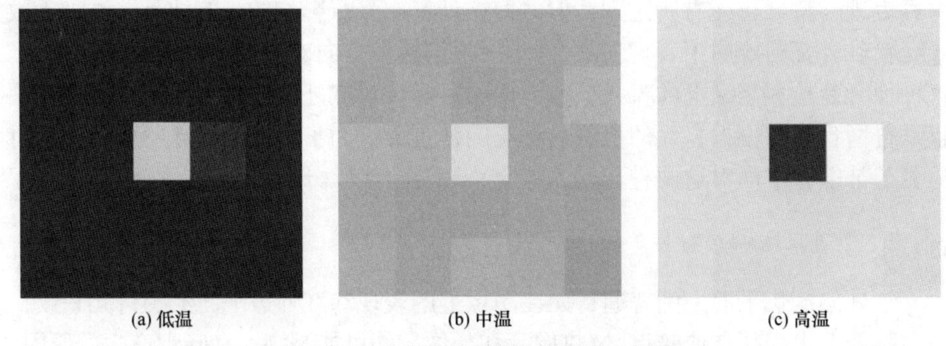

图 4-23　含盲元的局部焦平面响应图像

这种视觉表现上的亮与暗，不是简单图像上像素点的差异造成的，不能认为在一定的邻域内，像素值最低的点为暗点，像素值最高的点为亮点，而是需要一定的标准来判断某个像元是否为盲元。国标 GB/T 17444—2013 采用像元响应率进行判断，而响应率这个参数通常难以直接获得，因此在进行盲元检测时采用间接判断的方式检测盲元。

红外焦平面上的某个像元是否为盲元是与像元响应率有关的问题，而国标前后两版的检测标准不同，也体现了盲元的判断标准是一个相对的标准。像元响应率的差异同时也是焦平面非均匀性的原因，因此可以认为盲元问题和非均匀校正问题是递进和补充的关系。像元的非均匀性到达一定程度，即可将其判断为盲元。这种像元无法通过非均匀校正算法很好地校正，会对整体的非均匀校正效果造成不良影响，因此采取盲元补偿的方式去恢复它的正常响应。从像元响应率的差异，即非均匀性的角度看待盲元响应特性，对接下来的盲元检测，特别是盲元的实时检测有很大帮助。

2. 偏振盲元响应特性

参考普通盲元的定义，即盲元是响应率与整个焦平面平均响应率有巨大差异的像元。这种差异使像元无法通过非均匀校正算法进行校正，会对图像质量产生影响。偏振盲元就是检偏能力远弱于整个焦平面检偏能力的像元。这种检偏能力上的差距大到无法使用非均匀校正算法校正，因此最好的办法是将其作为盲元处理，对其进行盲元补偿。

偏振盲元和普通盲元最大的不同在于，如果不进行偏振参数计算，偏振盲元在红外偏振图像是完全无法用人眼分辨的，因为它对于温度变化的响应和正常像元是完全相同的。以 135°方向检偏的盲元为例，以它为中心的同通道 25 邻域像元的温度响应示意图如图 4-24 所示。

可以看出，偏振盲元和正常像元间的响应非常接近。其差异主要来源于像元自身的时域噪声和像元间的非均匀性影响，因此使用普通盲元的检测方法完全无法对偏振盲元进行检测。偏振盲元与普通盲元的相同之处在于，它也会对图像质量产生严重影响，但不是在直接采集得到的偏振马赛克图像上体现，而是表现在偏振参数图像上，如 S_1 、S_2 、DoLP 、AoP ，以及其他与偏振特性相关的衍生图像上。仍然以上述偏振盲元为例，在 45°完全偏振光的照射下，以它为中心的同通道 25 邻域像元的响应示意图如图 4-25 所示。

图 4-24　偏振盲元温度响应示意图

图 4-25　偏振盲元偏振响应示意图

由此可知，该像元的检偏能力不足，不能很好地消去与其检偏方向垂直的偏振光，因此响应值相比相同通道的正常像元更高。偏振盲元的偏振响应曲线如图 4-26 所示。

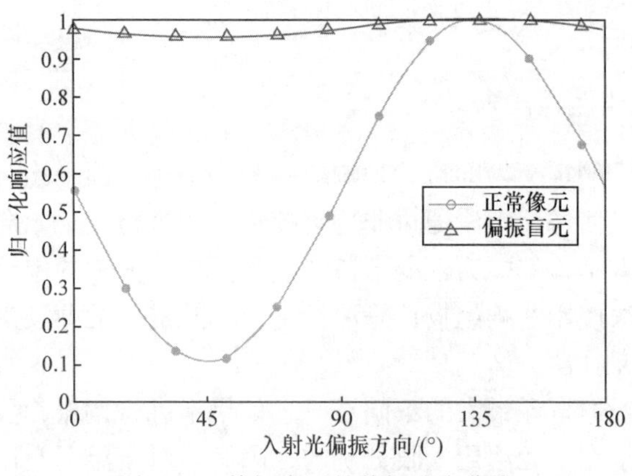

图 4-26　偏振盲元的偏振响应曲线

若是不经检测与补偿，让这样的像元参与偏振参数计算，则以它为中心的 25 邻域计算得到的 S_2、DoLP 图像如图 4-27 所示。

由于偏振计算成像的特点，将偏振盲元造成的影响放大，会在偏振图像上造成异常亮或是异常暗的点。这些偏振盲元对偏振计算成像的质量造成和普通盲元一样严重的影响，因此应采取措施，对这些偏振盲元进行检测和补偿，以进行校正。

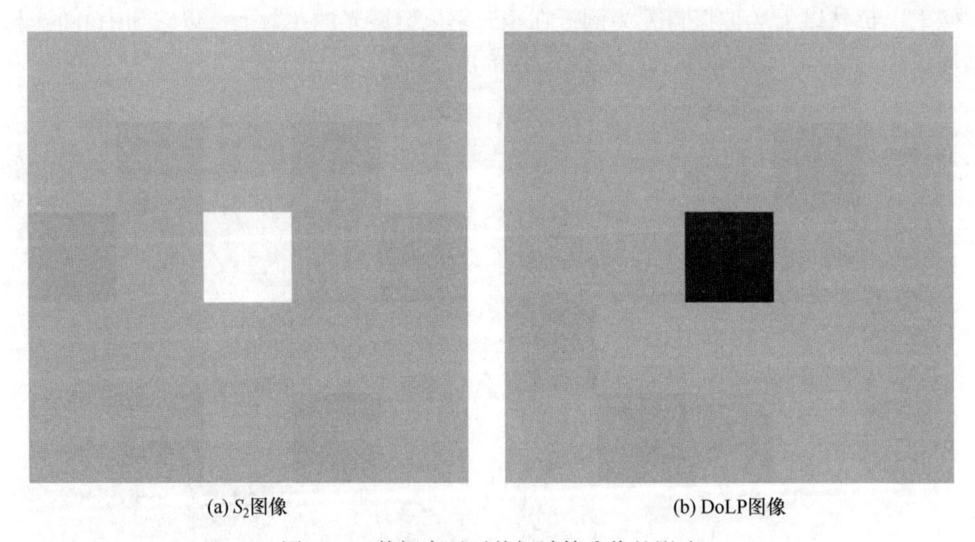

(a) S_2图像　　(b) DoLP图像

图 4-27　偏振盲元对偏振计算成像的影响

4.2.2　盲元检测

对于红外偏振焦平面的盲元检测，应同时考虑普通盲元和偏振盲元。本节提出基于偏振特性的盲元校正算法，使用增益校正系数描述响应率之间的差异，以此检测普通盲元。使用微偏振片的消光比描述像元的检偏能力，以此检测偏振盲元。对这两种盲元的检测，可以使用同一组加外置偏振片的黑体实验数据同时进行。基于偏振特性的盲元检测方法如图 4-28 所示。

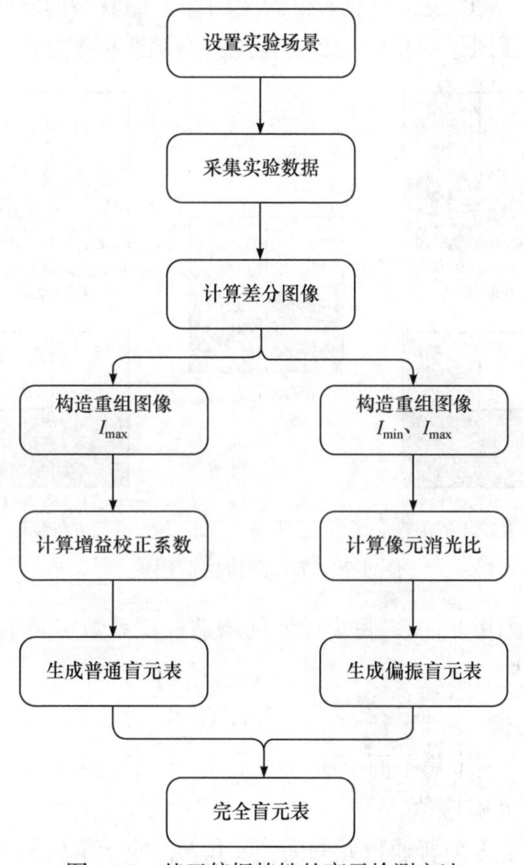

图 4-28　基于偏振特性的盲元检测方法

1. 普通盲元检测

设置实验场景，将偏振片装配到电动转台上，将电动转台放置在面阵黑体前方，使面阵黑体的中心与偏振片的中心对准，在二者中心连线的延长线上放置红外偏振摄像仪，使经偏振片调制的均匀偏振光照射到红外焦平面上。通过调节黑体温度和偏振片旋转角度，分别采集高低温下偏振片角度为 0°、45°、90°、135°时的图像各 200 帧，对同组 200 帧取平均以消除时域噪声的干扰，最后得到 8 幅图像，以此记录红外偏振焦平面上所有像元在不同方向偏振光照射下的响应。

将 0°、45°、90°、135°的高低温图像对应相减可以得到差分图像，消除环境光、反射光等干扰可以得到 4 幅图像 I_0、I_{45}、I_{90}、I_{135}，代表像元对经过不同方向偏振片调制后低温到高温辐射增量的响应。

为了得到红外偏振焦平面的普通盲元表，对整个焦平面上每个像元的增益校正系数进行计算。将检偏方向与入射偏振光方向相同的像元提取出来，构造新的图像 Imax。例如，从 0°偏振光照射得到的图像，提取检偏方向为 0°的所有像元的响应值，放置在新图像的相同位置。I_{max} 图像构造模式如图 4-29 所示。

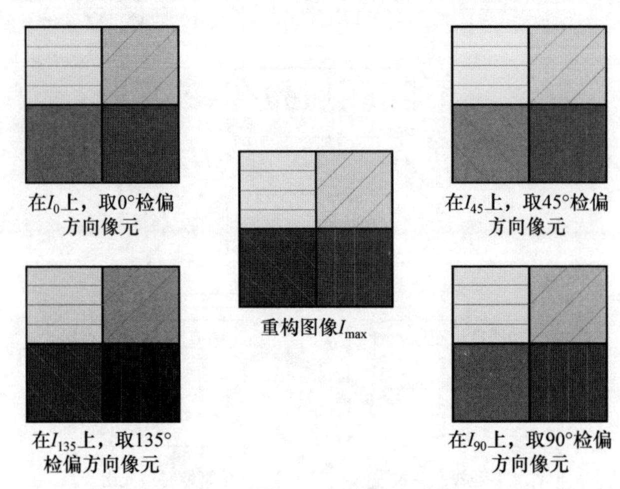

图 4-29 I_{max} 图像构造模式

得到重组后的图像 Imax，每个像元的增益校正系数可表示为

$$g(i,j)=\frac{\text{mean}(I_{\max})}{\text{Imax}(i,j)} \tag{4-13}$$

其中，$\text{mean}(I_{\max})$ 为整个焦平面上所有像元响应值的均值；$\text{Imax}(i,j)$ 为图像 $I_{\max}$ 上坐标为 (i,j) 的像元响应值。

设置判断像元是否为普通盲元的阈值 a 和 b，使 a 和 b 满足

$$ab=1 \tag{4-14}$$

其中，$a<1$ 为下阈值；$b<1$ 为上阈值，根据实验统计，b 应小于 1.5。

根据 a、b 和 $g(i,j)$，即可判断坐标为 (i,j) 的像元是否为普通盲元。若为普通盲元，则将普通盲元表上相应的 (i,j) 置 1，从而建立红外偏振焦平面的普通盲元表 nbl。

需要说明的是，可将普通盲元检测与像元增益校正系数联系起来，使其能在场景非均匀校正中实时更新增益校正系数，可检测在使用过程中由于各种因素新产生的盲元。更新后的增益校正系数 $\text{ng}(i,j)$ 为

$$\text{ng}(i,j)=\text{g\_ad}(i,j)g(i,j) \tag{4-15}$$

其中，$\text{g\_ad}(i,j)$ 为增益校正调整系数。

若某一像元的增益校正系数在场景非均匀校正过程中发生变化，使其数值小于 a，或者大于 b，则将这个像元检测为新的盲元，通过将普通盲元表中对应的位置置 1，将其添加进盲元表，完成盲元表的更新。

2. 偏振盲元检测

为了得到红外偏振焦平面的偏振盲元表，需要进行焦平面上每个像元消光比的计算。此时，需要构造两幅图像 $I_{\max}$ 和 $I_{\min}$，其中 $I_{\max}$ 的构造模式如图 4-29 所示。$I_{\min}$ 的构造模式如图 4-30 所示。将每幅图像中检偏方向与入射偏振光方向正交的像元提取出来，构造新的图像。例如，从 0°偏振光照射得到的图像，从中提取检偏方向为 90°的所有像元的响应值放置在新图像的相同位置。

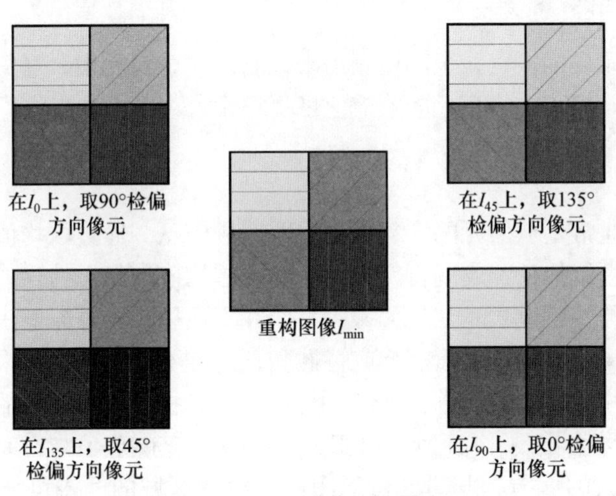

图 4-30　$I_{\min}$ 图像构造模式

通过新构造得到的 $I_{\max}$ 和 $I_{\min}$ 这 2 幅图像，即可计算整个焦平面每个像素的消光比，即

$$\mathrm{ER}(i,j)=\frac{\mathrm{Imax}(i,j)}{\mathrm{Imin}(i,j)} \tag{4-16}$$

其中，$\mathrm{Imin}(i,j)$ 为图像 $I_{\min}$ 上坐标 (i,j) 的像元的响应值；$\mathrm{ER}(i,j)$ 为该像元上微偏振片的消光比。

设置判断像元是否为偏振盲元的阈值 C，当

$$\mathrm{ER}(i,j)<C \tag{4-17}$$

可判断坐标 (i,j) 处的像元为偏振盲元，将偏振盲元表上相应的 (i,j) 置 1，从而建立红外偏振焦平面的偏振盲元表 pbl。

通过将像元的检偏能力与微偏振片的消光比系数相关联，使其能够检测红外偏振焦平面中的偏振盲元，并得到偏振盲元表。对普通盲元表与偏振盲元表进行或运算，即

$$\mathrm{cbl} = \mathrm{nbl} \| \mathrm{pbl} \tag{4-18}$$

可得红外偏振焦平面的完全盲元表 cbl 。由这一系列较为简单的实验操作和计算步骤后得到的红外偏振焦平面的完全盲元表，可以达到一个相当准确的盲元检测效果，不仅能在后续的非均匀校正过程中对盲元进行实时检测，还能检测红外偏振焦平面特有的偏振盲元。根据得到的完全盲元表，对盲元进行补偿后，即可有效抑制普通盲元和偏振盲元对红外偏振焦平面成像效果的影响。

4.2.3 盲元补偿

将普通盲元与偏振盲元全部检测出来，制成完全盲元表，对每个盲元进行补偿即可完成盲元校正，将盲元的响应值恢复正常。

1. 冗余估计补偿模式

盲元补偿通常是从像元的 8 邻域中提取空域信息，通过取均值的方式对盲元位置的响应值进行估计，实现盲元补偿。取空域均值的盲元补偿如图 4-31 所示。

然而，这种补偿模式对红外偏振焦平面并不适用，红外偏振焦平面上盲元的 8 邻域均为与盲元异构的像元。响应特性和盲元并不相同，不能采取简单的取均值方式使用这些像元对盲元进行补偿。与盲元具有相同检偏方向的像元在盲元的 24 邻域的边缘才会出现，与盲元的欧氏距离过大。其响应值与盲元位置的正确响应很可能有较大的偏差，与盲元位于图像的纹理区域的两端可能性大大增加，因此也不太适合直接使用这些像元对盲元进行补偿。补偿方法所用邻域模式如图 4-32 所示。

该模式包含盲元 8 邻域中的所有像元，以及盲元 24 邻域中与盲元具有相同检偏方向的像元，利用 4 个通道红外偏振焦平面偏振冗余的特性，计算盲元位置的偏振冗余估计，即

$$\begin{aligned}\mathrm{pre} = &\frac{I(1,0)+I(-1,0)}{2}+\frac{I(0,1)+I(0,-1)}{2} \\ &-\frac{I(-1,-1)+I(-1,1)+I(1,-1)+I(1,1)}{4}\end{aligned} \tag{4-19}$$

其中，(i,j) 为以盲元为中心的坐标系中，邻域中各个像元的坐标可通过式(4-20)估计均值，即

$$\mathrm{me} = (I(-2,-2) + I(-2,0) + I(-2,2) + I(0,-2) + I(2,-2) + I(2,-2) + I(2,0) + I(2,-2))/8 \tag{4-20}$$

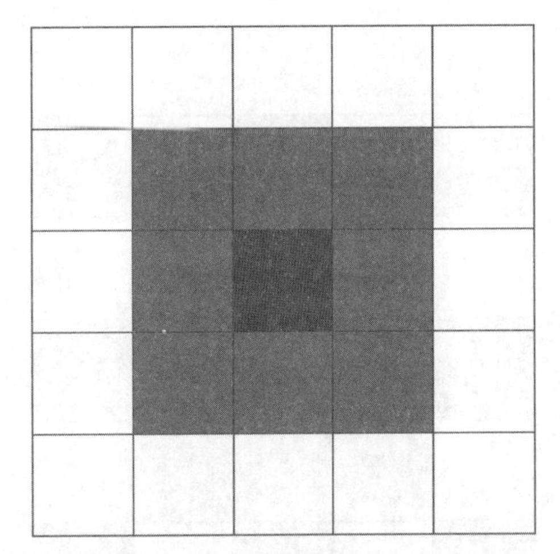

图 4-31　取空域均值的盲元补偿

图 4-32　补偿方法所用邻域模式

通过式(4-22)得到最终的用于补偿的估计值 $\tilde{I}(0,0)$，即

$$\tilde{I}(0,0) = \mathrm{DoLP} \cdot \mathrm{pre} + (1 - \mathrm{DoLP})\mathrm{me} \tag{4-21}$$

其中，pre 和 me 通过 DoLP 进行加权，得到最后的盲元补偿值。

通过这种方式，能利用与盲元最接近的 8 邻域中的异构像元响应，通过 24 邻域内的相同检偏方向像元的响应，可以保证盲元有与它同构的像元相似的响应，将这二者通过取值在 0～1 的 DoLP 对二者进行加权，以保证盲元在完全偏振光、部分偏振光和无偏光照射下的补偿效果。

2. 盲元块的迭代补偿

上述补偿模式使用盲元 24 邻域内的 16 个像元的信息，将这 16 个像元简称为盲元的 16 邻域。因此，当盲元的 16 邻域内的某个像元也是盲元，即出现盲元块时，就无法使用直接使用上述盲元补偿模式。盲元块，或者说盲元在某一区域的聚集是红外焦平面中的大概率事件，在红外偏振焦平面上亦是如此。在本章使用的焦平面的左上角出现盲元的聚集，中间由于读出电路损坏，因此出现整行的盲元，即使是单个盲元，其周边亦伴随几个成像质量很差即将或者已经成为盲元的像元。

因此，对上述补偿模式遇到这些情况时的具体解决措施进行描述。盲元块模式 1 如图 4-33 所示。

盲元的 16 邻域中出现其他的盲元，但是并不影响式(4-22)的计算。因为在盲元邻域的异构像元中，其他三个检偏通道的每个通道至少有一个正常像元，并且同构像元中至少有一个为正常像元，满足计算盲元补偿值的条件，将邻域中的盲元排除即可。

盲元块模式 2 如图 4-34 所示。

图 4-33　盲元块模式 1

图 4-34　盲元块模式 2

此时，在盲元的 16 邻域中，同构像元信息完全缺失，无法得到由同构像元的像元均值作为估计，此时将式(4-21)中的 DoLP 置 1，即完全通过偏振冗余估计进行盲元补偿。

盲元块模式 3 如图 4-35 所示。

此时，在盲元的 24 邻域中，异构像元三个通道中的一个以上通道的信息完全缺失，无法进行偏振冗余估计，将式(4-21)中的 DoLP 置 0，通过同构像元的均值估计进行盲元补偿。

盲元块模式 4 是最棘手的情况，如图 4-36 所示。

在像元的 16 邻域中，不仅异构像元三个通道中一个以上通道的信息完全缺失，同构像元信息亦完全缺失，此时无法对该盲元的补偿值进行估计。因此，采用迭代补偿的方式进行补偿,即对整个焦平面上的像元进行超过一次的补偿过程。具体来说，首先对焦平面上能够直接通过 16 邻域进行补偿的盲元进行补偿。以比较极端的 5×5 大小的盲元块为例，其迭代补偿过程如图 4-37 所示。

可以看到，通过多次的迭代，由外到内，5×5 大小的盲元块内的所有盲元全部得到补偿。需要指出的是，在迭代补偿进行的过程中，应该严格遵循由外到内的原则，即不对被其他盲元完全包围的盲元进行校正，否则无法充分利用邻域信息。

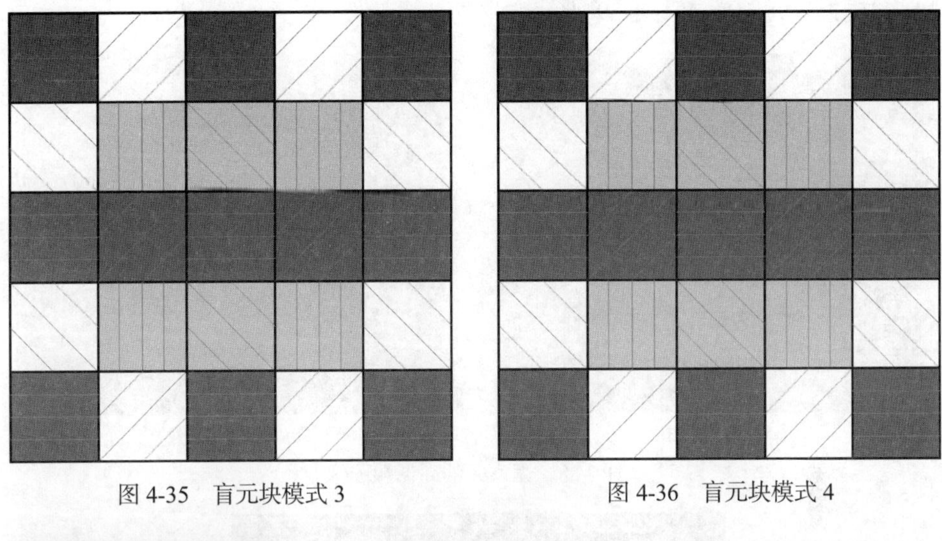

图 4-35　盲元块模式 3　　图 4-36　盲元块模式 4

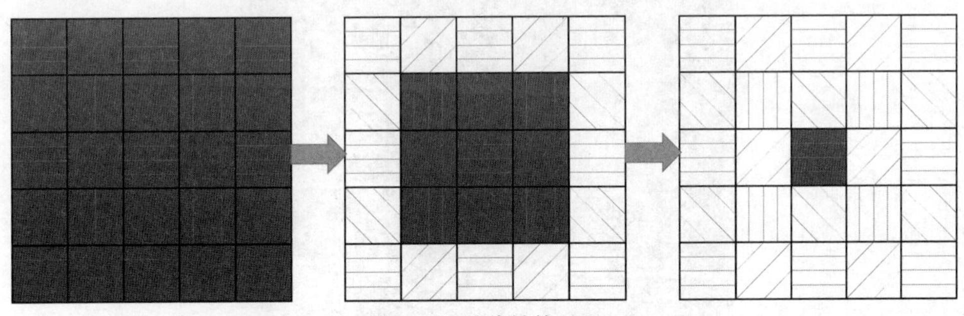

图 4-37　迭代补偿过程

4.2.4　测试与结果分析

对基于偏振特性盲元校正算法的检测效果，使用模拟数据和真实数据进行测试。模拟数据测试使用经人工调整数值生成的盲元图像。真实数据测试使用尚未经过校正处理的真实偏振马赛克图像进行测试。

1. 模拟数据测试

这里分别生成三种模拟图像进行测试，即只有普通盲元、只有偏振盲元，以及二者均有的模拟图像，人为添加的盲元数量均为 500 个，占分辨率为 640×512 的焦平面像元总数的 0.15%。对普通盲元的模拟，需要从差分图像之前进行调整，对尚未进行差分的高低温图像组进行图 4-29 所示模式的重构，可以得到两幅重构图像。无盲元的高低温图像如图 4-38 所示。

在只有普通盲元的模拟图像中，将无盲元图像上某点的高温响应和低温响应改变为形如图 4-22 的盲元响应。同类型的盲元取值不同，是在一定范围内变化的，生成的模拟盲元图像如图 4-39 所示。

(a) 低温重构图像

(b) 高温重构图像

图 4-38　无盲元的高低温图像

(a) 普通盲元位置图

(b) 模拟普通盲元后的图像

图 4-39　模拟盲元图像

图 4-39(a)为加入普通盲元的位置，可以认为是普通盲元表的真值。从图 4-39(b)可以看到，由于盲元的出现，整幅图像的明暗出现很大的变化。这是由于盲元的低响应值和高响应值共同作用，拓宽了图像的动态范围，使正常像元虽然响应值没有变化，但是显示效果上的明暗却发生了改变。这也是盲元造成的不良影响之一。使用基于偏振特性的盲元校正算法进行检测与补偿后，补偿效果如图 4-40 所示。

图 4-40　盲元校正后的补偿效果

可以看到，盲元校正算法将人为添加的普通盲元全部检出，并进行了补偿。对偏振盲元的模拟，从差分图像调整，无盲元差分图像如图 4-41 所示。

(a) 0°

(b) 45°

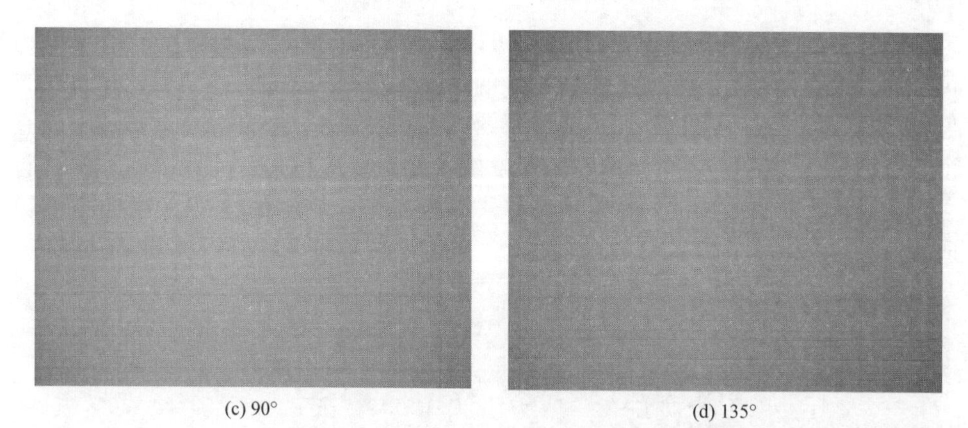
(c) 90°　(d) 135°

图 4-41　无盲元差分图像

在将差分后的图像以图 4-30 所示的模式进行重构前，将这 4 幅图像根据图 4-26 所示的偏振盲元响应生成偏振盲元，即人为将像元的偏振响应调整为偏振盲元的响应，通过减小像元周期响应的幅值使正常像元的检偏能力降低，将其变成偏振盲元。以 0°偏振光照射时的差分图像为例，生成的模拟盲元图像如图 4-42 所示。

图 4-42(a)所示为加入偏振盲元的位置，可以认为是偏振盲元表的真值。从图 4-42(b)可以看到，虽然在图像中人为地生成偏振盲元，但是对于图像的明暗变化等几乎无法用肉眼看出差别。这是因为偏振盲元产生的错误响应，一般都在原图像的动态范围之内，生成偏振盲元并不会改变原图像的动态范围。从计算得到的偏振参量图像来看，以 DoLP 图像为例，偏振盲元的影响如图 4-43 所示。

(a) 偏振盲元位置图

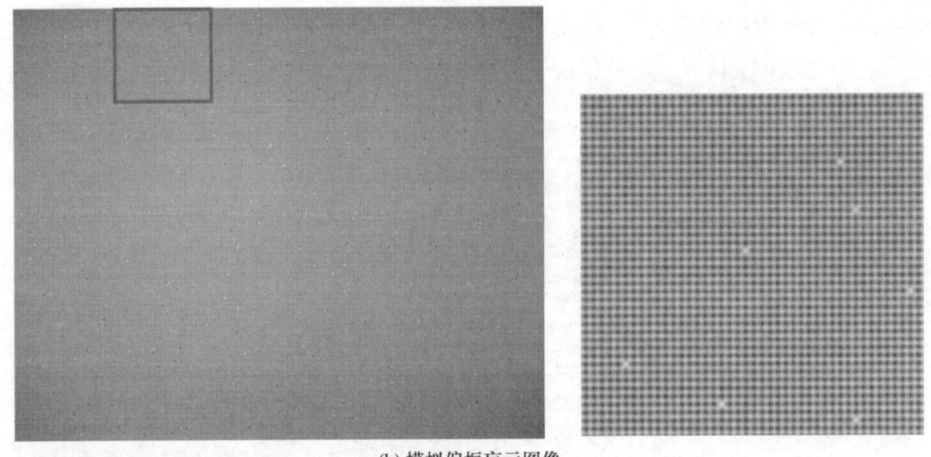

(b) 模拟偏振盲元图像

图 4-42 模拟盲元图像

(a) 无偏振盲元DoLP (b) 有偏振盲元DoLP

图 4-43 偏振盲元的影响

可以看到，由原始图像计算得到的 DoLP 图像出现了明显的明暗变化，这是由于偏振盲元的出现，拓宽了 DoLP 图像的动态范围导致的。这种影响和普通盲元对红外图像的影响相似。使用基于偏振特性的盲元校正算法进行检测与补偿后，补偿效果如图 4-44 所示。

可以看到，盲元校正算法将人为添加的偏振盲元全部检出并进行补偿，再次计算的 DoLP 像如图 4-45 所示。

图 4-43(a)为未加入偏振盲元时的 DoLP 图像，与图 4-45 基本一致，可以看到该算法对偏振盲元进行了有效的校正。

将普通盲元和偏振盲元同时加入，参考上文，在进行高低温图像差分前加入普通盲元，在差分后加入偏振盲元，再以图 4-29 和图 4-30 的模式重构图像 $I_{\min}$

和 I_{max}。需要指出的是，盲元的人工加入是随机的，即可能出现某个像元既是普通盲元，又是偏振盲元。这种情况在实际的焦平面上通常是后端电路故障引起的，较为常见。

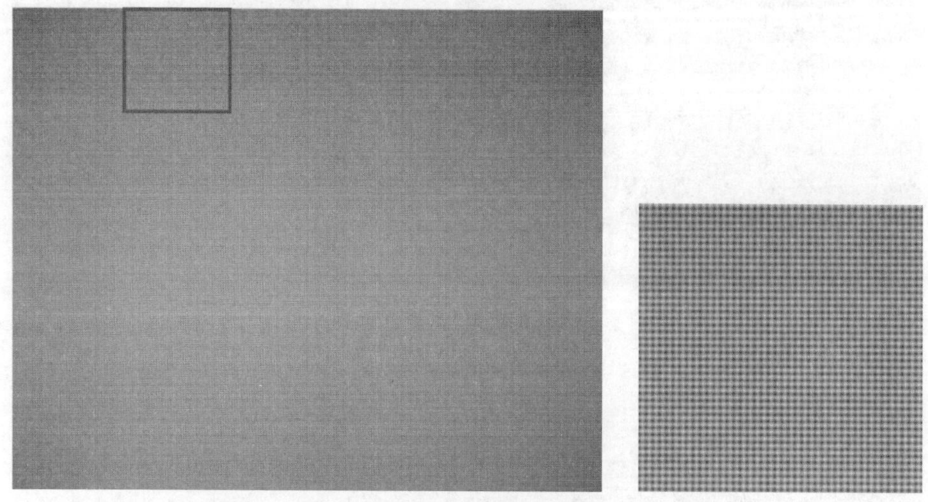

图 4-44　盲元校正后的补偿效果

图 4-45　再次计算的 DoLP 图像

使用基于偏振特性的盲元校正算法进行检测与补偿后，以 0°偏振光照射时的图像为例，图 4-46(a)为加入盲元后的图像，图 4-46(b)为校正后的图像。可以看出，基于偏振特性的盲元校正算法在模拟数据上可以做到对盲元精确的检测和良好的补偿。

(a) 加入盲元后的图像

(b) 盲元校正后的图像

图 4-46　校正效果

2. 实际数据测试

真实红外偏振焦平面上的盲元数量是一定的，位置也是基本固定的。为了得到用于测试的完全盲元表的真值，采用 26～100℃的黑体，通过旋转偏振片，利用响应值的差异人工确定盲元的位置。考虑实验时的室温和黑体的性能参数，在 26～100℃之间调节黑体工作温度，每 2℃取一个参考点，一共 38 个温度参考点，在每个温度参考点通过旋转外置偏振片选取 0°、45°、90°、135°四个偏振方向，对每个温度和偏振方向的组合采集 200 帧图像，取均值以排除时域噪声的干扰。将取均值后的图像作为一幅图像，通过这 152 幅图像尽可能地覆盖红外偏振焦平面在不同温度和不同方向入射偏振光下的响应范围，部分数据如图 4-47 所示。以此通过人工辨认的方式，确定用来测试红外偏振焦平面的完全盲元表的真值。

需要说明的是，这种方法虽然能完全确定红外偏振焦平面的盲元表真值(图 4-48)，但费时费力，基本不具有实际使用价值，因此仅用于生成完全盲元表的真值，以及基于偏振特性的盲元校正算法检测效果的测试。

可以看到，测试使用的红外偏振焦平面在图像的中间有两条坏行。这两条坏行包含四个检偏通道的盲元类型，在焦平面的四周，尤其是左上角，出现盲元的聚集，在焦平面的其余地方也有零散的盲元，整个焦平面共有 1289 个盲元，占分辨率为 640 × 512 的焦平面像元总数的 0.39%。

使用基于偏振特性的盲元校正算法，构造的 $I_{\min}$ 和 $I_{\max}$ 图像如图 4-49 所示。

检测到的完全盲元表如图 4-50 所示。

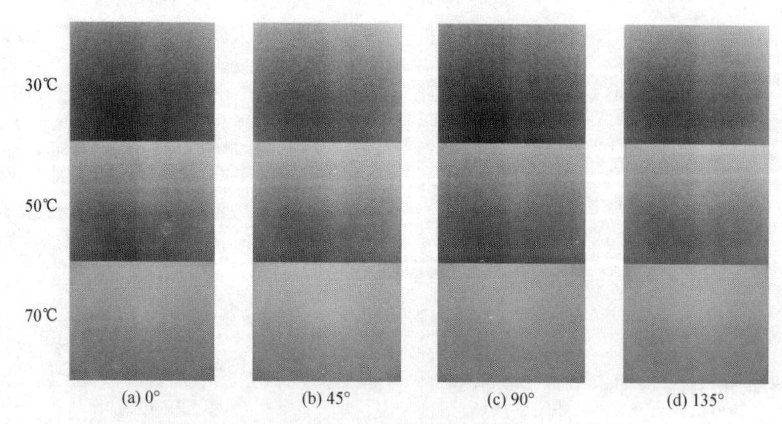

图 4-47　用于确认完全盲元表真值的部分数据

图 4-48　完全盲元表真值

图 4-49　I_{min} 和 I_{max} 图像

图 4-50　检测到的完全盲元表

将检测得到的完全盲元表与其真值相减，其中数值为 1 的点为误检的正常像元，为–1 的点是漏检的盲元。根据式(4-22)和式(4-23)计算漏检率和误检率，即

$$漏检率 = \frac{漏检盲元数}{盲元总数} \tag{4-22}$$

$$误检率 = \frac{误检盲元数}{像元总数 - 盲元总数} \tag{4-23}$$

漏检率为 0%，误检率为 0%，可以认为，实现了一个相当高的盲元检测效果。根据得到的完全盲元表对盲元进行补偿，真实图像的补偿效果如图 4-51 所示。

图 4-51　真实图像的补偿效果

可以看出，图像中间的两条由于读出电路损坏导致的坏行在被检测出来后进行了很好地补偿，经补偿后的盲元与正常像元间的差异肉眼几乎无法分辨。盲元表上其他零散的盲元也得到了补偿。图像质量不再受亮点或者暗点的影响，所以

在校正后的图像中，可以清晰地看见桌子和桌子上的打印机，以及打印机旁的显示器。综上，校正算法在真实红外焦平面数据上做到了对盲元精确的检测和良好的补偿。

4.3 本章小结

本章针对红外偏振焦平面的盲元校正问题，介绍了一种基于偏振特性的盲元校正算法。通过分析偏振盲元的响应特性与微偏振片消光比的关系，将偏振片的消光比参数引入盲元检测，对每个微偏振片的消光比设置阈值，将无法正确检偏的像元检测为偏振盲元。同时，将普通盲元的检测与像元响应率的增益校正系数相关联，使盲元检测可以在非均匀校正的过程中实时更新增益校正系数来实时更新盲元表。最后，利用盲元 8 邻域内的异构像元信息，通过偏振冗余估计的方式迭代地对盲元进行补偿。

参考文献

[1] 汪德棠, 任志刚, 刘莎, 等. 基于场景偏振冗余估计的非均匀校正. 红外与毫米波学报, 2021, 40(6): 878-885.

[2] Zhou W, Wu Y, Hao P, et al. Transmission bandpass filters based on two-dimensionl subwavelength metallic grating. ACTA Optic Sinica, 2013, 33(11): 1105001.

[3] Black W T. In-situ calibration of nonuniformity in infrared staring and modulated systems. Athlone: The Universify of Arizonel, 2014.

[4] 曹鼎汉. 斯特藩-玻尔兹曼辐射定律及其应用. 红外技术, 1994, (3):46-48.

[5] 赵耀宏, 王园园, 罗海波, 等. 红外成像系统中的高动态范围压缩与对比度增强新技术. 红外与激光工程, 2018, 47(S1): 180-189.

[6] 范永杰, 金伟其, 刘斌, 等. FLIR 公司热成像细节增强 DDE 技术的分析. 红外技术, 2010, 32(3): 161-164.

[7] 国家质量技术监督局. GB/T 17444—2013, 红外焦平面阵列参数测试方法. 上海: 中国科学院上海技术物理研究所, 2013.

[8] 国家质量技术监督局. GB/T 17444—1998, 红外焦平面阵列特性参数测试技术规范. 上海: 中国科学院上海技术物理研究所, 1998.

第 5 章　偏振去马赛克

红外偏振摄像技术通过集成像素级微偏振片阵列，实现不同方向偏振信息的实时获取。这种成像模式以空间换时间，无疑会牺牲偏振图像的空间分辨率。在红外偏振摄像模式中，每个像素位置只能获取某一方向的偏振信息。我们称这种图像为偏振马赛克图像，必须通过偏振去马赛克处理才能恢复完整的偏振信息[1]。

传统的偏振去马赛克算法包括双线性插值、双三次插值、双三次样条插值等[2]。这些插值算法都是在各偏振通道内的强度图像进行插值，并没有考虑偏振通道间的相关性。这些插值算法本质上都是低通滤波器，会破坏图像的高频信息。为了更好地恢复高频信息，近年来出现保边去马赛克算法[3-6]。这些方法通过不同方式确定边缘的方向，从而沿着边缘方向进行插值，但是这些方法只考虑四个固定的边缘方向(竖直、水平、±45°对角线方向)，对于其他方向的边缘存在局限性。此外，成像过程会产生多种噪声，降低偏振马赛克图像的质量，而且偏振参量的解算对噪声尤为敏感。噪声会产生严重的伪偏振信息，影响偏振成像质量。如何从含噪的偏振马赛克图像中获取令人满意的偏振信息，就需要在恢复偏振图像的同时抑制图像噪声。无论先去噪还是先去马赛克都会不可避免地引入附加的处理误差，这将为后续处理带来更多的困难，从而影响最终的恢复效果。

5.1　基于插值的去马赛克方法

5.1.1　双线性插值法

双线性插值首先在图像的一个轴上执行线性插值，然后在另一个轴上再次执行线性插值，如图 5-1 所示。由于它利用 2×2 范围内的像素进行插值，因此在保持相对较快速度的同时，性能比最近邻插值好得多[1]。

首先，在 X 方向进行插值，即

$$f(I_1)\approx\frac{x_2-x}{x_2-x_1}f(A_{11})+\frac{x-x_1}{x_2-x_1}f(A_{21}) \tag{5-1}$$

$$f(I_2)\approx\frac{x_2-x}{x_2-x_1}f(A_{12})+\frac{x-x_1}{x_2-x_1}f(A_{22}) \tag{5-2}$$

其中，$f(\cdot)$ 代表该像素点的灰度值。

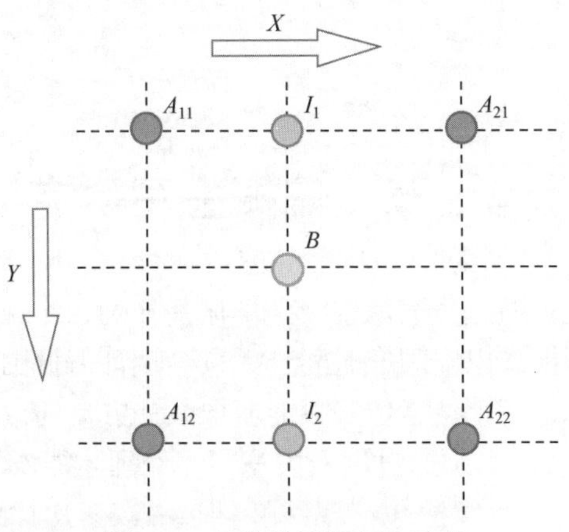

图 5-1　双线性插值方法示意

然后，在 Y 方向进行线性插值，即

$$f(B) \approx \frac{y_2 - x}{y_2 - y_1} f(I_1) + \frac{y - y_1}{y_2 - y_1} f(I_2) \tag{5-3}$$

5.1.2　双三次插值法

双三次插值在两个轴上执行三次插值，如图 5-2 所示。与双线性插值相比，双三次插值选取的是最近的 16 个像素点作为计算目标图像 B 处像素值的参数，结果更平滑、伪影更少，但是速度要低得多[2]。

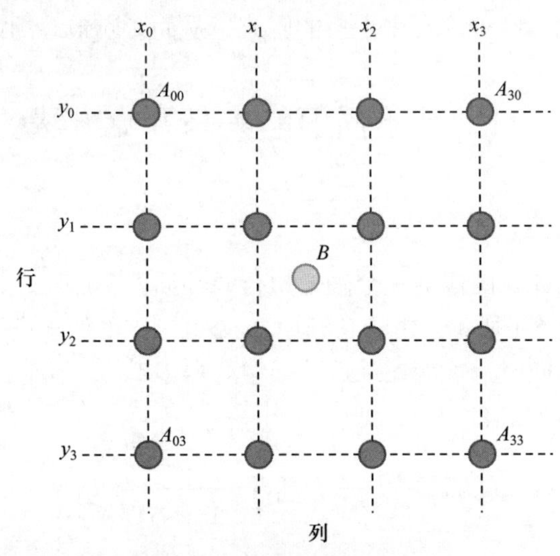

图 5-2　双三次插值方法示意

双三次插值的目的是通过找到一组系数，描述待恢复像素 B 点周围 16 个像

素对 B 点的影响因子，从而获得 B 点的像素值，达到图像插值的目的。常用的就是双三次基函数，即

$$W(x)=\begin{cases}(a+2)|x|^3-(a+3)|x|^2+1, & |x|\leqslant 1\\ a|x|^3-5a|x|^2+8a|x|-4a, & 1<|x|<2\\ 0, & \text{其他}\end{cases} \tag{5-4}$$

其中，$a=-0.5$。

双三次基函数形状如图 5-3 所示。

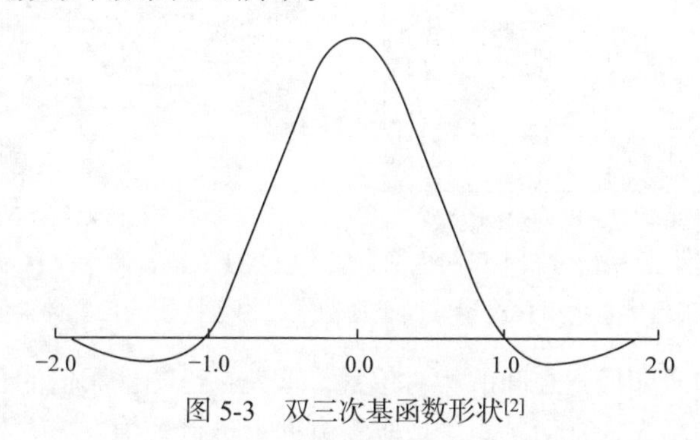

图 5-3　双三次基函数形状[2]

参考双线性插值方法，使用 B 点与各邻域像素 A_{ij} 的 x 和 y 方向的距离作为双三次函数的输入得到 A_{ij} 的系数 r_{ij}，即

$$r_{ij}=W(x-x_i)\times W(y-y_j) \tag{5-5}$$

待恢复像素 B 点的值为

$$f(B)\approx\sum_{i=0}^{3}\sum_{j=0}^{3}r_{ij}f(A_{ij}) \tag{5-6}$$

5.1.3　基于梯度的插值法

基于梯度插值的核心思想是，沿着图像边缘的方向进行插值，从而提升边缘信息的恢复效果。为了实现沿边缘方向的插值，首先检测每个像素位置的边缘方向，定义水平、垂直、正负对角线方向的梯度为

$$\begin{cases}D_0=\sum\limits_{i=2,4,6}\sum\limits_{j=3,5,7}|I(i,j)-I(i,j-2)|\\ D_{45}=\sum\limits_{i=1,3,5}\sum\limits_{j=3,5,7}|I(i,j)-I(i+2,j-2)|\\ D_{90}=\sum\limits_{i=3,5,7}\sum\limits_{j=2,4,6}|I(i,j)-I(i-2,j)|\\ D_{135}=\sum\limits_{i=1,3,5}\sum\limits_{j=1,3,5}|I(i,j)-I(i+2,j+2)|\end{cases} \tag{5-7}$$

其中，D_0 为水平方向的梯度；D_{90} 为竖直方向的梯度，依此类推。

图 5-4 展示了对角线方向和水平方向的梯度计算示意图[3]。

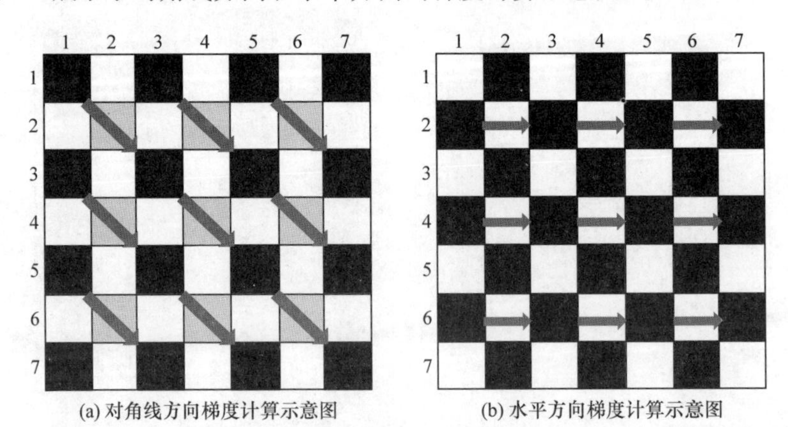

图 5-4　梯度计算示意图(图中深灰色像素表示已知像素值，黑色像素为目标像素，浅灰色像素为目标像素的同类型像素，白色像素为位置像素值)

根据已知和未知像素之间的相对位置，首先在已知像素值的对角线方向上进行插值，然后在已知像素值的水平或垂直方向上进行插值[3]。具体步骤如下。

(1) 计算 45°与 135°对角线方向的梯度之比，即 D_{45}/D_{135} ，如果 $D_{45}/D_{135} > T_{\text{threshold}}$ ，则表明边缘沿着 135° 对角线方向，然后采用双三次插值沿着 135°对角线方向进行插值，恢复目标像素值。同理，如果 $D_{135}/D_{45} > T_{\text{threshold}}$ ，则沿着 45°对角线方向进行插值恢复目标像素值。其他情况表明，目标像素位置为非边缘区域，则直接采用目标像素对角方向四个相邻像素的均值恢复目标像素值。

(2) 计算 0°与 90°方向的梯度之比，即 D_0/D_{90} ，如果 $D_0/D_{90} > T_{\text{threshold}}$ ，则表明边缘沿着竖直方向，然后采用双三次插值沿着竖直方向进行插值恢复目标像素值。同理，如果 $D_{90}/D_0 > T_{\text{threshold}}$ ，则沿着水平方向进行插值恢复目标像素值。其他情况表明，目标像素位置为非边缘区域，则直接采用目标像素水平和竖直方向四个相邻像素的均值恢复目标像素值。

阈值 $T_{\text{threshold}}$ 通过对正交方向梯度比值的直方图统计分析来设置。

5.1.4　残差域插值法

基于残差的插值，首先采用双线性插值方法从原始输入偏振马赛克图像 I^{DoFP} ，初步重构 4 幅高分辨率的偏振图像 $\hat{I}_\theta$ ， $\theta \in \{0°,45°,90°,135°\}$ 。然后，利用导向滤波使各偏振通道强度图像在边缘位置保持一致，即

$$I_\theta^G = f_{\text{GF}}(\hat{I}_\theta, \bar{I}), \quad \theta \in \{0°, 45°, 90°, 135°\} \tag{5-8}$$

其中，I_θ^G 为导向滤波后的结果；$f_{\text{GF}}(\cdot)$ 为导向滤波操作；$\overline{I}=0.25(\hat{I}_0+\hat{I}_{45}+\hat{I}_{90}+\hat{I}_{135})$ 为导向图。

定义各偏振通道的二值掩模，即

$$m_\theta(i,j)=\begin{cases}1, & (i,j)\in\text{偏振通道}\,\theta\\ 0, & \text{其他}\end{cases} \tag{5-9}$$

插值残差马赛克图为

$$R=I^{\text{DoFP}}-\sum_{\theta\in\{0°,45°,90°,135°\}} m_\theta I_\theta^G \tag{5-10}$$

采用双线性插值，从残差马赛克图得到各偏振通道残差图 $\hat{R}_\theta$，那么最终的去马赛克结果为

$$I_\theta^R=I_\theta^G+\hat{R}_\theta,\quad \theta\in\{0°,45°,90°,135°\} \tag{5-11}$$

5.1.5　基于边缘分布的牛顿插值法

基于牛顿插值的偏振去马赛克算法利用牛顿多项式插值与边缘方向检测实现更高精度的偏振去马赛克。假定 $f\in C^{n+1}[a,b]$，$x_0,x_1,\cdots,x_n$ 是 $[a,b]$ 内不同的节点，相应的牛顿插值多项式为

$$N_n(x)=f(x_0)+f\left[x_0,x_1\right](x-x_0)+\cdots+f\left[x_0,x_1,\cdots,x_n\right](x-x_0)(x-x_1)\cdots(x-x_{n-1}) \tag{5-12}$$

其中，$f[x_0,x_1,\cdots,x_n]$ 表示均差。

对给定的函数进行插值，并对插值多项式的优劣进行判断。令 f 为 $[a,b]$ 上 $n+1$ 次连续可微函数，对于间隔中的每一个 x，间隔区间内都存在这样的一个 c 使

$$R_n(x)=f(x)-N_n(x) \tag{5-13}$$

其中，$R_n(x)$ 为误差函数。

用泰勒级数的形式给出的误差函数为

$$R_n(x)=\frac{1}{(n+1)!}f^{(n+1)}(c)\prod_{i=0}^{n}(x-x_i) \tag{5-14}$$

对于点 x_0 和点 $x_1=x_0+h$，考虑 $n=1$，由式(5-12)和式(5-14)可知，存在这样的一个点 ζ，使

$$f(x)\cong f(x_0)+f\left[x_0,x_1\right](x-x_0)+\frac{f''(\zeta)}{2}(x-x_0)(x-x_1) \tag{5-15}$$

其中，一阶均差为

$$f\left[x_0, x_1\right] = \frac{f(x_1) - f(x_0)}{x_1 - x_0} = \frac{f(x_0 + h) - f(x_0)}{h} \tag{5-16}$$

令 $x = x_0 + \dfrac{h}{2}$，从而可得

$$\begin{aligned} f\left(x_0 + \frac{h}{2}\right) &\cong f(x_0) + \frac{f(x_0 + h) - f(x_0)}{h}\frac{h}{2} + \frac{f''(\zeta)}{2}\frac{h}{2}\left(-\frac{h}{2}\right) \\ &= \frac{f(x_0 + h) + f(x_0)}{2} - \frac{f''(\zeta)}{8}h^2 \end{aligned} \tag{5-17}$$

微偏振片阵列的排列模式如图 5-5 所示。根据观察可知，对于偏振马赛克图像 $h = 2$，位于 $(i, j-1)$ 处丢失的 90° 偏振方向强度估计值为

$$\tilde{I}_{90}(i, j-1) \cong \frac{I_{90}(i, j-2) + I_{90}(i, j)}{2} - \frac{f''(\zeta)}{8}h^2 \tag{5-18}$$

其中，等号右边的第二项以拉普拉斯算子的形式进行定义，即

$$\begin{aligned} \frac{f''(\zeta)}{8}h^2 &\cong \frac{h^2}{8}\frac{I_{90}(i, j+1) - 2I_{90}(i, j-1) + I_{90}(i, j-3)}{h^2} \\ &= \frac{I_{90}(i, j+1) - 2I_{90}(i, j-1) + I_{90}(i, j-3)}{8} \end{aligned} \tag{5-19}$$

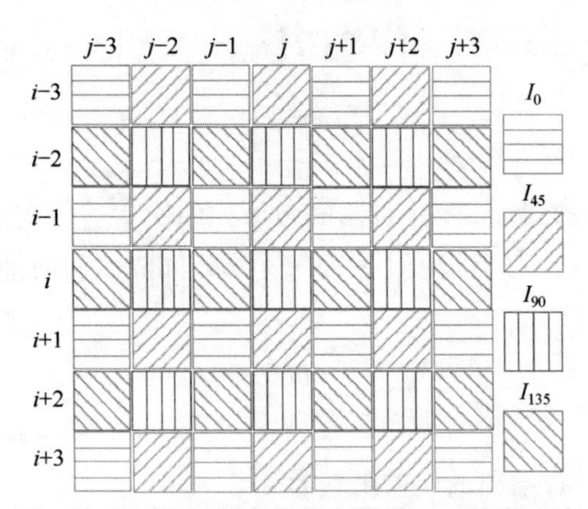

图 5-5　微偏振片阵列的排列模式(7×7 像素区域)

由于 $I_{90}(i, j+1)$、$I_{90}(i, j-1)$、$I_{90}(i, j-3)$ 值的缺失，并不能通过式(5-19)计算得到 $f''(\zeta)$。考虑偏振差分模型却能为 $f''(\zeta)$ 估计一个好的候选值。令 I_{135} 和 $\hat{I}_{90}$ 之间的差分平面 Λ 定义为

$$\Lambda = I_{135} - \hat{I}_{90} \tag{5-20}$$

从而可得

$$\frac{f''(\zeta)}{8}h^2 \cong \frac{I_{135}(i,j+1)-\Lambda(i,j+1)}{8} - \frac{I_{135}(i,j-1)-\Lambda(i,j-1)}{4} + \frac{I_{135}(i,j-3)-\Lambda(i,j-3)}{8} \tag{5-21}$$

偏振差分在小区域内恒定，即

$$\Lambda(i,j+1) \approx \Lambda(i,j-1) \approx \Lambda(i,j-3) \tag{5-22}$$

式(5-21)可以近似为

$$\frac{f''(\zeta)}{8}h^2 \cong \frac{I_{135}(i,j+1)-2I_{135}(i,j-1)+I_{135}(i,j-3)}{8} \tag{5-23}$$

将式(5-23)代入式(5-18)可得

$$\tilde{I}_{90}(i,j-1) \cong \frac{I_{90}(i,j-2)+I_{90}(i,j)}{2} - \frac{I_{135}(i,j+1)-2I_{135}(i,j-1)+I_{135}(i,j-3)}{8} \tag{5-24}$$

首先，对目标像素丢失的0°偏振方向的强度值进行恢复。该方向与目标像素的偏振方向正交，如图 5-6 所示。利用偏振差分模型，计算目标像素 $\widehat{I}_0(i,j)$ 在 45°对角线方向上的强度估计值，即

$$\widehat{I}_0^{45^\circ}(i,j) = I_{90}(i,j) + \tilde{\Lambda}(i,j) \cong I_{90}(i,j) + \frac{\tilde{\Lambda}(i+1,j-1)+\tilde{\Lambda}(i-1,j+1)}{2} \tag{5-25}$$

其中，$\tilde{\Lambda} = I_0 - I_{90}$，利用偏振差分模型，可得

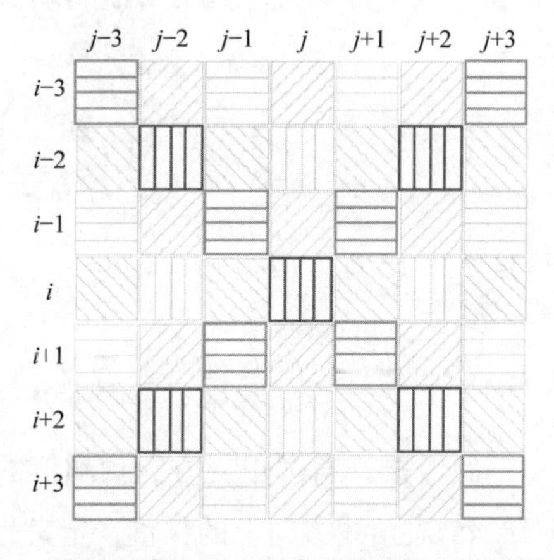

图 5-6　偏振马赛克图中对角线方向排列模式示意图

$$
\begin{aligned}
\widehat{I}_0^{45^\circ}(i,j) &\cong I_{90}(i,j)+\frac{I_0(i+1,j-1)-\tilde{I}_{90}(i+1,j-1)+I_0(i-1,j+1)-\tilde{I}_{90}(i-1,j+1)}{2} \\
&= I_{90}(i,j)+\frac{I_0(i+1,j-1)+I_0(i-1,j+1)}{2}-\frac{\tilde{I}_{90}(i+1,j-1)+\tilde{I}_{90}(i-1,j+1)}{2}
\end{aligned} \tag{5-26}
$$

类似地，可以计算目标像素 $\widehat{I}_0(i,j)$ 在−45°对角线方向上的强度估计值，即

$$
\begin{aligned}
\widehat{I}_0^{-45^\circ}(i,j) &\cong I_{90}(i,j)+\frac{I_0(i-1,j-1)-\tilde{I}_{90}(i-1,j-1)+I_0(i+1,j+1)-\tilde{I}_{90}(i+1,j+1)}{2} \\
&= I_{90}(i,j)+\frac{I_0(i-1,j-1)+I_0(i+1,j+1)}{2}-\frac{\tilde{I}_{90}(i-1,j-1)+\tilde{I}_{90}(i+1,j+1)}{2}
\end{aligned} \tag{5-27}
$$

然后，利用一个边缘判别器对上述两个目标像素 $\widehat{I}_0(i,j)$ 的估计值进行融合。令 φ^{45° 和 φ^{-45° 为 45°和−45°对角线方向上的梯度损失，定义为

$$
\begin{aligned}
\varphi^{45^\circ} &= \sum_{m=\{-2,0,2\}}\sum_{n=\{-2,0,2\}}\left|\widehat{I}_0^{45^\circ}(i+m,j+n)-I_{90}(i+m,j+n)\right| \\
\varphi^{-45^\circ} &= \sum_{m=\{-2,0,2\}}\sum_{n=\{-2,0,2\}}\left|\widehat{I}_0^{-45^\circ}(i+m,j+n)-I_{90}(i+m,j+n)\right|
\end{aligned} \tag{5-28}
$$

利用两个正交方向的损失值之比作为边缘分类器，即

$$
\Phi = \max\left(\frac{\varphi^{45^\circ}}{\varphi^{-45^\circ}},\frac{\varphi^{-45^\circ}}{\varphi^{45^\circ}}\right) \tag{5-29}
$$

当 $\Phi > \tau$ 时，认为该位置为边缘区域，那么 $\widehat{I}_0(i,j)$ 可以通过以下方式计算得到，即

$$
\begin{cases}
\widehat{I}_0(i,j)=\widehat{I}_0^{45^\circ}(i,j), & (\Phi>\tau)\,\&\left(\Phi=\dfrac{\varphi^{-45^\circ}}{\varphi^{45^\circ}}\right) \\
\widehat{I}_0(i,j)=\widehat{I}_0^{-45^\circ}(i,j), & (\Phi>\tau)\,\&\left(\Phi=\dfrac{\varphi^{45^\circ}}{\varphi^{-45^\circ}}\right) \\
\widehat{I}_0(i,j)=\dfrac{\omega^{45^\circ}\widehat{I}_0^{45^\circ}(i,j)+\omega^{-45^\circ}\widehat{I}_0^{-45^\circ}(i,j)}{\omega^{45^\circ}+\omega^{-45^\circ}}, & \text{其他}
\end{cases} \tag{5-30}
$$

对于平滑区域($\Phi \leqslant \tau$)的像素，通过正交方向预测值的加权平均求取，这里 ω^{45° 和 ω^{-45° 分别是 45°和−45°对角线方向上的权重，定义为

$$
\omega^{45^\circ}=\frac{1}{d^{45^\circ}+\varepsilon}\,\omega^{-45^\circ}=\frac{1}{d^{-45^\circ}+\varepsilon} \tag{5-31}
$$

其中，ε为一个较小的常量，用来避免分母中出现零值；$d^{45°}$和$d^{-45°}$为方向差分，即

$$
\begin{aligned}
d^{45^\circ} &= \left|I_0(i+1,j-1)-I_0(i-1,j+1)\right| + \left|\begin{matrix}2I_{90}(i,j)\\ -I_{90}(i-2,j+2)\\ -I_{90}(i+2,j-2)\end{matrix}\right| \\
d^{-45^\circ} &= \left|I_0(i-1,j-1)-I_0(i+1,j+1)\right| + \left|\begin{matrix}2I_{90}(i,j)\\ -I_{90}(i-2,j-2)\\ -I_{90}(i+2,j+2)\end{matrix}\right|
\end{aligned}
\tag{5-32}
$$

类似地，通过上述方法可以对水平和垂直方向丢失的信息进行恢复。重复以上步骤，最终可以完成所有空间位置丢失的偏振信息的恢复。

5.2　偏振差分域模型

本节首先统计几个代表性偏振去马赛克算法的误差，包括传统的双线性插值、双三次插值、双三次样条插值、基于梯度的插值、残差插值[5]和牛顿插值[6]，以便分析去马赛克误差的主要分布，为设计全新的偏振去马赛克算法奠定基础。为便于评价偏振去马赛克方法的性能，建立红外分时偏振数据集(infrared dot polarization dataset，记为 IRDPD)。图 5-7 所示为分时偏振成像系统示意图。红外线偏振片采用 Thorlabs 全息线栅偏振片 WP50H-B，透光波长范围为 2～30μm，消光比为 150：1～300：1，红外相机采用非制冷红外成像仪，图像分辨率为 640×480，数据位深为 8 位，帧率为 50Hz。在进行数据采集时，旋转红外线偏振片分别至 0°、45°、90°和 135°方向，然后在每个方向连续采集 100 幅图像求平均以减小噪声干扰。为了减少错位误差的干扰，选取场景均为户外静态场景，并在无风天气条件下进行数据采集。数据集共包含 83 个不同的户外场景。

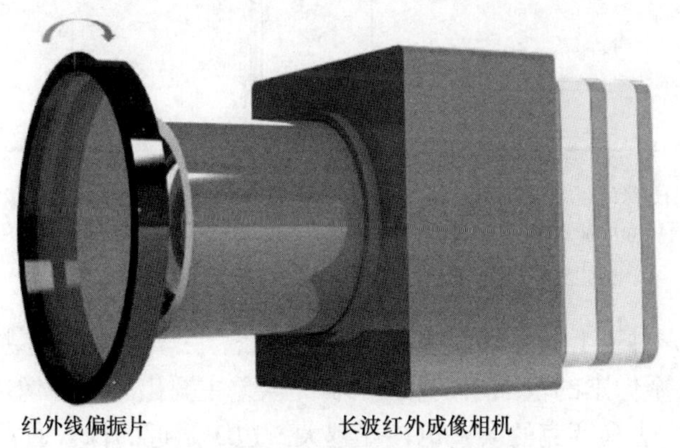

图 5-7　分时红外偏振成像系统示意图

以 IRDPD 为基准，根据经典的微偏振片阵列排布模式合成偏振马赛克图像，通过统计去马赛克后恢复 S_0 图像的绝对误差代表各算法的去马赛克误差。对 S_0 图像采用 Canny 算子计算每个场景的边缘图像，然后统计去马赛克后距离边缘不同像素数下 S_0 的绝对误差总能量，以此分析去马赛克误差的分布与图像边缘的关系(图 5-8)。

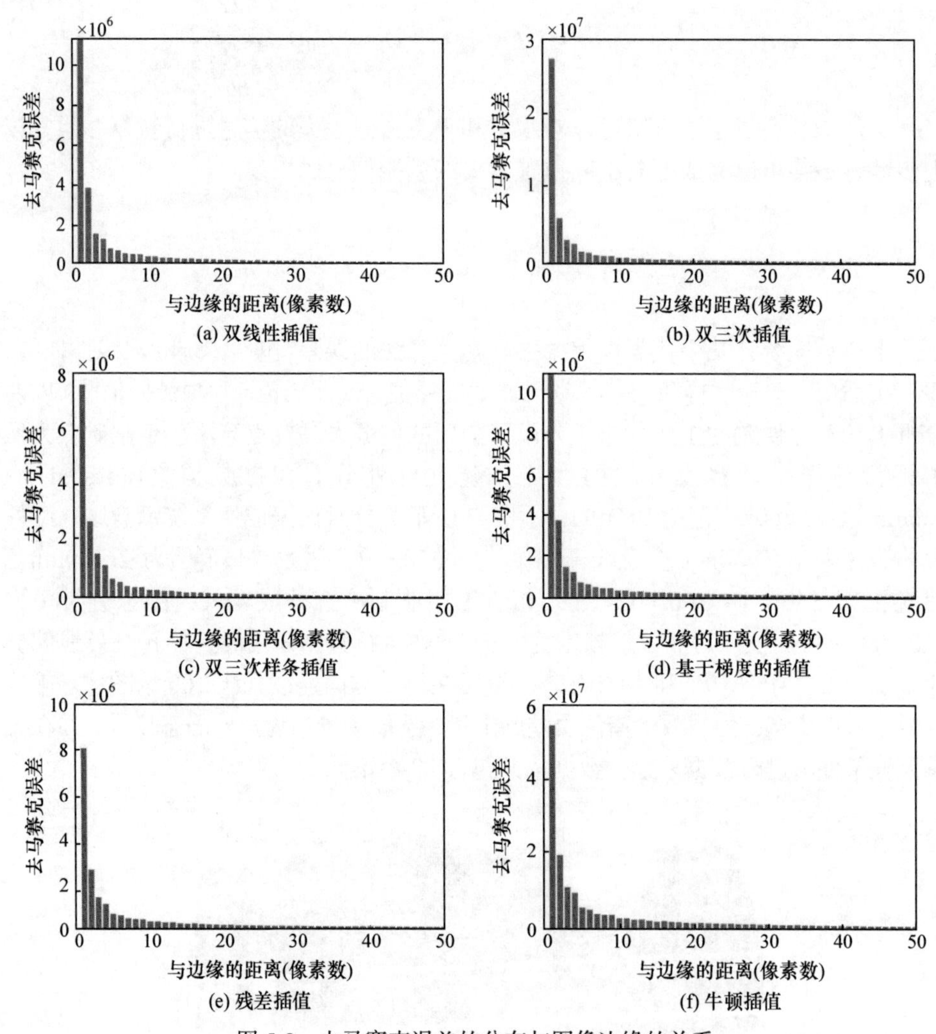

图 5-8　去马赛克误差的分布与图像边缘的关系

不难发现，对于上述几种偏振去马赛克算法，去马赛克误差主要集中在距离边缘不超过 10 个像素的范围内，即去马赛克误差主要出现在图像边缘附近，并且距离边缘越近，去马赛克的误差也往往越大。边缘附近的像素通常只占整个图像较少的一部分像素，但是这些区域却集中了主要的去马赛克误差。

统计分析表明，图像的边缘和纹理等高频信息是引起去马赛克误差的根源，也是去马赛克问题的关键与难点。如果能在不丢失图像信息的前提下削弱图像中的高频信息，就可以降低偏振去马赛克的难度，减少去马赛克过程中产生的偏差。在偏振差分域内，图像的高频信息会得到一定程度的削弱。所谓偏振差分域，是指 4 幅不同偏振方向强度图像两两之间的差值图。由于这四个方向的强度图像存在偏振相关性，并且图像内容与结构一致，偏振差分域内的图像高频能量会被削弱的假设是十分合理的。

为了验证偏振差分域模型的准确性，统计分析强度图像和差分图像的高频能量。同样，采用 IRDPD 进行统计分析，计算每个场景的 4 幅强度图像，以及相应 6 幅偏振差分图像的平均高频能量。这里的高频能量定义为空间频率大于每像素 0.15 个周期的频域能量。大部分去马赛克算法难以恢复图像空间频率大于每像素 0.15 个周期的图像信息。IRDPD 上强度图像与偏振差分图像的平均高频能量统计结果如图 5-9 所示。其中，深色代表强度图像，浅色代表差分图像。很明显，偏振差分图像中的高频能量得到显著减弱。强度图像与偏振差分图像的频谱图对比如图 5-10 所示。分析浅色虚线框中的区域可以发现，偏振差分图中的高频能量明显小于强度图像。以上统计分析验证了偏振差分域假设，下面根据这一偏振差分模型设计偏振去马赛克算法。

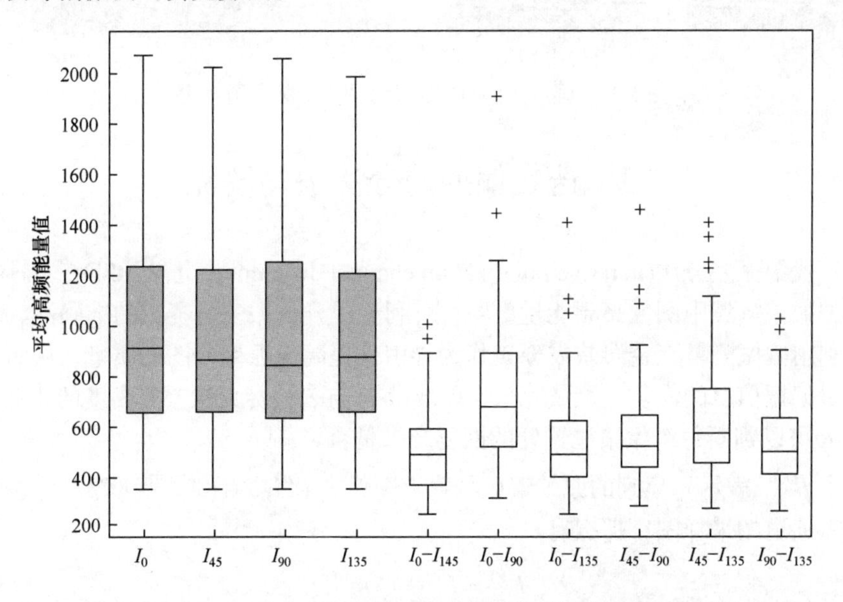

图 5-9　IRDPD 上强度图像与偏振差分图像的平均高频能量统计结果

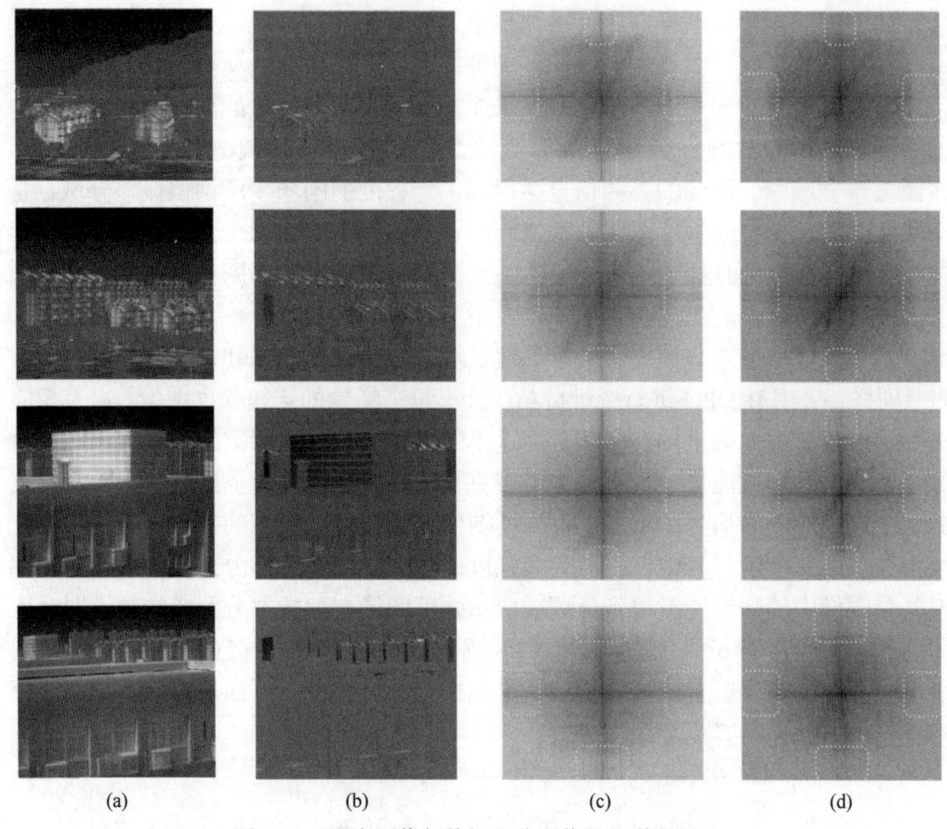

图 5-10　强度图像与偏振差分图像的频谱图对比

5.3　迭代偏振差分法去马赛克

迭代偏振差分法(iterative polarization channel difference，记为 itPD)去马赛克，基于偏振差分域中图像高频能量更弱，有利于提升偏振去马赛克的准确性。基于此，利用偏振测量冗余误差成分 R 作为导引，提高偏振差分图的质量，从而实现高质量偏振信息的恢复。测量冗余误差成分 R 与去马赛克误差有高度的相关性，基于 R 可以判断每个像素位置处的恢复结果是否可靠。

令 I^{DoFP} 表示采集到的原始偏振马赛克图像，$I^{(\theta)}, \theta \in \{0°,45°,90°,135°\}$ 表示每个偏振通道的采样图，那么有

$$I^{(\theta)} = I^{\text{DoFP}} \odot m^{(\theta)} \tag{5-33}$$

其中，$\odot$ 为对应元素的乘法运算；$m^{(\theta)}$ 为各偏振通道的二值掩模，它每个像素位置 (i, j) 的定义为

$$m_{i,j}^{(\theta)}=\begin{cases}1, & (i,j)\in \text{偏振通道}\,\theta \\ 0, & \text{其他}\end{cases} \tag{5-34}$$

首先，采用双三次样条插值算法初步恢复 4 幅全分辨率的强度图像，记作 $\widehat{I}^{(\theta)}$。通过下式计算任意两个偏振通道 θ 和 $\varphi, \theta, \varphi \in \{0°,45°,90°,135°\}$ 之间的稀疏偏振差分图，即

$$\Delta^{(\theta,\varphi)}=I^{(\theta)}-\hat{I}^{(\varphi)}\odot m^{(\theta)}+\hat{I}^{(\theta)}\odot m^{(\varphi)}-I^{(\varphi)} \tag{5-35}$$

偏振去马赛克算法示意图如图 5-11 所示。这里给出偏振去马赛克算法的核心思想，即通过补全差分图像恢复完整的偏振图像。高质量的差分图是准确恢复完整偏振图像的关键，采用如下线性滤波器来提升偏振差分图 $\Delta^{(\theta,\varphi)}$ 的质量，即

$$\hat{\Delta}_{i,j}^{(\theta,\varphi)}=\frac{\sum\limits_{u,v\in B_{i,j}}\zeta_{u,v}\Delta_{i,j}^{(\theta,\varphi)}}{\sum\limits_{u,v\in B_{i,j}}\sum\limits_{u,v\in B_{i,j}}\zeta_{u,v}} \tag{5-36}$$

其中

$$\zeta_{u,v}=\exp(-\gamma\left|R_{u,v}\right|)2^{-2(|u-i|+|v-j|)} \tag{5-37}$$

是以上线性滤波器的权重项，代表一个中心位置在像素 (i,j) 的 3×3 的图像块 $B_{i,j}$ 内，像素 (u,v) 对输出像素 (i,j) 的贡献程度；$R=\hat{I}^{(0°)}+\hat{I}^{(90°)}-\hat{I}^{(45°)}-\hat{I}^{(135°)}$ 为偏振测量冗余误差成分；参数 $\gamma=\dfrac{0.2}{2^{\beta-8}}$，$\beta$ 代表输入图像的数字位深，用来防止 R 构成的权重项 $\exp(-\gamma\left|R_{u,v}\right|)$ 的值过大，γ 值通过经验设置。

由式(5-37)可知，线性滤波器的权重项 $\zeta_{u,v}$ 由两项相乘所得，第一项由偏振测量冗余误差成分 R 构成，反映每个像素位置双三次样条插值结果的可靠性，第二项是像素 (i,j) 与 (u,v) 之间的空间距离权重 $2^{-2-(|u-i|+|v-j|)}$ 。根据式(5-36)和式(5-37)，像素 (u,v) 如果距离中心像素 (i,j) 越远或其 $R_{u,v}$ 值越大，对中心像素 (i,j) 的输出 $\hat{\Delta}_{i,j}^{(\theta,\varphi)}$ 的贡献越小。通过式(5-36)线性滤波器的处理，在偏振测量冗余误差成分 R 的导引下，稀疏偏振差分图 $\Delta^{(\theta,\varphi)}$ 的质量得到提升。

将原始稀疏采样图 $I^{(\theta)}$ 和改进后的偏振差分图 $\hat{\Delta}^{(\theta,\varphi)}$ 相加，可以得到最终的去马赛克结果 $\hat{I}^{(\theta)}$，即

$$\hat{I}^{(\theta)}=\sum_{\varphi\in\{0°,45°,90°,135°\}}(I^{(\varphi)}+\hat{\Delta}^{(\theta,\varphi)}\odot m^{(\varphi)}) \tag{5-38}$$

当 $\theta=\varphi$ 时，有 $\hat{\Delta}^{(\theta,\varphi)}=0$ 且 $\hat{I}^{(\theta)}=I^{(\varphi)}$，即在恢复 θ 偏振通道数据的过程中，如

果当前像素位置属于原始 DoFP 图像中θ偏振通道的采样点时，则直接用原始采样值作为该像素位置θ偏振通道的最终恢复结果。

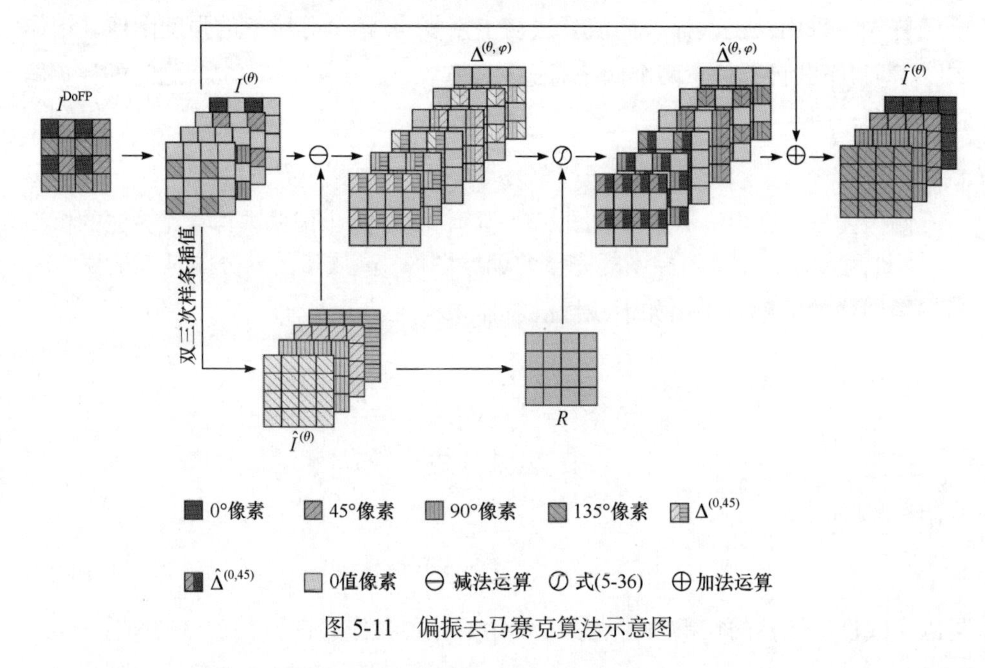

图 5-11　偏振去马赛克算法示意图

为了进一步提高偏振去马赛克的性能，可以通过迭代运行以上偏振去马赛克算法。为了自适应选择迭代次数，利用下式判断相邻两次迭代结果之间的差异，即

$$Q=\frac{1}{4}\sum_{\theta\in\{0°,45°,90°,135°\}}\text{RMSE}(\hat{I}_t^{(\theta)}-\hat{I}_{t-1}^{(\theta)}) \tag{5-39}$$

其中

$$\text{RMSE}(\hat{I}_t^{(\theta)},\hat{I}_{t-1}^{(\theta)})=\sqrt{\frac{1}{MN}\sum_{i=1}^{M}\sum_{j=1}^{N}(\hat{I}_t^{(\theta)}(i,j)-\hat{I}_{t-1}^{(\theta)}(i,j))} \tag{5-40}$$

其中，M 和 N 为代表图像的高和宽；$\hat{I}_t^{(\theta)}$ 和 $\hat{I}_{t-1}^{(\theta)}$ 为本次迭代和上次迭代后的去马赛克结果。

式(5-39)表示运行相邻两次迭代去马赛克算法后，所得 4 幅强度图像间的平均均方根误差，以该误差作为是否终止迭代的判别依据。这里设置当$Q\leqslant 0.5\times 2^{\beta-8}$($\beta$代表输入图像的数字位深)时停止迭代。

为了测试本节提出的偏振去马赛克方式的性能，从以下四个方面进行测试。

① 对比分析不同去马赛克算法的调制传递函数(modulation transfer function,

MTF)响应。

② 在模拟数据上测试偏振去马赛克算法的性能。

③ 在真实数据上测试偏振去马赛克算法的性能。

④ 分析偏振去马赛克算法中的参数设置。

在以下实验中，我们选择以下几种具有代表性的去马赛克算法作为对比，即双线性插值、双三次样条插值、基于梯度的插值、残差插值和牛顿插值。

1. MTF 响应测试

MTF 是空间频率的函数，通常用来测量成像系统恢复场景中细节信息的能力。MTF 响应可通过计算不同频率下输出正余弦波图案的对比度与输入正余弦波图案的对比度之间的比率得到。因此，通常采用不同频率下空间变化的正余弦波图案作为评估成像系统 MTF 响应的输入图像。对于分焦平面偏振成像传感器，可以用 4 个空间变化的余弦图案来代表 4 个输入偏振图像[2]，即

$$\begin{cases} I_0(x,y)=\cos(2\pi f_x x+2\pi f_y x)+1 \\ I_{45}(x,y)=2\cos(2\pi f_x x+2\pi f_y x)+2 \\ I_{90}(x,y)=\cos(2\pi f_x x+2\pi f_y x)+1 \\ I_{135}(x,y)=0 \end{cases} \tag{5-41}$$

其中，f_x 和 f_y 为竖直和水平方向的空间频率，单位为周期每像素。

用这四幅图像模拟偏振马赛克图像，分别对原始 S_0 图像和去马赛克后得到的 S_0 图像进行离散傅里叶变换。式(5-41)中的输入图像是由空间频率为 (f_x,f_y) 的余弦函数得到的，所以傅里叶变换后的图像会在 (f_x,f_y) 和 $(-f_x,-f_y)$ 两个位置出现峰值。因此，MTF 便可以通过下式计算，即

$$M_{\text{gain}}=\frac{M_{\text{interpolated}}(f_x,f_y)}{M_{\text{original}}(f_x,f_y)} \tag{5-42}$$

其中，$M_{\text{interpolated}}(f_x,f_y)$ 和 $M_{\text{original}}(f_x,f_y)$ 为去马赛克后和原始 S_0 图像进行离散傅里叶变换后在 (f_x,f_y) 处的频域能量幅值。

不同去马赛克算法的 MTF 响应结果如图 5-12 所示。为了更直观地对比，在同一张图标内绘制了不同去马赛克算法在竖直和水平空间频率相等时 $(f_x=f_y)$ 的 MTF 响应。根据奈奎斯特采样定理，图像的空间频率不可能超过 0.5 周期每像素，所以 f_x 和 f_y 的范围控制在 0～0.5 周期每像素内。

根据图 5-12 中的结果可以发现，随着空间频率的增大，前 4 种去马赛克算法的 MTF 响应下降较快，而且在 f_x 或 f_y 大于 0.375 个周期每像素后，这些去马赛

克算法的 MTF 响应都降为 0。残差插值的 MTF 性能表现在总体上优于基于梯度的插值，但是二者在高频能量的表现接近。双三次样条插值与残差插值的低频表现接近，但是双三次样条插值的高频表现较差。牛顿插值算法相比这些去马赛克算法表现更佳，在 0.25 周期每像素内都有较高的 MTF 增益，这是因为在牛顿插值算法中同样用到了偏振差分域模型。另外，本章提出的去马赛克算法 itPD 在 0.45

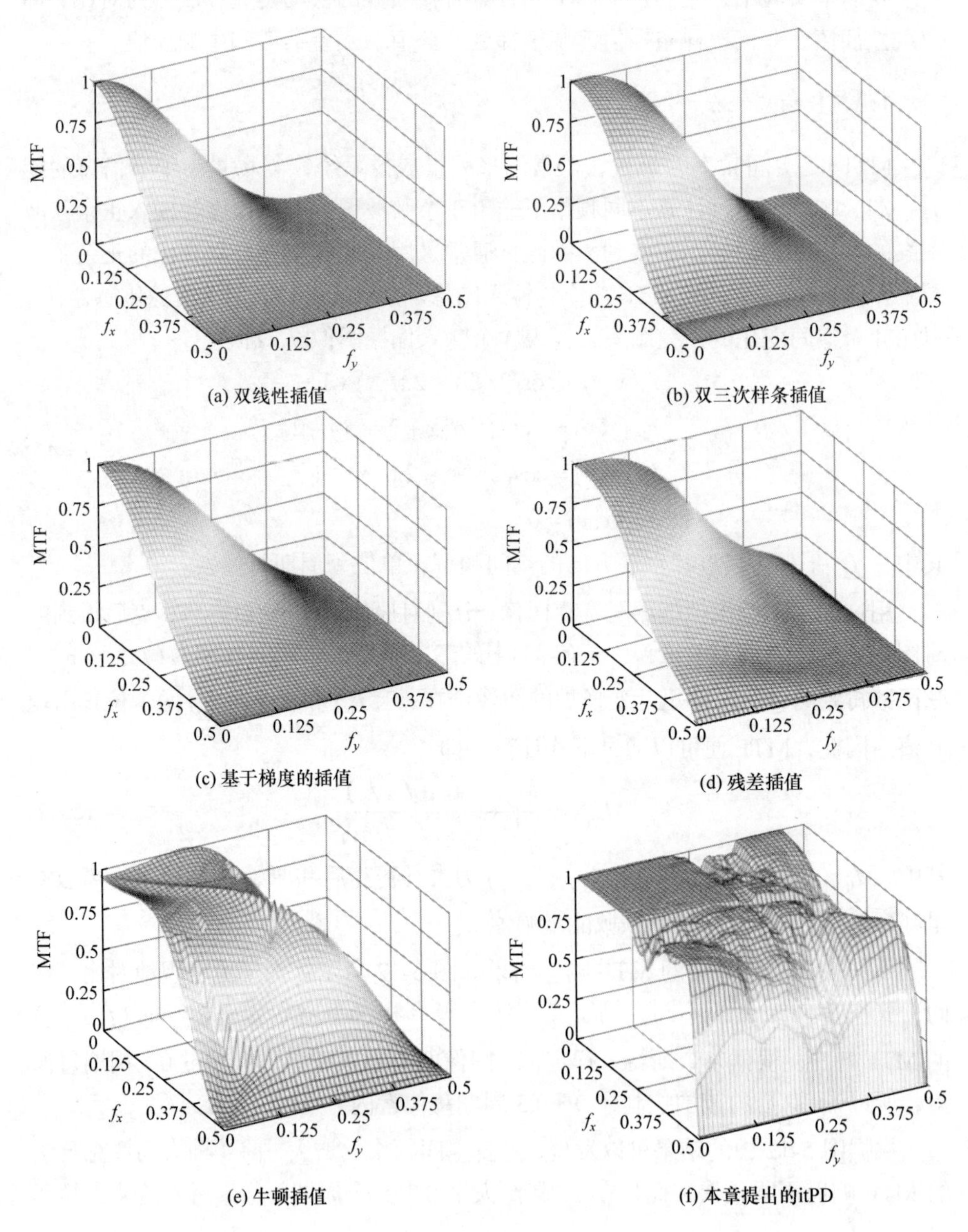

(a) 双线性插值　(b) 双三次样条插值

(c) 基于梯度的插值　(d) 残差插值

(e) 牛顿插值　(f) 本章提出的itPD

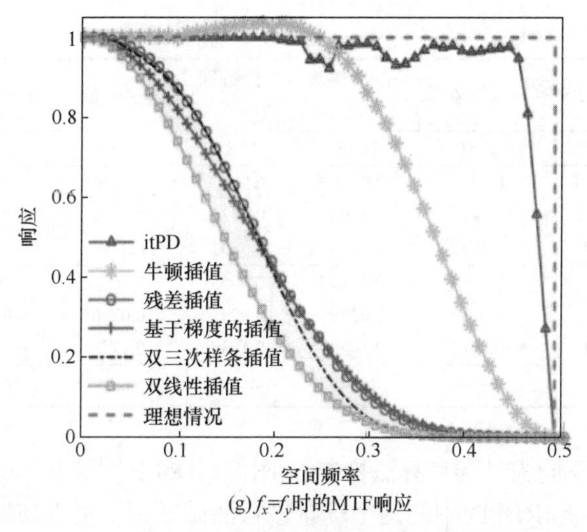

(g) $f_x=f_y$时的MTF响应

图 5-12　不同去马赛克算法的 MTF 响应

周期每像素内的 MTF 响应都大于 0.9，远超过其他去马赛克算法。这说明，itPD 对低频和高频图像信息都有更好的恢复效果。

2. 在模拟数据上的测试

本节在 IRDPD 上通过模拟数据测试提出的偏振去马赛克算法，在模拟数据上对五种偏振去马赛克算法和本章提出的 itPD 进行测试对比，采用峰值信噪比(peak signal to noise ratio，PSNR)、结构相似性(structual similarity, SSIM)、梯度幅度相似度偏差(gradient magnitude similarity deviation, GMSD)和无参考偏振图像质量评价指标偏振测量冗余的准确性测度(accuracy of polarization measurement redundancy, APMR)对各偏振去马赛克算法的性能进行定量分析。

表 5-1 列出了不同去马赛克算法在 IRDPD 上的平均性能指标。图 5-13 中绘出不同去马赛克算法在每个场景上的性能表现对比。实验结果表明，itPD 除了在恢复 AoP 上的 GMSD 表现欠佳，其他性能指标均取得了最佳表现，所以总体上 itPD 去马赛克算法性能表现好于其他几种对比去马赛克算法。另外，图 5-13 的结果也表明，itPD 在不同场景恢复强度信息和偏振信息的表现良好，在大部分场景都优于其他对比算法。

表 5-1　不同去马赛克算法的定量性能对比

评价指标	评价对象	双线性插值	双三次样条插值	基于梯度的插值	残差插值	牛顿插值	itPD
PSNR/dB	S_0	47.25	50.03	47.37	49.53	51.99	52.79
	DoLP	39.74	41.25	39.86	41.24	40.71	42.95

续表

评价指标	评价对象	双线性插值	双三次样条插值	基于梯度的插值	残差插值	牛顿插值	itPD
PSNR/dB	AoP	23.19	24.18	23.25	23.85	23.68	25.11
SSIM	S_0	0.9937	0.9958	0.9937	0.9954	0.9967	0.9973
	DoLP	0.9427	0.9563	0.9434	0.9570	0.9489	0.9679
	AoP	0.5817	0.5858	0.5831	0.5711	0.5455	0.6070
GMSD	S_0	0.0054	0.0019	0.0055	0.0027	0.0011	0.00088
	DoLP	0.0294	0.0239	0.0291	0.0226	0.0258	0.0151
	AoP	0.1641	0.1720	0.1637	0.1778	0.2002	0.1675
APMR/dB	—	46.39	46.60	45.30	46.75	46.72	47.13

进一步，对不同去马赛克算法恢复 S_0 图像、DoLP 图像和 AoP 图像的视觉效果进行对比，选择 IRDPD 中的两个场景进行测试。为了更直观地对比，对 S_0 图像，通过对比不同去马赛克算法后的 S_0 绝对误差图，分析不同算法恢复 S_0 图像的性能，误差图采用 jet 伪彩色模式显示。对 DoLP 和 AoP 图像，通过直接对比不同去马赛克算法恢复后的结果与真值图像，分析不同算法的性能，DoLP 和 AoP 图像分别采用 parula 和 HSV 伪彩色模式显示。

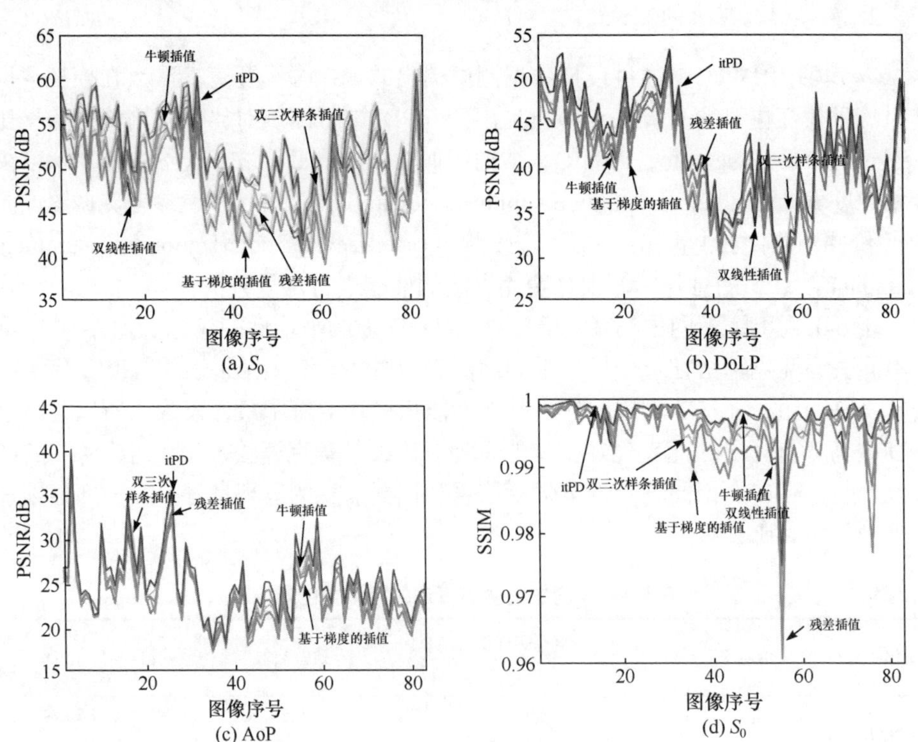

(a) S_0 (b) DoLP

(c) AoP (d) S_0

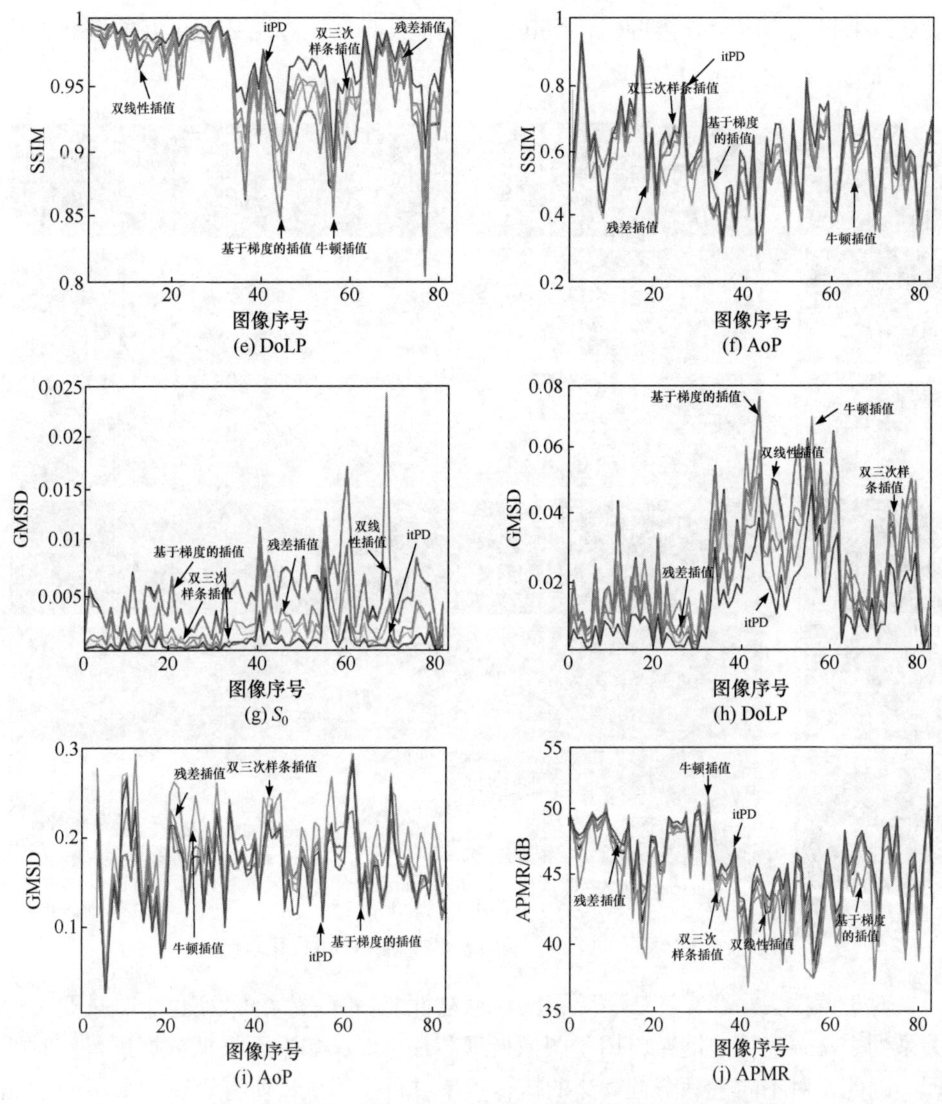

图 5-13　不同去马赛克算法在每个场景上的性能表现对比

由可视化对比结果(图 5-14)可以发现，对于两个测试场景，itPD 的 S_0 误差图都是最小的，牛顿插值算法也有不错的 S_0 恢复效果。这与表 5-1 中的定量测试是一致的，其他算法都有相对更强的 S_0 恢复误差。第一个场景中的奥运五环，第二个场景中的栅状物都是比较复杂的图像结构，对于去马赛克算法也是较难准确恢复的高频信息，所以在 DoLP 和 AoP 恢复结果中可以发现，所有对比算法均存在不同程度的锯齿状伪偏振信息，场景二中的栅状结构甚至出现断裂和交叉互连的错误恢复结果。itPD 在恢复这些复杂信息时表现良好，锯齿状误差大幅减弱，且恢复结果与真值图十分接近，证明 itPD 比其他几种对比算法具有更好的偏振去马赛克性能。

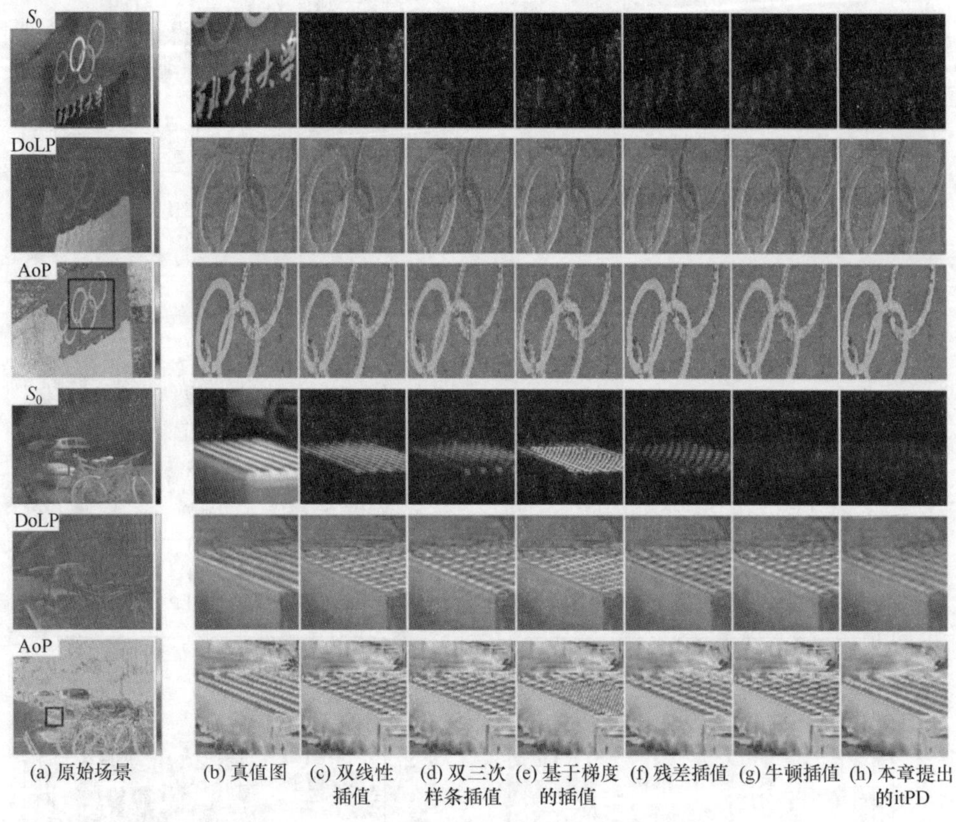

(a) 原始场景　(b) 真值图　(c) 双线性插值　(d) 双三次样条插值　(e) 基于梯度的插值　(f) 残差插值　(g) 牛顿插值　(h) 本章提出的itPD

图 5-14　不同去马赛克算法恢复效果的可视化对比

对于偏振去马赛克算法，除了图像恢复性能，算法执行效率也十分重要。这关系到去马赛克算法能否应用于图像处理芯片，对分焦平面偏振数据进行实时处理。因此，对不同去马赛克算法的执行效率进行了测试，所有算法均采用 Python 实现，并在内存为 16Gbit，处理器为 Intel(R) Core(TM) i5-9400F CPU(central processing unit，中央处理器)的计算机上进行测试，IRDPD 上的图像分辨率为 480×640，各去马赛克算法处理每幅图像的平均用时如表 5-2 所示。除了双线性插值和双三次样条插值，itPD 的运行速度优于其他几种恢复性能更好的去马赛克算法。itPD 的另外一个优势在于，它的整个计算过程都可以通过卷积运算实现，所以更适合并行运算，这是不同于牛顿插值与基于梯度的插值的。这两个算法都需要判断每个位置的梯度方向，而残差插值需要用到导向滤波，所以执行效率有限。进一步，采用 Python 的 GPU(graphics processing unit，图形处理器)运算驱动对 itPD

在 NVIDIA RTX 2070 SUPER GPU 上进行测试，结果如表 5-2 所示。执行效率有了大幅提升，由于未对代码进行针对性并行优化，而且测试中包含 CPU 和 GPU 之间数据传递的耗时，因此 itPD 的运行速度还有提升的空间。综上，itPD 去马赛克效果好，更适合在相机图像处理芯片上并行运算。

表 5-2　不同去马赛克算法的运行速度对比

参数	双线性插值	双三次样条插值	基于梯度的插值	残差插值	牛顿插值	itPD(CPU/GPU)
运行时间/s	0.0292	0.0464	0.1608	0.4771	0.1981	0.1376/0.0593

DoLP 和 AoP 对噪声比较敏感，成像噪声可能导致 DoLP 和 AoP 中出现严重的伪偏振信息，但是成像噪声是不可避免的，所以目前已出现多种针对分焦平面偏振图像的去噪算法，旨在降低噪声的干扰，并采用先去噪后去马赛克的方式提高去马赛克后恢复图像的质量。为了分析不同去马赛克算法对噪声的耐受力，在 IRDPD 的模拟图像中添加不同水平的加性高斯噪声，然后采用 PSNR 定量分析不同去马赛克算法的性能，高斯噪声的标准差设置为 0～30。恢复结果如图 5-15 所示。首先可以发现，随着噪声的增强，所有去马赛克算法的性能都有所下降。对于强度图像的恢复，itPD 和牛顿插值在低噪声条件表现较好，双线性插值和双三次插值等算法在高噪声水平的表现更好，因为这些算法本质上都是基于低通滤波器设计的，而且残差插值中用到导向滤波，也有一定的噪声抑制效果。对于 DoLP 和 AoP 图像，itPD 仍在低噪声水平表现得更好，在高噪声水平牛顿插值算法表现更好，itPD 与其他几种去马赛克算法在高噪声水平的表现接近。综上，itPD 更适合在低噪声条件下使用，噪声较强时需要搭配去噪算法得到更好的去马赛克效果。

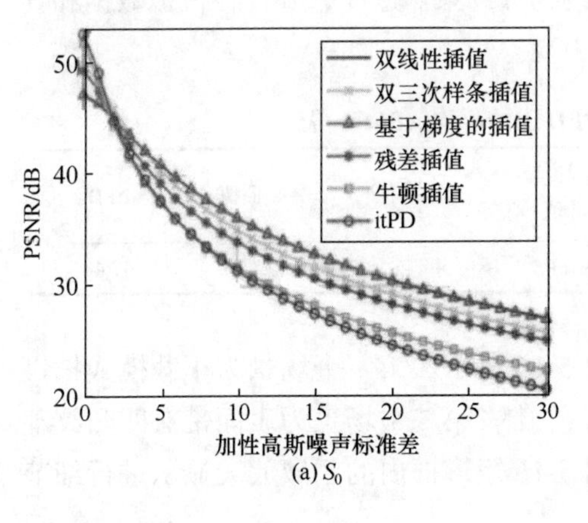

(a) S_0

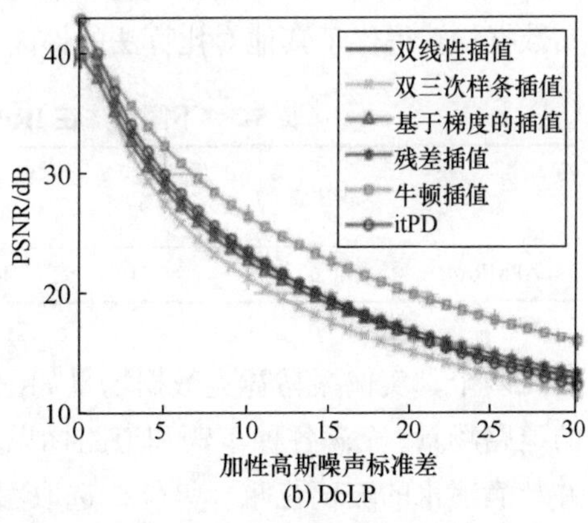

(b) DoLP

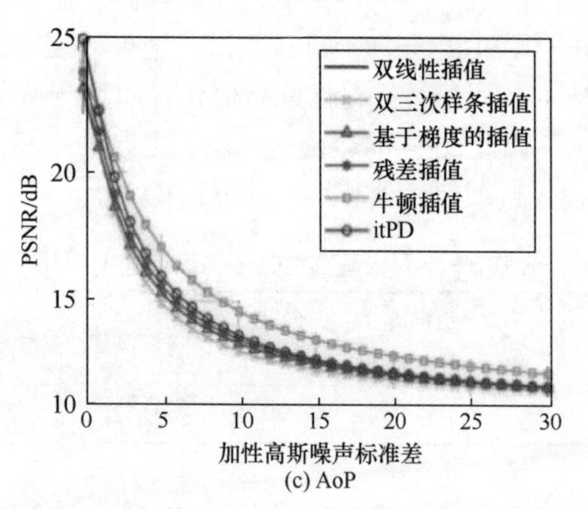

(c) AoP

图 5-15　不同去马赛克算法的耐噪性分析

3. 在真实数据上的测试

在真实数据上对 itPD 算法进行测试。采用自研红外偏振摄像仪进行真实数据采集，共采集不同场景偏振马赛克图像 200 幅，图像分辨率为 512×640，数字位深为 14 位。为了方便描述，将本节构建的数据库称为真实分焦平面红外偏振数据集(infrared DoLP polarization dataset，记为 IRPPD)。在进行去马赛克测试前，首先采用三维块匹配(block matching 3D，BM3D)去噪算法对输入图像进行去噪，以减少噪声对去马赛克性能的干扰。

为了定量研究不同去马赛克算法在真实数据上的性能表现，采用无参考偏振图像质量评价指标 APMR 分析不同算法的去马赛克性能。不同算法在 IRPPD 上的平均 APMR 得分如表 5-3 所示。itPD 获得了最高的 APMR 得分，这表明 itPD 的去马赛克结果更符合偏振测量冗余性的物理约束。这样，itPD 在模拟数据和真实数据均获得优于其他对比算法的性能表现。

表 5-3　不同算法在 IRPPD 上的平均 APMR 得分

参数	双线性插值	双三次样条插值	基于梯度的插值	残差插值	牛顿插值	itPD
APMR/dB	46.62	46.71	44.34	44.76	47.13	47.48

两个真实偏振马赛克数据场景如图 5-16 所示。第一个场景为车载模式拍摄的道路场景，充满各种车辆和道路标识等物体。第二个场景为表面带有凹凸纹理并装满热水的玻璃花瓶。另外，选取图 5-16 矩形框内的区域放大显示进行细节对比。

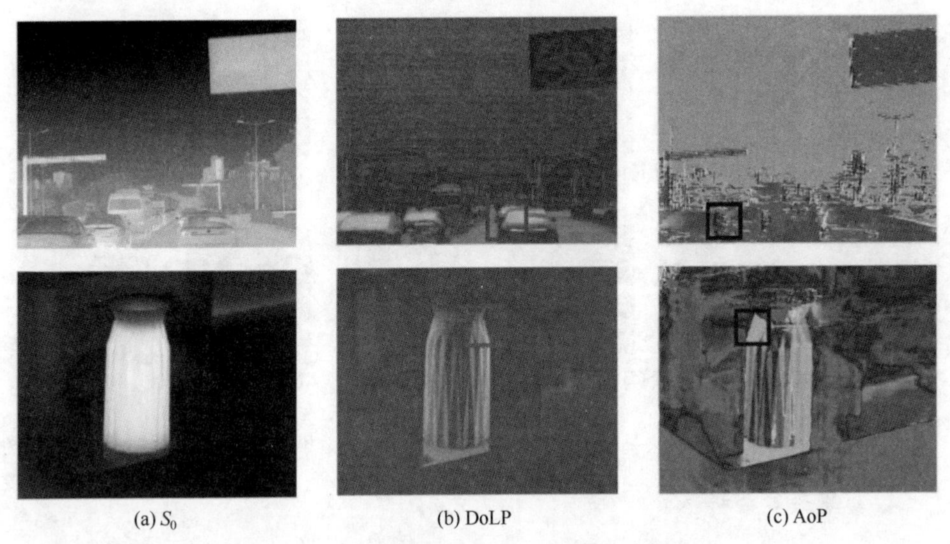

(a) S_0　　(b) DoLP　　(c) AoP

图 5-16　两个真实分焦平面红外偏振数据场景

选取的放大区域均为强弱偏振度变化的区域，例如第一个场景中车窗和道路交界的位置和第二个场景中花瓶和背景交界的位置。这些位置包含图像高频信息，都是去马赛克误差出现的主要位置，对于去马赛克算法也是难点所在。根据图 5-17 中的结果对比不难看出，几种对比算法都存在不同程度的锯齿状去马赛克误差，itPD 恢复的图像中锯齿状误差更少，对这些图像高频信息的恢复也更加准确。这是因为在陡峭的边缘位置，单一偏振通道内的空间信息相关性较弱，单纯依靠单通道强度信息难以恢复准确的偏振信息。在这种情况下，偏振差分模型就可以发挥作用了。差分通道内高频能量更低，也更容易进行信息恢复。虽然牛顿插值也用到差分通道，但是对于图 5-17 中这种非严格水平、垂直或±45°对角方向的边缘仍然难以准确恢复。itPD 在偏振测量冗余误差成分的导引下，可以取得更准确的边缘恢复效果。

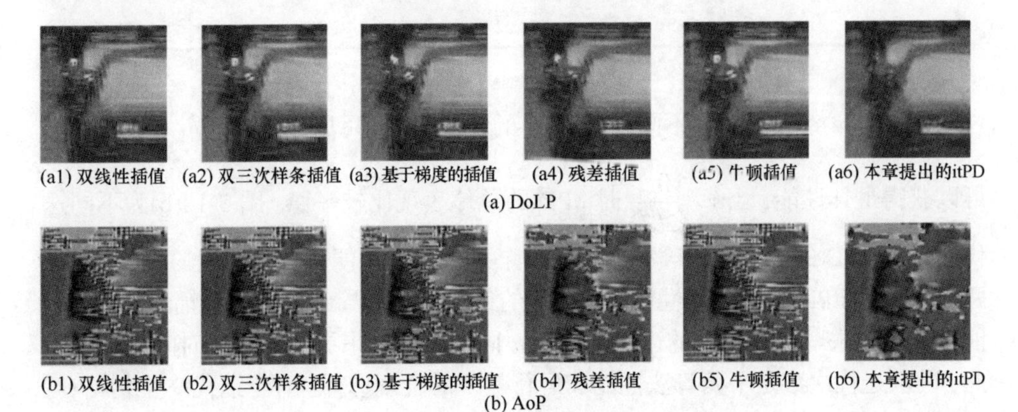

(a1) 双线性插值　(a2) 双三次样条插值　(a3) 基于梯度的插值　(a4) 残差插值　(a5) 牛顿插值　(a6) 本章提出的itPD

(a) DoLP

(b1) 双线性插值　(b2) 双三次样条插值　(b3) 基于梯度的插值　(b4) 残差插值　(b5) 牛顿插值　(b6) 本章提出的itPD

(b) AoP

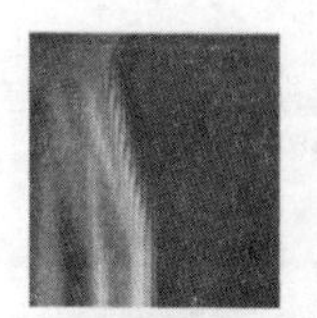
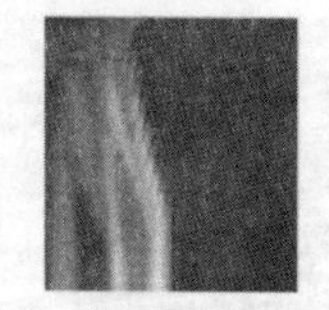
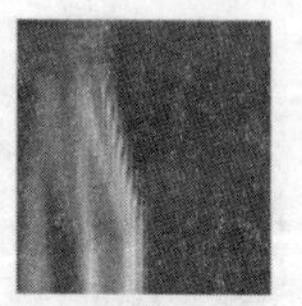
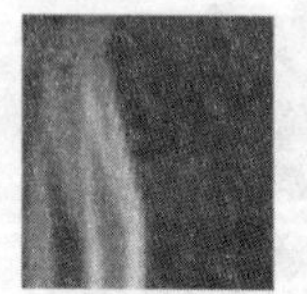
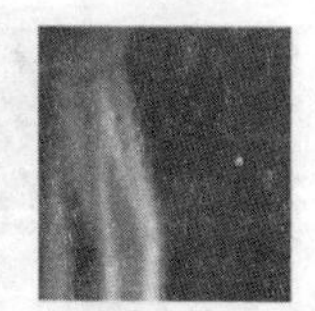

(c1) 双线性插值　(c2) 双三次样条插值　(c3) 基于梯度的插值　(c4) 残差插值　(c5) 牛顿插值　(c6) 本章提出的itPD

(c) DoLP

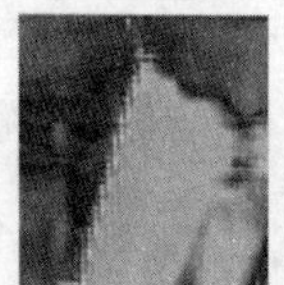

(d1) 双线性插值　(d2) 双三次样条插值　(d3) 基于梯度的插值　(d4) 残差插值　(d5) 牛顿插值　(d6) 本章提出的itPD

(d) AoP

图 5-17　不同去马赛克算法在真实数据上恢复效果的可视化对比

4. 参数设置分析

itPD 涉及多个参数的设置，包括式(5-36)中线性滤波器的窗口尺寸、式(5-37)中的参数 γ 、迭代次数的设置，以及式(5-39)中迭代终止判据 Q 的设置。为了测试以上参数设置的有效性，在 IRDPD 模拟数据集上计算不同参数设置下 itPD 去马赛克后恢复的 S_0 图像、DoLP 图像和 AoP 图像的平均 PSNR。

对于线性滤波器的窗口尺寸，设置为 3×3，因为较大的滤波器窗口会造成图像的模糊，也会降低代码的执行速度。如表 5-4 所示，我们测试线性滤波器窗口为 3×3、5×5、7×7 时 itPD 的性能。可以发现，随着滤波器窗口尺寸增大，itPD 的性能逐渐降低且消耗的时间不断增加，所以 3×3 的窗口尺寸是最优设置。

表 5-4　不同线性滤波器的窗口尺寸对 itPD 性能的影响

窗口尺寸	S_0(PSNR)/dB	DoLP(PSNR)/dB	AoP(PSNR)/dB	运行时间/ms
3×3	52.79	42.95	25.11	0.1376
5×5	48.97	39.99	23.32	0.1932
7×7	48.10	39.22	22.76	0.2464

图 5-18(a)绘出了 γ 取不同值时 itPD 的性能表现，可以发现当 $\gamma=\dfrac{0.2}{2^{\beta-8}}$ 时 itPD 可以获得最佳性能，当 $\gamma<\dfrac{0.2}{2^{\beta-8}}$ 时 itPD 的总体表现比较平稳。图 5-18(b)为不同迭代次数对 itPD 的性能影响。根据图中结果，一次迭代便可获得性能的大幅提升，两次迭代后 itPD 达到最优性能，而更多的迭代次数会导致性能的小幅降低。这可能是一种对去马赛克结果的过拟合效应，同时也会带来更多的运行时间消耗。因此，两次迭代次数是平衡算法性能和运行效率的合理选择。对于迭代终止判据 Q，

根据图 5-18(c)中的结果，$Q \leqslant 0.5 \times 2^{\beta-8}$ 时 itPD 性能最优，但是总体上Q的阈值选择对 itPD 的整体性能影响较小。这主要是因为，当迭代次数大于 1 时，itPD 的总体性能变化较小(图 5-18(b))。以上分析验证了本章算法参数设置的有效性，在实际情况中，也可以通过调节上述参数获得更好的算法性能。

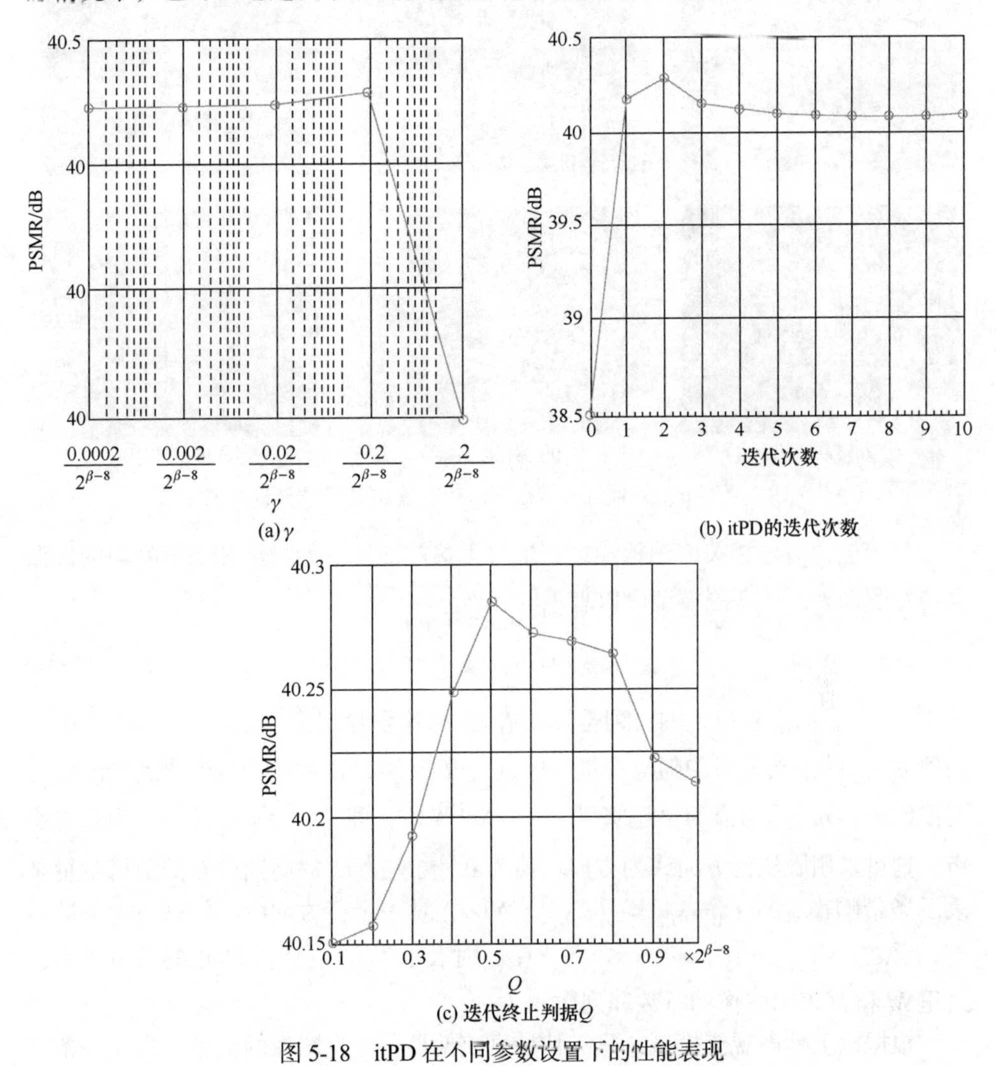

图 5-18　itPD 在不同参数设置下的性能表现

5.4　偏振图像混合噪声水平估计

红外偏振摄像仪输出的噪声主要为信号相关的泊松噪声和信号无关的加性高斯噪声。此外，非制冷红外成像系统中通常还包含水平或垂直方向的条带噪声。如

图 5-19 所示，即使强度图像中无明显可见的噪声，偏振度与偏振角图像中仍然存在显著的噪声与条带状非均匀性，即使较弱的噪声也会影响偏振参量的测量精度。

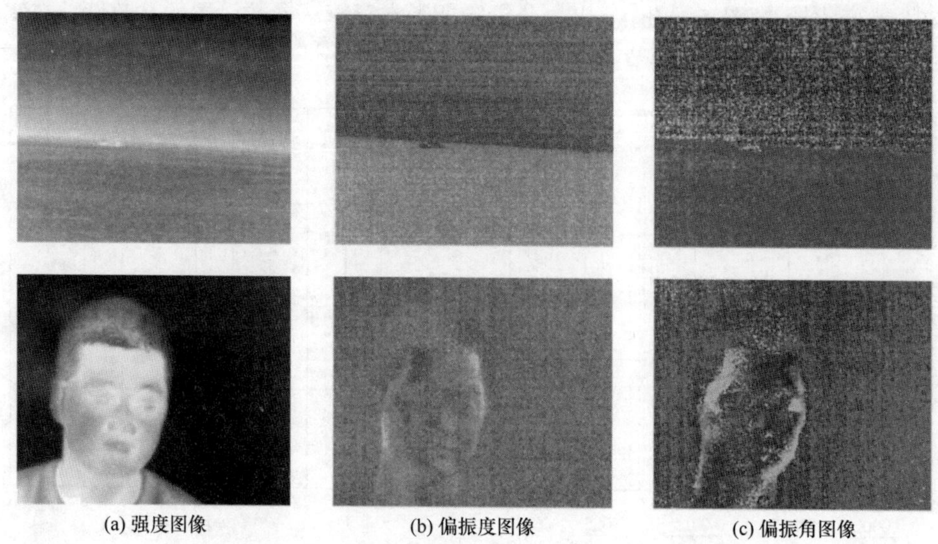

(a) 强度图像　(b) 偏振度图像　(c) 偏振角图像

图 5-19　真实分焦平面红外偏振图像在经过 itPD 算法处理后的结果

对于包含信号相关的泊松噪声、信号无关的加性高斯噪声和条带噪声的偏振马赛克图像 $\hat{I}$，其观测模型可以表示为

$$\hat{I}_{i,j} = \alpha p_{i,j} + n_{i,j} + s_{i,j} \tag{5-43}$$

其中，i, j 表示像素位置的行列坐标；$\hat{I}_{i,j}$ 为采集含噪图像的灰度值；$p_{i,j}$ 为服从均值为 $y_{i,j}$ 的泊松分布的随机变量，即 $p_{i,j} \sim P(y_{i,j})$；α 为从测量电压到灰度级的变换因子；$n_{i,j}$ 是均值为 0 方差为 σ_n 的高斯噪声，即 $n_{i,j} \sim N(\sigma_n)$；$s_{i,j}$ 为条带噪声，这里采用服从行方向或列方向均值为 0、方差为 σ_s 的高斯分布的随机变量来表示条带噪声，当 $s_{i,1} = s_{i,2} = \cdots = s_{i,N} \sim N(\sigma_s)$ 时表示行方向(水平方向)的条带噪声，反之，当 $s_{1,j} = s_{2,j} = \cdots = s_{M,j} \sim N(\sigma_s)$ 时表示列方向(竖直方向)的条带噪声，这里 M 和 N 表示图像的行数和列数。

根据以上噪声观测模型，只需估计真实偏振马赛克图像的泊松、高斯和条带噪声水平的参数 α、σ_n 和 σ_s，就可以通过模拟接近真实条件的含噪偏振图像数据，训练联合去噪去马赛克深度卷积网络，提高模型在真实数据上的性能表现。

5.4.1　基于偏振测量冗余的泊松-高斯混合噪声水平估计

泊松-高斯-条带混合噪声水平估计本质上是对 α、σ_n、σ_s 核心参数的估计。

其难点在于两种加性高斯噪声，即普通高斯噪声和条带噪声两者较难分离，这为 σ_n 和 σ_s 的估计带来较大的困难。为了解决这一难题，我们提出利用线偏振图像的偏振测量冗余特性对普通高斯噪声和条带噪声进行分离。

假设待处理的含有混合噪声的偏振马赛克图像为 $\tilde{I}^{\text{DoFP}}$，从 $\tilde{I}^{\text{DoFP}}$ 中提取 4 个偏振通道低分辨率的偏振图像 $\tilde{I}^{(\theta)}, \theta \in \{0°,45°,90°,135°\}$，即 $\tilde{I}^{(\theta)}$ 的空间像素分辨率为 $\tilde{I}^{\text{DoFP}}$ 的一半。然后，利用这 4 幅下采样的偏振图像便可进一步得到偏振测量冗余误差成分 R，即

$$R_{i,j} = \tilde{I}_{i,j}^{(0)} + \tilde{I}_{i,j}^{(90)} - \tilde{I}_{i,j}^{(45)} - \tilde{I}_{i,j}^{(135)} \tag{5-44}$$

注意，这里 R 的分辨率同样为 $\tilde{I}^{\text{DoFP}}$ 的一半。既然 $\tilde{I}^{(\theta)}$ 是从 $\tilde{I}^{\text{DoFP}}$ 中提取的，那么 R 也可以表示为

$$R_{i,j} = \tilde{I}_{2i-1,2j-1}^{\text{DoFP}} + \tilde{I}_{2i,2j}^{\text{DoFP}} - \tilde{I}_{2i-1,2j}^{\text{DoFP}} - \tilde{I}_{2i,2j-1}^{\text{DoFP}} \tag{5-45}$$

根据式(5-43)中的观测模型，含噪偏振马赛克图像 $\tilde{I}^{\text{DoFP}}$ 可以表示为

$$\tilde{I}_{i,j}^{\text{DoFP}} = \alpha \hat{I}_{i,j}^{\text{DoFP}} + I_{i,j}^{(n)} + I_{i,j}^{(s)} \tag{5-46}$$

其中，$\hat{I}_{i,j}^{\text{DoFP}} \sim P(\overline{I}_{i,j}^{\text{DoFP}})$；$I_{i,j}^{(n)} \sim N(\sigma_n)$ 为加性高斯噪声；$I_{i,1}^{(s)} = I_{i,2}^{(s)} = \cdots = I_{i,N}^{(s)} \sim N(\sigma_s)$ (或 $I_{1,j}^{(s)} = I_{2,j}^{(s)} = \cdots = I_{M,j}^{(s)} \sim N(\sigma_s)$) 表示条带噪声。

由式(5-45)和式(5-46)可得

$$\begin{aligned} R_{i,j} = {} & \alpha(\hat{I}_{2i-1,2j-1}^{\text{DoFP}} + \hat{I}_{2i,2j}^{\text{DoFP}} - \hat{I}_{2i-1,2j}^{\text{DoFP}} - \hat{I}_{2i,2j-1}^{\text{DoFP}}) \\ & + (I_{2i-1,2j-1}^{(n)} + I_{2i,2j}^{(n)} - I_{2i-1,2j}^{(n)} - I_{2i,2j-1}^{(n)}) \\ & + (I_{2i-1,2j-1}^{(s)} + I_{2i,2j}^{(s)} - I_{2i-1,2j}^{(s)} - I_{2i,2j-1}^{(s)}) \end{aligned} \tag{5-47}$$

对于水平方向条带噪声，有 $I_{2i-1,2j-1}^{(s)} = I_{2i-1,2j}^{(s)}$，并且 $I_{2i,2j}^{(s)} = I_{2i,2j-1}^{(s)}$；对于竖直方向条带噪声，有 $I_{2i-1,2j-1}^{(s)} = I_{2i,2j-1}^{(s)}$，并且 $I_{2i,2j}^{(s)} = I_{2i-1,2j}^{(s)}$，所以根据条带噪声的这种方向特性，无论是横向条带噪声，还是纵向条带噪声都有

$$I_{2i-1,2j-1}^{(s)} + I_{2i,2j}^{(s)} - I_{2i-1,2j}^{(s)} - I_{2i,2j-1}^{(s)} = 0 \tag{5-48}$$

那么 R 就可以重新表示为

$$\begin{aligned} R_{i,j} = {} & \alpha(\hat{I}_{2i-1,2j-1}^{\text{DoFP}} + \hat{I}_{2i,2j}^{\text{DoFP}} - \hat{I}_{2i-1,2j}^{\text{DoFP}} - \hat{I}_{2i,2j-1}^{\text{DoFP}}) \\ & + (I_{2i-1,2j-1}^{(n)} + I_{2i,2j}^{(n)} - I_{2i-1,2j}^{(n)} - I_{2i,2j-1}^{(n)}) \end{aligned} \tag{5-49}$$

可以发现，偏振测量冗余误差成分 R 中只包含泊松噪声和常规加性高斯噪声，即 R 不受条带噪声的影响。这样便将普通高斯噪声和条带噪声两者分离开来，降

低了噪声水平估计的困难。

根据 5.2 节的分析，假设像素 (i, j) 位于图像平滑区域，瞬时视场误差可以忽略，则进一步可得

$$\begin{aligned}\mathrm{VAR}[R_{i,j}] &= \alpha^2(\overline{I}_{2i-1,2j-1}^{\mathrm{DoFP}} + \overline{I}_{2i,2j}^{\mathrm{DoFP}} + \overline{I}_{2i-1,2j}^{\mathrm{DoFP}} + \overline{I}_{2i,2j-1}^{\mathrm{DoFP}}) + 4\sigma_n^2 \\ &= \alpha^2(\overline{I}_{i,j}^{(0)} + \overline{I}_{i,j}^{(90)} + \overline{I}_{i,j}^{(45)} + \overline{I}_{i,j}^{(135)}) + 4\sigma_n^2\end{aligned} \tag{5-50}$$

其中，$\overline{I}^{(\theta)}$ 表示从 $\overline{I}^{\mathrm{DoFP}}$ 中提取的干净电压测量值，假设 I^{DoFP} 和 $I^{(\theta)}$ 为干净的灰度域偏振马赛克图像像素值和相应的下采样结果，则有 $I^{\mathrm{DoFP}} = \alpha\overline{I}^{\mathrm{DoFP}}$ 和 $I^{(\theta)} = \alpha\overline{I}^{(\theta)}$。

式(5-50)可重写为

$$\mathrm{VAR}[R_{i,j}] = \alpha(I_{i,j}^{(0)} + I_{i,j}^{(90)} + I_{i,j}^{(45)} + I_{i,j}^{(135)}) + 4\sigma_n^2 \tag{5-51}$$

根据斯托克斯参量的计算规则，式(5-51)也可写为

$$\mathrm{VAR}[R_{i,j}] = 2\alpha S_0 + 4\sigma_n^2 \tag{5-52}$$

其中，S_0 为灰度域内计算所得干净的斯托克斯第一参量。

为了准确估计含噪偏振马赛克图像的 α 和 σ_n，我们通过检测强度均匀图像块构建最小二乘模型，实现噪声参数的求解。这里强度均匀指图像块内的像素灰度级是恒定的。以 $\tilde{I}^{(\theta)}$ 为例，假设像素 $\left\{\tilde{I}_{i,j}^{(\theta)}\right\}$ 在强度均匀的图像块内是独立同分布的，且均值不为 0，即

$$\begin{aligned}B_{x,y}^{(\theta)} &= \left\{\tilde{I}_{i,j}^{(\theta)} \mid (i,j) \in W_{x,y}\right\} \\ W_{x,y} &= \left\{(i,j) \mid x - \frac{w-1}{2} \leqslant i \leqslant x + \frac{w-1}{2}, y - \frac{w-1}{2} \leqslant j \leqslant y + \frac{w-1}{2}\right\}\end{aligned} \tag{5-53}$$

其中，$W_{x,y}$ 是中心位置在 (x, y) 且大小为 $w \times w$ 的图像窗口。

在强度均匀的图像块内，信号强度是近似恒定的，灰度值的变化主要是由噪声导致的。假设偏振测量冗余误差成分 R 内的强度均匀图像块为 $D_{x,y} = \left\{R_{i,j} \mid (i,j) \in W_{x,y}\right\}$，根据大数定理可得

$$\begin{aligned}\lim_{w\to\infty} \mathrm{MEAN}[B_{x,y}^{(\theta)}] &= I_{x,y}^{(\theta)} \\ \lim_{w\to\infty} \mathrm{VAR}[D_{x,y}] &= \alpha(I_{x,y}^{(0)} + I_{x,y}^{(90)} + I_{x,y}^{(45)} + I_{x,y}^{(135)}) + 4\sigma_n^2\end{aligned} \tag{5-54}$$

当 w 取合适的值时，近似可得

$$\begin{aligned}\mathrm{VAR}[D_{x,y}] = \alpha\Big(&\mathrm{MEAN}\big[B_{x,y}^{(0)}\big] + \mathrm{MEAN}\big[B_{x,y}^{(45)}\big] + \mathrm{MEAN}\big[B_{x,y}^{(90)}\big] + \mathrm{MEAN}\big[B_{x,y}^{(135)}\big]\Big) \\ &+ 4\sigma_n^2\end{aligned} \tag{5-55}$$

假设共检测到 k 个强度均匀图像块，记作 B_q 和 D_q，$q \in [1,k]$。令

$$V = \begin{bmatrix} \mathrm{VAR}\left[D_1\right] \\ \mathrm{VAR}\left[D_2\right] \\ \vdots \\ \mathrm{VAR}\left[D_k\right] \end{bmatrix} \tag{5-56}$$

$$\eta = \begin{bmatrix} \alpha \\ \sigma_n^2 \end{bmatrix} \tag{5-57}$$

$$\Lambda = \begin{bmatrix} \sum\limits_{\theta \in \{0°,45°,90°,135°\}} \mathrm{MEAN}\left[B_1^{(\theta)}\right] & 4 \\ \sum\limits_{\theta \in \{0°,45°,90°,135°\}} \mathrm{MEAN}\left[B_2^{(\theta)}\right] & 4 \\ \vdots & \vdots \\ \sum\limits_{\theta \in \{0°,45°,90°,135°\}} \mathrm{MEAN}\left[B_k^{(\theta)}\right] & 4 \end{bmatrix} \tag{5-58}$$

根据式(5-51)～式(5-54)可构建如下最小二乘问题，即

$$V = \Lambda\eta \tag{5-59}$$

α 和 σ_n 的最小二乘估计便可通过下式求解得到，即

$$\hat{\eta} = (\Lambda^{\mathrm{T}}\Lambda)^{-1}\Lambda^{\mathrm{T}}v \tag{5-60}$$

接下来的问题是如何选取强度均匀图像块。目前检测强度均匀图像块的方法主要采用图像纹理敏感的检测器来区分图像纹理区域和强度均匀区域，但是当图像中包含条带噪声时，这些方法可能难以区分条带噪声和图像纹理，从而产生误检情况。本章需要处理的图像为含有混合噪声的偏振马赛克图像 $\tilde{I}^{\mathrm{DoFP}}$，由于光栅阵列的周期排布模式，$\tilde{I}^{\mathrm{DoFP}}$ 图像中存在马赛克效应，直接从 $\tilde{I}^{\mathrm{DoFP}}$ 中检测强度均匀图像块并不合理。另外，从 $\tilde{I}^{\mathrm{DoFP}}$ 提取的 4 个偏振通道低分辨率子图 $\tilde{I}^{(\theta)}$ 包含的图像内容和结构是十分相似的，所以无论从哪幅子图进行强度相似图像块的检测效果是基本一致的。因此，本章在 0°偏振方向子图 $\tilde{I}^{(0)}$ 上进行强度相似图像块的检测。

首先，对含噪子图 $\tilde{I}^{(0)}$ 采用大小为 $r \times r$ 的均值滤波器 F_{ave} 进行平滑处理，即

$$I_{\mathrm{smo}}^{(0)} = \tilde{I}^{(0)} * F_{\mathrm{ave}} \tag{5-61}$$

其中，*为卷积操作；$I_{\mathrm{smo}}^{(0)}$ 为平滑后的图像。

令 $\overline{B}_{i,j}^{(0)}$ 表示 $I_{\mathrm{smo}}^{(0)}$ 中心位置为 (i,j) 且大小为 $w \times w$ 的图像块。采用图像块的方

差 $\mathrm{VAR}[\bar{B}_{i,j}^{(0)}]$ 作为判别依据来决定 $\bar{B}_{i,j}^{(0)}$ 是否为强度均匀的图像块。本章并不是简单地选取 k 个拥有最小方差的图像块作为强度均匀图像块，因为这样容易产生选取的强度均匀图像块具有相近均值的情况。这就导致式(5-58)中 Λ 的第一列元素取值差别太小，从而影响求解的准确性。为了解决这一问题，首先将 $I_{\mathrm{smo}}^{(0)}$ 按照灰度级分为 t 个等级区间，从而将 $I_{\mathrm{smo}}^{(0)}$ 划分为不同的灰度级区域，具体表示为

$$I_{\mathrm{sep}}^{(0)}(i,j)=\min\left(\frac{I_{\mathrm{smo}}^{(0)}(i,j)-\min(I_{\mathrm{smo}}^{(0)})}{\max(I_{\mathrm{smo}}^{(0)})-\min(I_{\mathrm{smo}}^{(0)})}t+1,t\right) \tag{5-62}$$

其中，$I_{\mathrm{sep}}^{(0)}$ 为将 $I_{\mathrm{smo}}^{(0)}$ 按灰度级分区后的结果。

图 5-20 所示为部分场景的 $I_{\mathrm{smo}}^{(0)}$ 与相应的 $I_{\mathrm{sep}}^{(0)}$。本章设置 $t=20$。

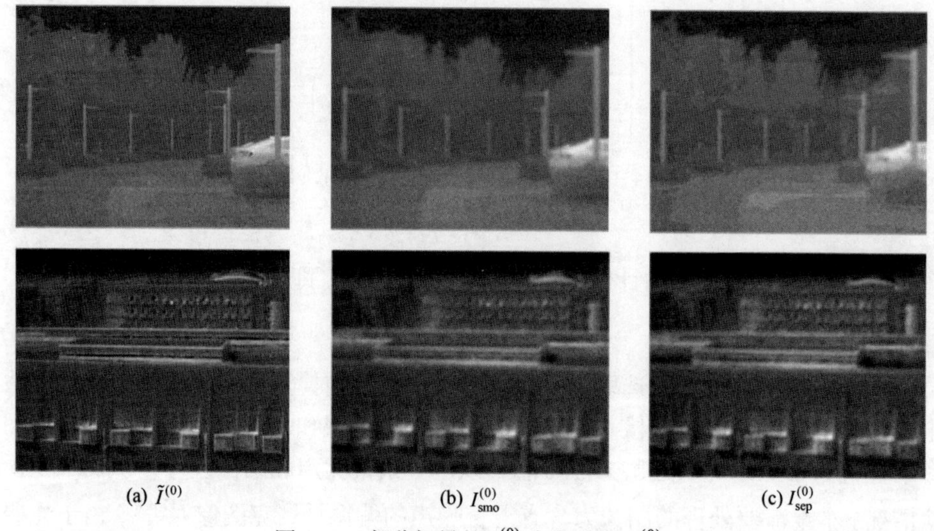

(a) $\tilde{I}^{(0)}$　　(b) $I_{\mathrm{smo}}^{(0)}$　　(c) $I_{\mathrm{sep}}^{(0)}$

图 5-20　部分场景的 $I_{\mathrm{smo}}^{(0)}$ 与相应的 $I_{\mathrm{sep}}^{(0)}$

假设以水平方向及竖直方向步长为 $\tau=2$ 个像素从 $I_{\mathrm{smo}}^{(0)}$ 遍历 K 个图像块，为了从这些图像块中选取合适数量和分布的强度均匀图像块，提出如下强度均匀图像块选取准则。

(1) 强度均匀图像块的选取应限制在前 10%具有最小方差 $\mathrm{VAR}[\bar{B}_{i,j}^{(0)}]$ 的候选图像块中。

(2) 在满足准则(1)的条件下，尽可能在 $I_{\mathrm{sep}}^{(0)}$ 中划分的每个灰度等级区域中选取 h 个方差为 $\mathrm{VAR}[\bar{B}_{i,j}^{(0)}]$ 的尽可能小的强度均匀图像块，即选取 $h\times t$ 个强度均匀的图像块。

(3) 如果在满足准则(1)的条件下，无法在 $I_{\text{sep}}^{(0)}$ 中划分的某些或者部分灰度等级区域中选取足够 h 个强度均匀图像块时，应保证选取的强度均匀图像块总数不小于 20 个。如果已选取强度均匀图像块数量 $l<20$，则可以从所有未被选取的候选图像块中选取剩余的 $(20-l)$ 个具有最小方差为 $\text{VAR}[\overline{B}_{i,j}^{(0)}]$ 的强度均匀图像块。

利用上述准则便可选取合适数量和分布的强度均匀图像块，基于经验设置上述算法中相关参数为 $r=3$ 、$w=7$ 、$h=3$ 。利用这些检测到的强度均匀图像块便可构建式(5-55)～式(5-59)中的最小二乘问题，从而实现对泊松噪声和普通加性高斯噪声水平参数 α 和 σ_n 的估计。算法流程示意图如图 5-21 所示。

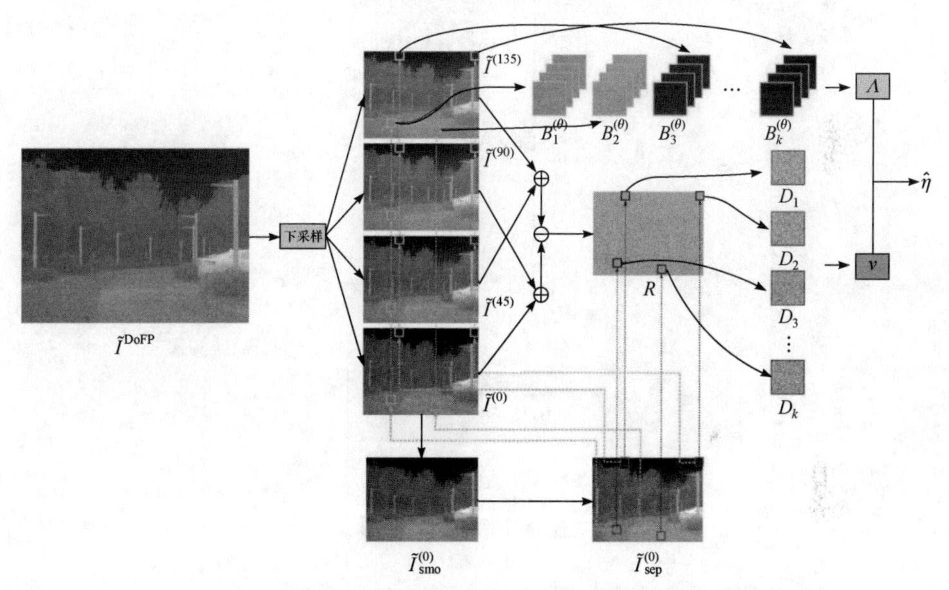

图 5-21　基于偏振测量冗余的泊松-高斯混合噪声水平估计算法流程图

5.4.2　条带噪声水平估计

上节采用偏振测量冗余误差成分，实现了对泊松噪声和普通加性高斯噪声水平的估计。类似地，本节采用基于强度均匀图像块构建最小二乘问题，实现条带噪声水平的估计。由于条带噪声和普通加性白噪声都可以采用高斯分布表示，因此二者整体可以看作图像中的加性噪声部分。上一节已完成了对普通高斯白噪声水平的估计，所以只需估计普通高斯白噪声与条带噪声整体的水平便可实现对条带噪声水平的估计。

类似地，对于强度均匀图像块 $B_{x,y}^{(\theta)}$，根据大数定理，即

$$\lim_{w\to\infty}\text{VAR}[B_{x,y}^{(\theta)}]=\alpha I_{x,y}^{(\theta)}+\sigma_n^2+\sigma_s^2 \tag{5-63}$$

w 取合适的值时，近似可得

$$\mathrm{VAR}[B_{x,y}^{(\theta)}]=\alpha\mathrm{MEAN}[B_{x,y}^{(\theta)}]+\sigma_n^2+\sigma_s^2 \tag{5-64}$$

对于检测得到的 k 个强度均匀图像块，令

$$V_s=\begin{bmatrix}\mathrm{VAR}[B_1^{(0)}]\\ \vdots\\ \mathrm{VAR}[B_1^{(135)}]\\ \mathrm{VAR}[B_2^{(0)}]\\ \vdots\\ \mathrm{VAR}[B_2^{(135)}]\\ \vdots\\ \mathrm{VAR}[B_k^{(0)}]\\ \vdots\\ \mathrm{VAR}[B_k^{(135)}]\end{bmatrix} \tag{5-65}$$

$$\eta_s=\begin{bmatrix}\alpha\\ \sigma_n^2+\sigma_s^2\end{bmatrix} \tag{5-66}$$

$$\Lambda_s=\begin{bmatrix}\mathrm{MEAN}[B_1^{(0)}] & 1\\ \vdots & \vdots\\ \mathrm{MEAN}[B_1^{(135)}] & 1\\ \mathrm{MEAN}[B_2^{(0)}] & 1\\ \vdots & \vdots\\ \mathrm{MEAN}[B_2^{(135)}] & 1\\ \vdots & \vdots\\ \mathrm{MEAN}[B_k^{(0)}] & 1\\ \vdots & \vdots\\ \mathrm{MEAN}[B_k^{(135)}] & 1\end{bmatrix} \tag{5-67}$$

根据式(5-63)～式(5-67)可构建如下最小二乘问题，即

$$V_s=\Lambda_s\eta_s \tag{5-68}$$

$\sigma_n^2+\sigma_s^2$ 的最小二乘估计可通过下式求解得到，即

$$\hat{\eta}_s=(\Lambda_s^{\mathrm{T}}\Lambda_s)^{-1}\Lambda_s^{\mathrm{T}}v_s \tag{5-69}$$

根据估计得到的普通加性高斯噪声和条带噪声的整体噪声水平 $\sigma_n^2+\sigma_s^2$，以及普通加性高斯噪声水平估计结果 σ_n 便可得到条带噪声水平 σ_s。

5.5　分焦平面偏振图像联合去噪去马赛克深度网络

本节给出一种去噪-去马赛克-精细化三阶段渐进式分焦平面联合去噪去马赛克深度卷积网络。其网络结构如图 5-22 所示。

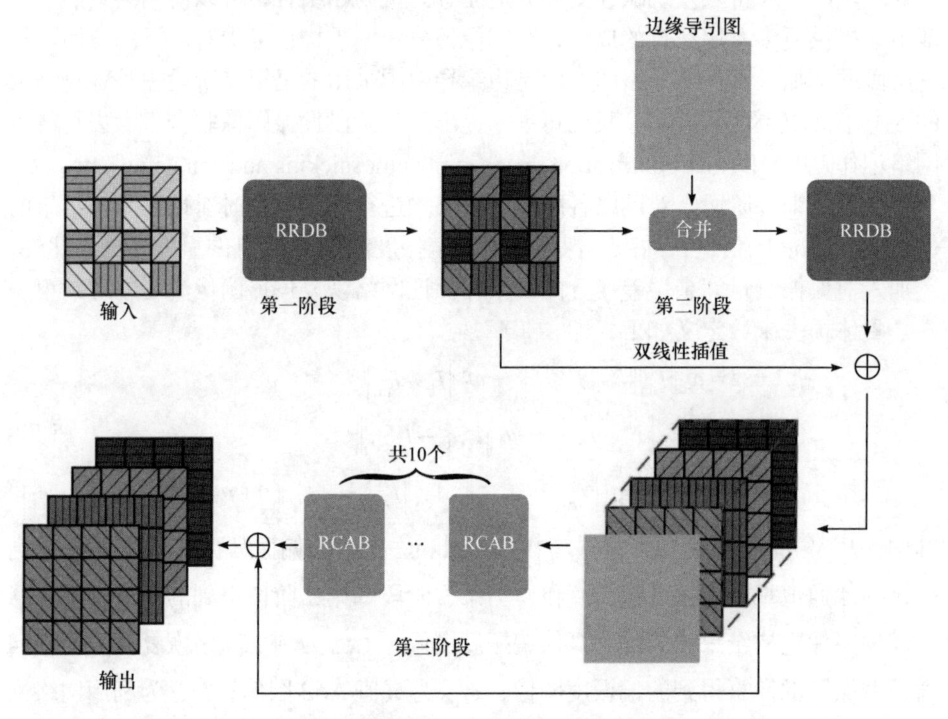

图 5-22　分焦平面偏振图像联合去噪去马赛克深度卷积网络结构图

第一阶段为去噪阶段，采用一个残差密集块(residual-in-residual dense block，RRDB)。RRDB 包含多级残差连接与密集连接，可以充分挖掘与提取局部信息中的特征。RRDB 在图像超分辨中取得了不俗的表现，在彩色图像的联合去噪去马赛克任务中也有应用，所以在第一阶段采用 RRDB 模块实现噪声抑制。

第二阶段为去马赛克阶段，整体上是一个残差结构，即首先采用双线性插值得到粗略的去马赛克结果，然后利用一个 RRDB 模块学习双线性插值去马赛克结果与真值之间的残差，这样可以使网络学到更准确的去马赛克结果。这里在将去噪后偏振马赛克图送入第二阶段 RRDB 模块之前，首先将其与一个边缘导引图进行级联。边缘导引图可以使网络将更多的注意力集中到学习高频信息的恢复，因为图像边缘与纹理等高频信息是去马赛克问题的关键与难点，这在一些去马赛克任务中也得到验证。本章采用双线性插值得到的去马赛克粗结果，即 S_0 图像的边缘检测结果作为第二阶段的边缘导引图。

第三阶段为精细化阶段，即进一步提升偏振数据的重构效果，减弱残余的去噪和去马赛克误差。第三阶段整体上仍然采用残差学习的结构，通过 10 个残差通道注意力块(residual channel attention block，RCAB)实现对重构结果的进一步精细化处理。RCAB 将残差跳跃连接和通道注意力机制相结合，可以使网络聚焦于特征中能提供更多有用信息的成分，在图像超分辨率重构任务中有广泛的应用。第三阶段同样加入了边缘导引图，但是边缘导引图采用的是第二阶段去马赛克结果的 S_0 图像的边缘检测结果。我们将本章提出的三阶段偏振图像联合去噪去马赛克网络记作 PJDMDNnet(polarization image joint demosaicking and denoising network)。

在网络训练阶段，对网络各阶段的输出均进行约束，同时对最终重构结果的偏振度和 AoP 图像进行约束，保证网络对偏振度和 AoP 信息的重构精度。此外，还加入对偏振测量冗余误差成分的约束，保证网络恢复偏振图像满足物理约束。

具体损失函数定义如下，即

$$\begin{aligned}\text{Loss} = {} & \omega_1 \left\| I_{\text{dn}}^{\text{DoFP}} - I^{\text{DoFP}} \right\|_1 + \omega_2 \left\| \hat{I}_1 - I_{\text{im}} \right\|_1 \\ & + \omega_3 \left\| \hat{I}_2 - I_{\text{im}} \right\|_1 + \omega_4 \left\| \hat{I}_{\text{DoP}} - I_{\text{DoP}} \right\|_1 \\ & + \omega_5 \min\left(\left\| \hat{I}_{\text{AoP}} - I_{\text{AoP}} \right\|_1, 1 - \left\| \hat{I}_{\text{AoP}} - I_{\text{AoP}} \right\|_1 \right) + \omega_6 \left\| \hat{R} \right\|_1\end{aligned} \tag{5-70}$$

其中，I^{DoFP} 和 $I_{\text{dn}}^{\text{DoFP}}$ 为参考偏振马赛克图像和去噪后的偏振马赛克图像；I_{im} 为高分辨率 4 通道真值偏振图像，$\hat{I}_1$ 和 $\hat{I}_2$ 为第一阶段和第二阶段得到的高分辨率 4 通道偏振图像重构结果；I_{DoP} 为真值偏振度图像；$\hat{I}_{\text{DoP}}$ 为利用网络恢复高分辨率 4 通道偏振图像计算得到的偏振度图像；I_{AoP} 为真值 AoP 图像；$\hat{I}_{\text{AoP}}$ 为利用网络恢复高分辨率四通道偏振图像计算得到的 AoP 图像，需要注意的是，AoP 分布范围是[0°,180°]，所以 0°AoP 和 180°AoP 是等效的，基于 AoP 的特点在计算 AoP 损失项时采用式(5-70)中第五项的形式，另外为了方便运算，将 AoP 的值归一化；$\hat{R}$ 为偏振测量冗余误差成分，由网络恢复的高分辨率四通道偏振图像计算所得；各项损失函数均采用 l_1 范数进行约束，l_1 范数在联合去噪去马赛克任务中表现出更优异的性能[6]；$\omega_1 \sim \omega_6$ 为各约束项的权重，用来平衡各约束项对最终损失函数的贡献量。

本节主要对提出的混合噪声水平估计算法和偏振图像联合去马赛克去噪深度卷积网络的性能进行测试，分析混合噪声水平估计对提升深度网络在真实偏振马赛克图像上偏振信息精准重构带来的帮助。

1. 混合噪声水平估计算法性能测试

为了测试混合噪声水平估计算法的性能，从 IRDPD 中选取 12 幅具有代表性的场景作为测试图像。这 12 幅场景如图 5-23 所示，包含不同的目标与背景，以及不同程度的纹理特点和细节。为了定量评价本章提出的混合噪声水平估计算法的性能，首先计算泊松-高斯-条带混合噪声水平参数α、σ_n和σ_s的估计误差，即

$$\begin{cases} E_\alpha = \left|\alpha - \hat{\alpha}\right| \\ E_n = \left|\sigma_n - \hat{\sigma}_n\right| \\ E_s = \left|\sigma_s - \hat{\sigma}_s\right| \end{cases} \tag{5-71}$$

其中，$\hat{\alpha}$、$\hat{\sigma}_n$和$\hat{\sigma}_s$为泊松噪声、普通高斯噪声和条带噪声水平的估计值；α、σ_n和σ_s为噪声水平的真值。

图 5-23　IRDPD 中选取的 12 幅具有代表性的测试场景

为了更准确地评估噪声水平估计性能，对每个场景在不同噪声等级下进行 100 次噪声模拟与噪声水平估计测试，然后计算测试结果的平均估计误差与估计误差的标准差，依次评估噪声水平估计算法的估计精度与稳定性，即

$$\mu_{E_x} = \frac{\sum_{i=1}^{N} E_x(i)}{N}, \quad x = \alpha, n, s \tag{5-72}$$

$$\sigma_{E_x} = \sqrt{\frac{\sum_{i=1}^{N} (E_x(i) - \mu_{E_x})^2}{N}}, \quad x = \alpha, n, s \tag{5-73}$$

其中，N 为每个场景的不同噪声等级下测试的实现次数。

测试设置噪声等级为 $\alpha=1,0.1,0.01$ 和 $\sigma_n=\sigma_s=1,2,3,4,5$ (相对于 0～255 灰度级)。为了简化测试，设置 $\sigma_n=\sigma_s$。由于红外成像技术的不断成熟，成像质量也在不断提高，成像噪声是比较有限的，因此这里并没有设置较大的噪声水平。噪声水平的平均估计误差与估计误差的标准差分别如图 5-24 和图 5-25 所示。

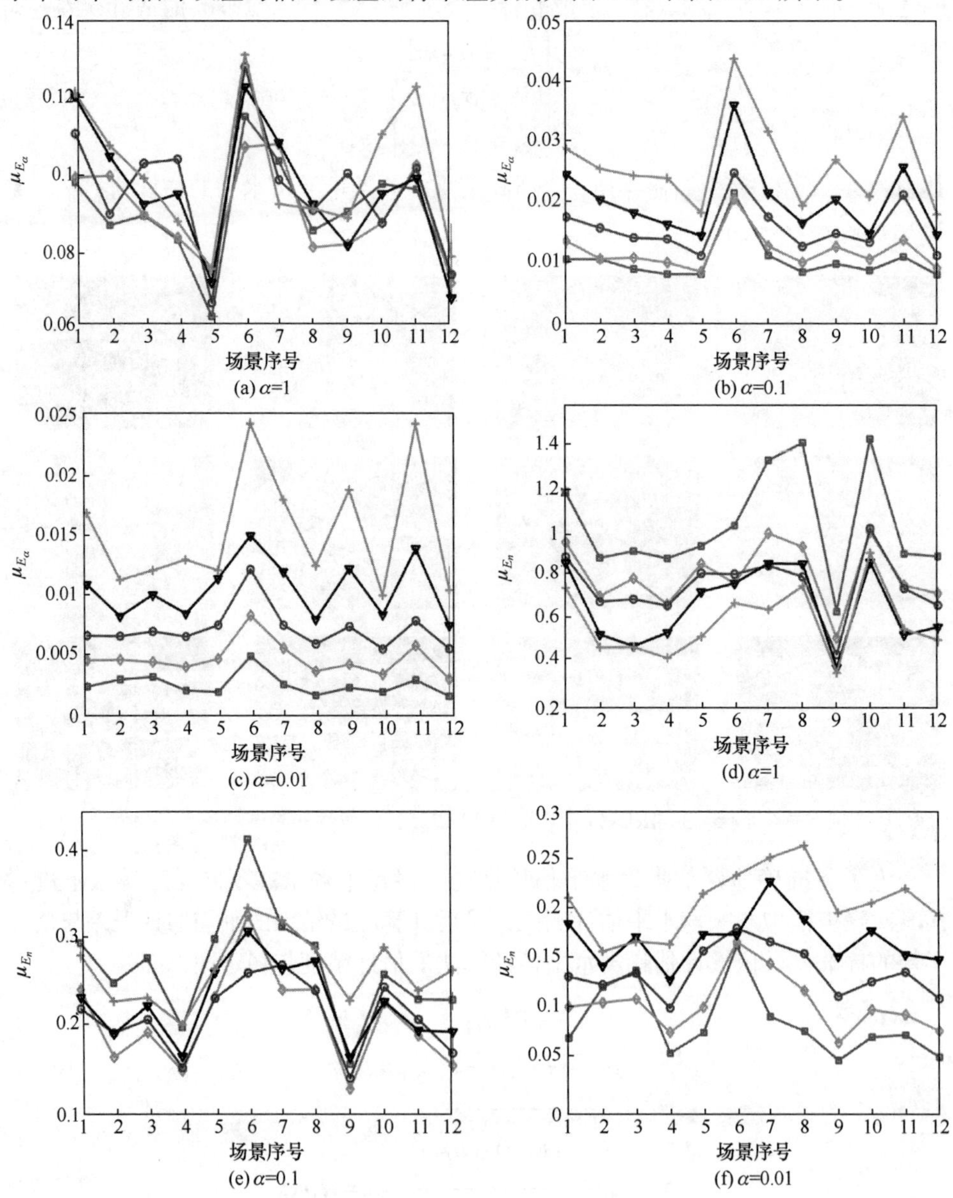

(a) α=1　(b) α=0.1　(c) α=0.01　(d) α=1　(e) α=0.1　(f) α=0.01

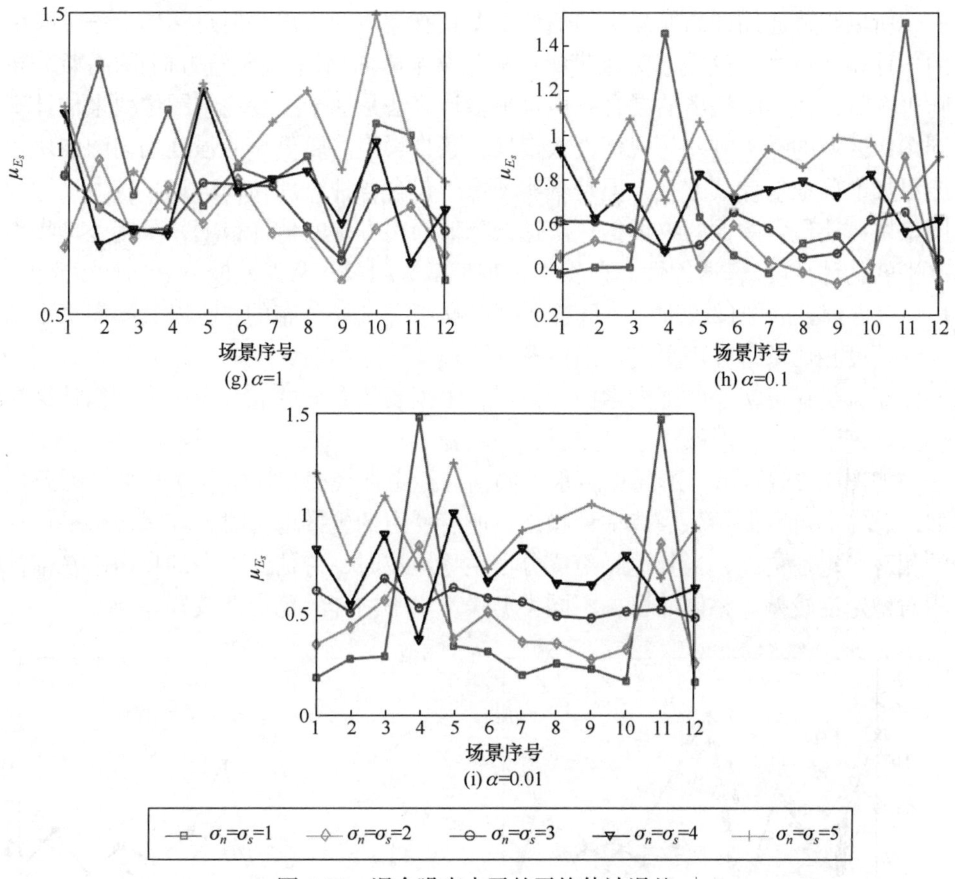

图 5-24　混合噪声水平的平均估计误差

根据图 5-24，对于泊松噪声，噪声水平越高，其相对估计误差(估计误差相对于真实噪声水平)越小。这是因为当泊松噪声水平较弱时，其他噪声成分占主导地位。这样从混合噪声中分离泊松噪声的相对误差也越大，这也是为什么当$\alpha = 0.01$时高斯噪声越大，泊松噪声的估计误差也越大。整体而言，对于大部分情况，泊松噪声水平的估计是十分准确的，除了泊松噪声远小于其他噪声成分或其他噪声占主导地位的情况。对于普通高斯噪声，存在类似于泊松噪声估计中的规律，即当高斯噪声较弱时，泊松噪声占主导地位，高斯噪声的相对估计误差较大，其高斯噪声水平越低相对估计误差越大。这同样是因为从其他噪声成分中分离某一较弱噪声成分时存在很大的难度。当高斯噪声占主导地位时($\alpha = 0.01$)，高斯噪声水平越低，相对估计误差也越小。整体而言，在高斯噪声占主导的情况下，普通高斯噪声的估计结果是十分准确的，当其他噪声成分占主导时，高斯噪声的估计误差有所上升，但是仍在可接受的范围之内。条带噪声因为同样是加性高斯分布噪声，所以与普通加性高斯噪声的估计误差具有类似的规律，但是整体上条带噪声的估计误差更大。这是因为条带噪声只是某个方向(水平或竖直方向)的高斯分布随机变量，而本章提出的混合噪声水平估计算法是基于强度均匀图像块来估计不同图像区域的噪声方差。根据大数定理，条带噪声需要更大的强度均匀图像块才能更加准确地估计其方差，但是真实图像中包含各种纹理结构信息，较大尺寸的图像块可能包含图像的纹理信息。这会降低噪声方差的估计精度，限制条带噪声水平的估计精度。普通加性高斯噪声是基于偏振测量冗余误差成分 R 估计得到的，R 中包含较少的图像纹理，并且普通高斯噪声是全局分布的，所以其噪声水平的估计精度相比条带噪声更高。虽然条带噪声比普通高斯噪声的估计误差大，但是整体而言仍在可接受的范围之内，只需在根据真实数据的混合噪声水平估计结果模拟训练数据时，对噪声水平进行适当松弛。

如图 5-25 所示，不同噪声水平的估计稳定性规律整体上与平均估计误差类似，总体上可以概括为当待估计噪声占所有噪声的主导地位时，其噪声水平估计的相对稳定性更高；当其他噪声成分占主导地位时，待估计噪声的噪声水平估计相对稳定性较差。整体而言，不同类型噪声水平估计的稳定性较好。

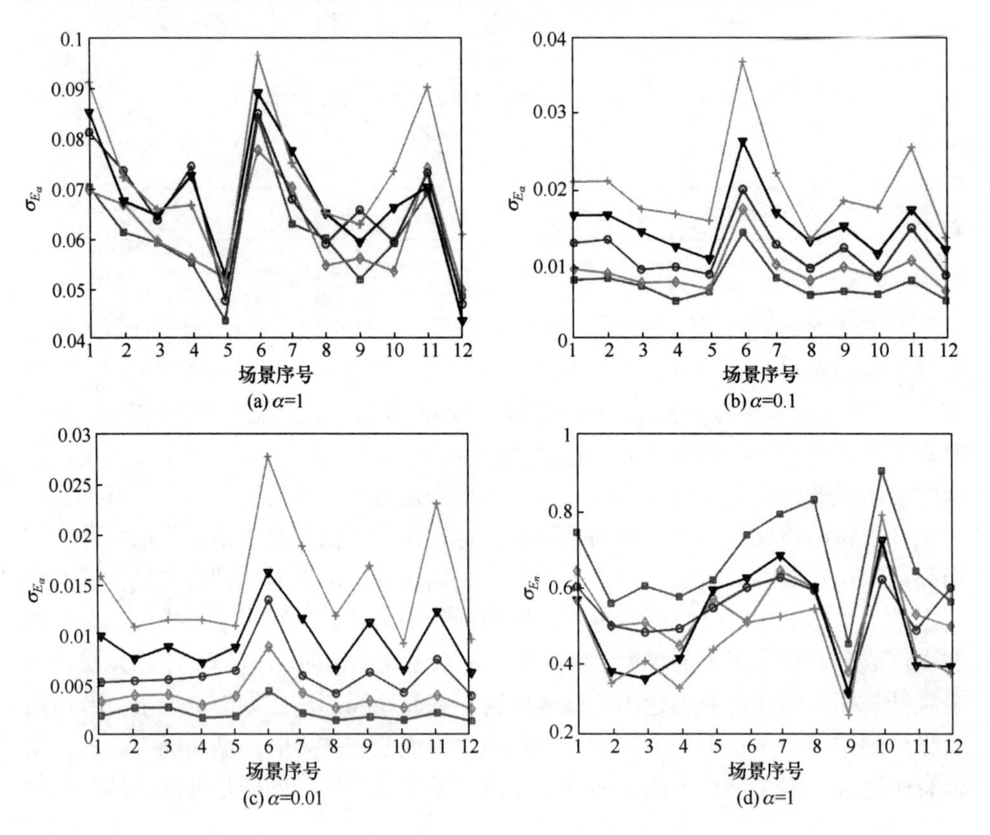

(a) α=1　　(b) α=0.1

(c) α=0.01　　(d) α=1

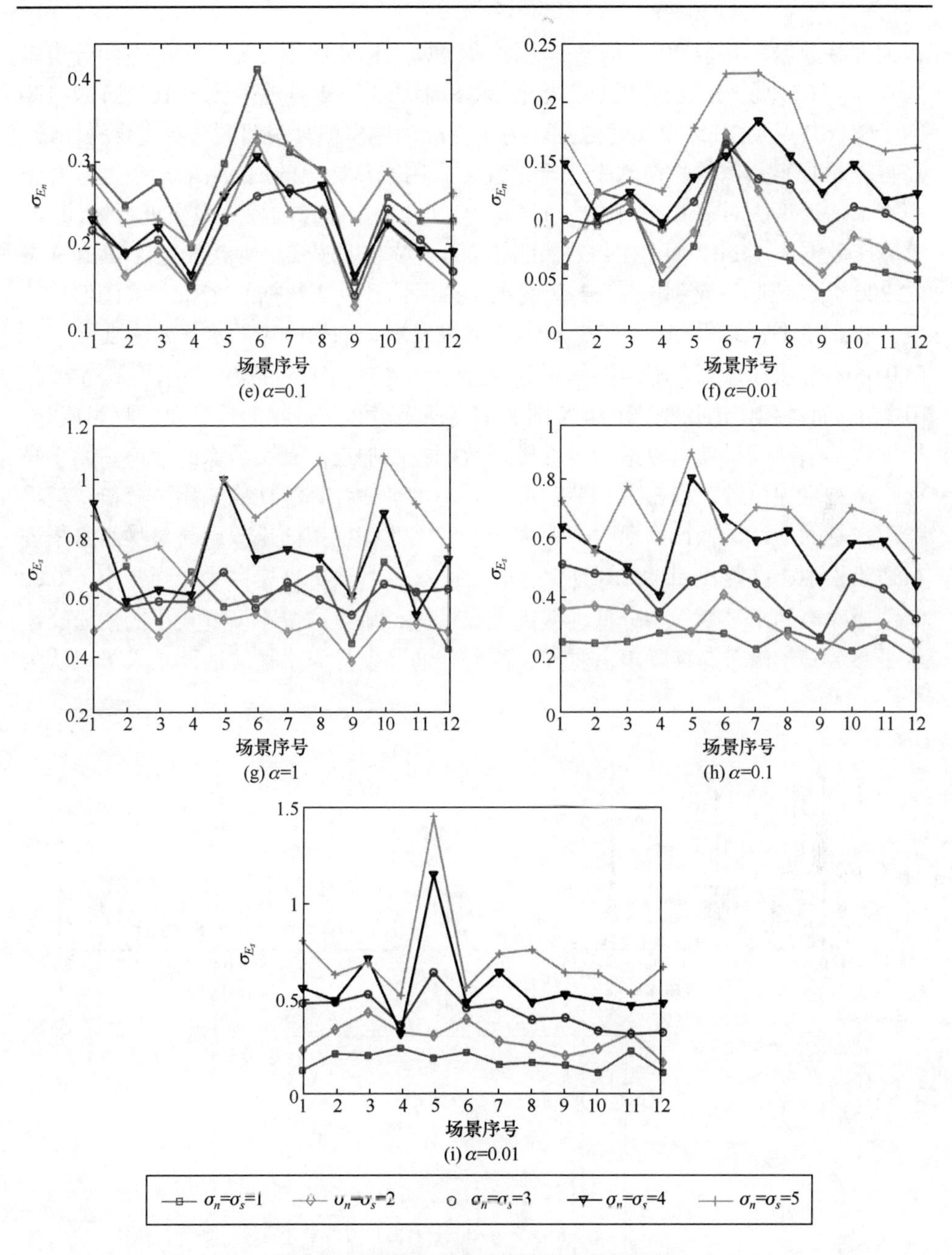

图 5-25　混合噪声水平估计误差的标准差

2. 联合去噪去马赛克网络性能测试

(1) 训练数据的生成与模型训练设置。本章从 IRDPD 中随机选取 63 个场景作为训练数据，其余 20 个场景作为测试数据。IRDPD 中原始数据的空间分辨率为 640×480,为了得到更多的训练数据,将每幅场景不重叠地拆分为 16 个 160×120 的子图，共得到 1008 个训练数据。为了更准确地模拟真实偏振马赛克含噪图像，需首先对真实图像的噪声水平进行估计，采用本章提出的泊松-高斯-条带混合噪声水平估计算法对 IRPPD 中的 200 幅真实红外偏振图像的噪声水平进行估计。考虑真实数据为 14bit，而 IRDPD 中的图像为 8 位灰度图像，所以首先将 IRPPD 中的 200 幅图像归一化到 0～255 灰度级，然后估计真实数据的 8 位灰度图像等效混合噪声水平，结果如图 5-26 所示。可以发现，泊松噪声的水平 α 主要分布在[0,0.06]，普通加性高斯噪声的水平 σ_n 主要在[0,4.5]，而条带噪声的水平 σ_s 主要在[0,7.5]，而且相比泊松噪声，真实图像中高斯噪声和条带噪声是主要的噪声成分。根据这些估计结果就可以进一步在模拟数据中添加近似真实图像的噪声。由于高斯噪声占主导位置，根据上一节对混合噪声水平估计算法性能的测试分析，泊松噪声水平的估计误差比高斯噪声要大一些，因此在模拟泊松噪声时对噪声水平进行适当松弛，设置 $\alpha \in [0.02, 0.1]$。这里设置 α 不小于 0.02 是因为，当 α 小于 0.02 时泊松噪声的水平变得十分低，接近无噪情况，所以这里不设置太小的泊松噪声水平参数 α 。由于高斯噪声占主导，因此普通高斯噪声水平的估计结果可以认为

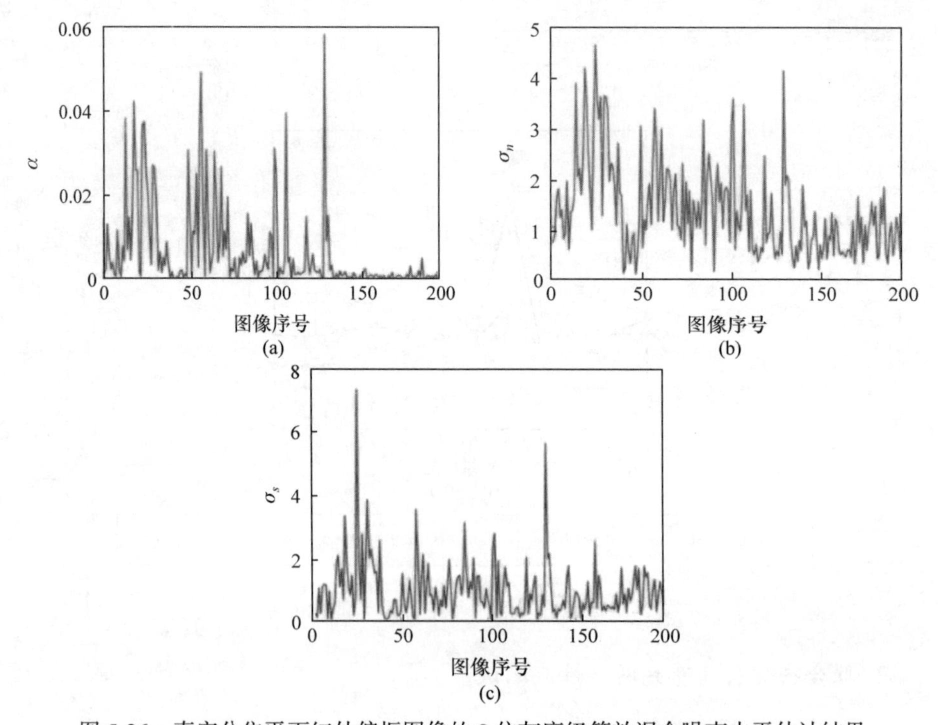

图 5-26　真实分焦平面红外偏振图像的 8 位灰度级等效混合噪声水平估计结果

是比较准确的，在添加普通高斯噪声时直接设置$\sigma_n \in [0, 4.5]$。对于条带噪声，绝大部分图像的条带噪声都分布在[0,4]，只有两幅图像的条带噪声达到 6～7 的量级。考虑条带噪声的估计误差通常比高斯噪声高，即使对条带噪声进行适当松弛，大部分图像的条带噪声也主要分布在[0,6]。综合考虑以上分析，添加条带噪声时设置$\sigma_n \in [0, 7.5]$。训练数据生成过程如图 5-27 所示。首先，根据偏振光栅阵列的排布模式得到不含噪声的红外偏振马赛克图像，然后在模拟分焦平面红外偏振图像上添加不同水平混合噪声。

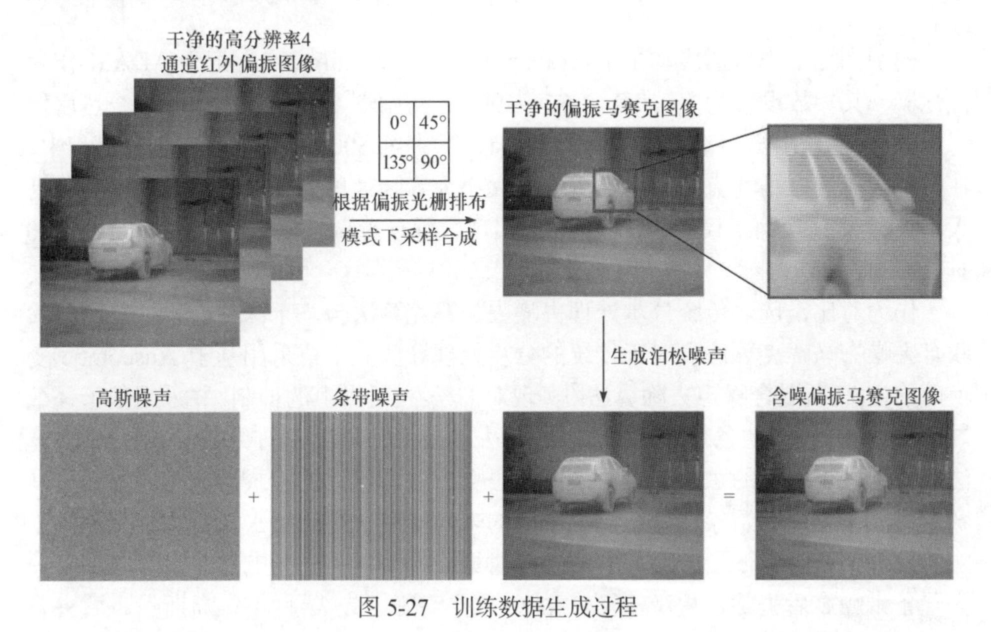

图 5-27　训练数据生成过程

真实情况中可能存在高动态范围的场景，例如图 5-28 中的几个场景，当存在太阳、发动机等较强的热源时，图像大部分区域的像素值被压缩到很小的范围，而 IRDPD 中不存在这样的场景。为了提高网络在这类场景上的表现，在训练过程中加载训练数据时，以 5%的概率随机压缩图像灰度值至原始灰度值的$[5\%, 20\%]$，以此来模拟高动态范围场景，提升网络对这类场景的适应能力。

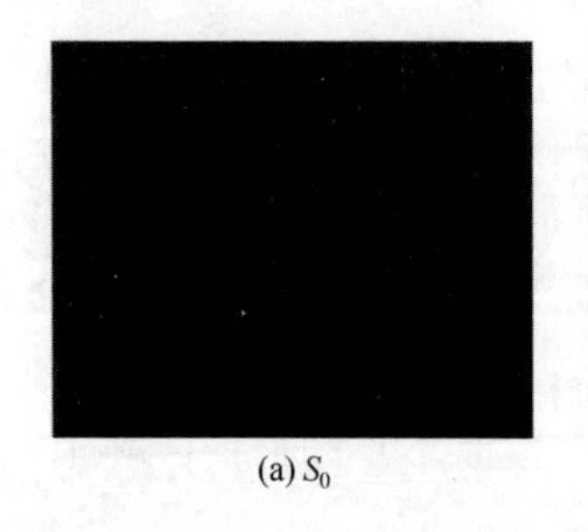
(a) S_0

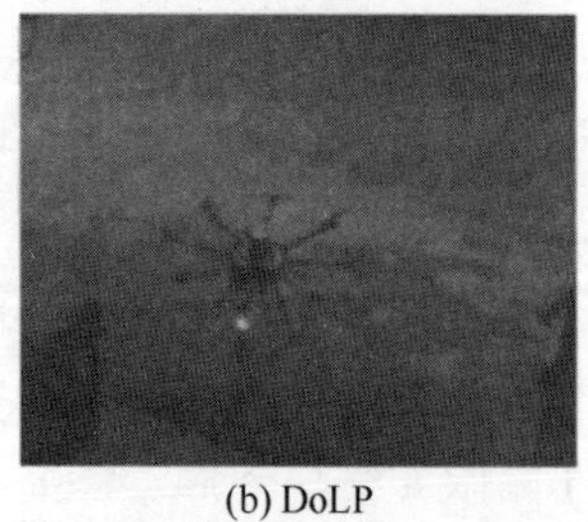
(b) DoLP

(c) AoP

图 5-28 部分高动态范围场景

模型训练采用自适应动量估计(adaptive moment estimation，记为 ADAM)作为优化器，其参数设置为 $\beta_1 = 0.9$ 、$\beta_2 = 0.999$ ，初始学习率设置为 3×10^{-4}，然后将每 2000 训练轮次学习率调整为之前的 0.1，共训练 5000 个轮次。在训练过程中，在模拟含噪偏振马赛克图像上随机选取大小为 64×64 的图像块作为模型输入，批大小设置为 16。网络模型采用 Pytorch 实现，所有实验均在一块 Nvidia RTX 2080 Ti GPU 上完成。

作为对比，选取传统分步处理去噪去马赛克算法与基于深度卷积神经网络的联合去噪去马赛克算法。对于传统的分步处理算法，本章采用基于 Anscombe 变换的泊松-高斯混合噪声去除算法[7]实现对泊松-高斯噪声的抑制，并采用基于一维导向滤波(1D_GF)的条带噪声抑制算法[8]去除条带噪声，去马赛克则采用 itPD 算法。对于分步处理的顺序，本章采用先去噪后去马赛克的模式。这是因为先去马赛克可能会改变原始噪声分布，引入新的未知噪声，给后续去噪操作带来困难。实验发现，Anscombe 和 1D_GF 的顺序对最终处理效果的影响几乎没有区别，先去除条带噪声后去除泊松-高斯噪声的效果要略好于先去除泊松-高斯噪声后去除条带噪声，所以本章采用 1D_GF+Anscombe+itPD 的分步处理模式作为传统对比算法。1D_GF+Anscombe+itPD 采用 Python 实现，在内存为 16Gbit，处理器为 Intel(R) Core(TM) i5-9400F CPU 的计算机上进行测试。

另外，本章还选取两种基于深度卷积神经网络的算法作为对比。一种方法为 PDCNN[9]，它是目前最先进的偏振去马赛克深度卷积神经网络。虽然 PDCNN 在设计之初并没有去噪功能，但是目前并没有专门为偏振图像设计的联合去噪去马赛克深度学习算法，所以本章通过模拟真实含噪输入偏振图像来重新训练 PDCNN，使其具有去噪与去马赛克能力。另一种方法是目前最先进的彩色图像联合去噪去马赛克算法 JDMDNSR[6]。JDMDNSR 采用端到端的训练模式，适用于偏振图像的联合去噪去马赛克任务，无需对网络进行修改。在训练 PDCNN 与 JDMDNSR 时，含噪训练数据的生成，以及噪声等级与 PJDMDNnet 保持一致。此外，原始 JDMDNSR 的训练只约束输出的四通道强度图像。为了公平对比并提高 JDMDNSR 对偏振信息的重构能力，在 JDMDNSR 的训练过程中加入对偏振度与偏振角重构结果的约束。

(2) 模拟数据测试结果对比与分析。采用 PSNR、SSIM、模型参数量、算法执行时间对不同算法的性能进行定量测试，结果如表 5-5 所示，最佳结果加粗显示。需要注意的是，在测试集添加的噪声等级与训练时添加的噪声等级是一致的。另外，在每一幅测试图像上进行 100 次噪声模拟实现，并取平均 PSNR/SSIM 得分作为最终的性能测试结果。模拟数据偏振信息重构结果可视化对比如图 5-29 所示。

表 5-5　不同算法在 IRDPD 测试集上的性能对比

去马赛克算法	S_0 (PSNR/SSIM)	DoLP (PSNR/SSIM)	AoP (PSNR/SSIM)	参数量/百万	执行时间/s
1D_GF+Anscombe+itPD	38.69/0.9390	34.22/0.8148	17.70/0.3744	—	0.5123
PDCNN	44.16/0.9959	36.76/0.8277	21.29/0.5679	0.57	0.0345
JDMDNSR	45.39/**0.9971**	38.53/**0.8783**	22.70/**0.6413**	6.34	0.3892
PJDMDNnet	**45.46**/0.9969	**38.62**/0.8759	**22.90**/0.6402	4.07	0.2147

表 5-5 与图 5-29 表明，本章提出的 PJDMDNnet 与目前最先进的彩色图像联合去噪去马赛克网络 JDMDNSR 取得了最好的偏振信息重构效果，但是 PJDMDNnet 比 JDMDNSR 拥有更少的模型参数与更高的执行效率。PDCNN 虽然具有最少的模型参数和最快的算法执行速度，但是 PDCNN 的偏振信息重构性能有限，主要表现为混合噪声的抑制能力不足。传统算法 1D_GF+Anscombe+itPD 整体表现较差，难以去除较强的混合噪声，尤其是条带噪声，而且容易把栅状物体当作条带噪声去除(图 5-29)，从而破坏图像信息。整体而言，相比其他对比算法，PJDMDNnet 在模拟数据集上具有更好的性能表现。

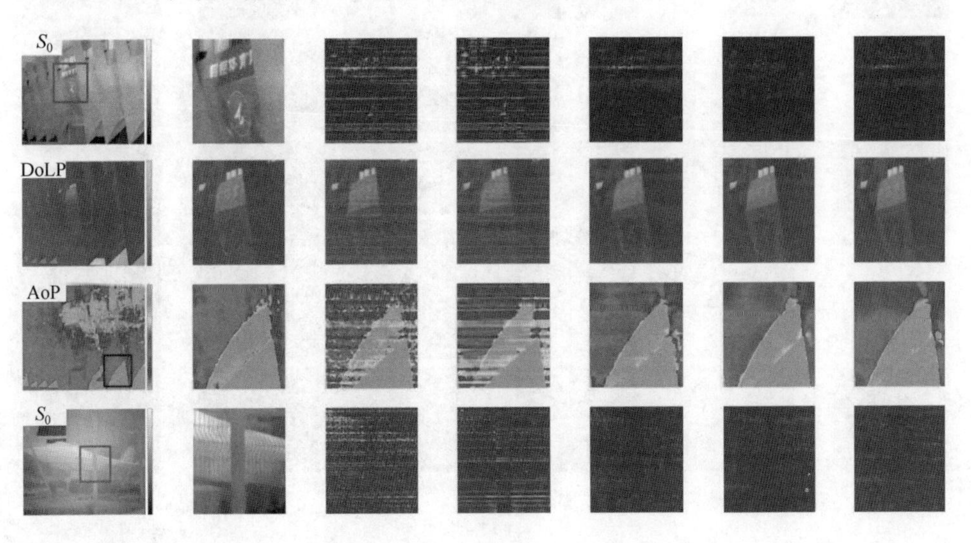

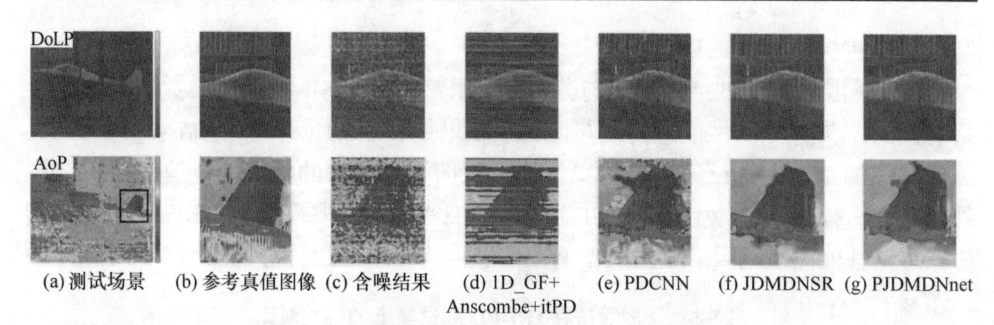

(a) 测试场景　(b) 参考真值图像　(c) 含噪结果　(d) 1D_GF+Anscombe+itPD　(e) PDCNN　(f) JDMDNSR　(g) PJDMDNnet

图 5-29　模拟数据偏振信息重构结果可视化对比

3. 真实数据性能测试结果对比与分析

进一步，在 IRPPD 上对本章提出的联合去噪去马赛克算法及其他算法进行对比测试。对于所有深度卷积神经网络，均选取模拟数据上训练好的模型在真实数据集上进行测试，采用无参考质量评价指标 APMR 对各算法在真实数据集上进行定量测试。IRPPD 上 200 幅场景的平均 APMR 性能对比如表 5-6 所示。图 5-30 展示了部分真实场景偏振信息重构结果的可视化对比。

表 5-6　IRPPD 上 200 幅场景的平均 APMR 性能对比

马赛克算法	1D_GF+Anscombe+itPD	PDCNN	JDMDNSR	PJDMDNnet
APMR/dB	56.86	58.83	67.98	68.45

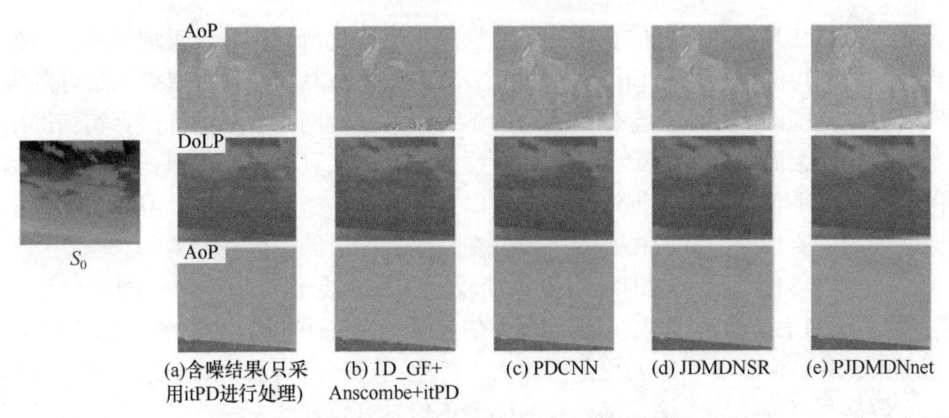

图 5-30　部分真实场景偏振信息重构结果可视化对比

表 5-6 表明，本章提出的 PJDMDNnet 取得了最高的 APMR 得分，略高于 JDMDNSR，明显优于 PDCNN 和 1D_GF+Anscombe+itPD。结合图 5-30 可以发现，相比其他算法，PJDMDNnet 具有更好的噪声抑制效果，同时具有较好的偏振信息重构精度。这得益于 PJDMDNnet 三阶段的网络结构设计，以及多阶段约束机制。PDCNN 与 PJDMDNnet 的噪声抑制能力相对较差，并且 PDCNN 可能产生偏振信息重构畸变(如图 5-30 第一行)。1D_GF+Anscombe+itPD 具有一定的噪声抑制效果，但是条带噪声抑制效果较差，容易产生偏振信息重构畸变(图 5-30 中的人脸与校徽场景)，联合去噪去马赛克表现较差。

为了验证基于混合噪声水平估计指导深度卷积神经网络更精准地进行偏振图像去噪去马赛克的有效性，在模型训练阶段添加不同于在真实数据上估计得到的噪声水平。通常情况下，对于去噪任务会设置较大的噪声变化范围以使网络模型可以应对不同噪声等级的含噪输入图像。因此，在训练阶段设置两种范围更大的噪声等级，即 $\alpha \in [0.01,10]$、$\sigma_n \in [0,25]$、$\sigma_n \in [0,25]$ 和 $\alpha \in [0.01,1]$、$\sigma_n \in [0,15]$、$\sigma_n \in [0,15]$，然后对训练得到的 PJDMDNnet 在 IRPPD 上进行测试，结果如表 5-7 所示。

表 5-7　不同噪声等级设置训练所得 PJDMDNnet 在 IRPPD 上的性能对比

训练数据噪声等级	APMR/dB
$\alpha \in [0.01,10]$，$\sigma_n \in [0,25]$，$\sigma_n \in [0,25]$	58.91
$\alpha \in [0.01,1]$，$\sigma_n \in [0,15]$，$\sigma_n \in [0,15]$	62.67
$\alpha \in [0.02,0.1]$，$\sigma_n \in [0,4.5]$，$\sigma_n \in [0,7.5]$(真实数据估计所得)	68.45

通过表 5-7 可以发现，比真实数据测得的噪声水平更大的噪声水平范围会显

著降低模型在真实数据上的表现，并且噪声水平变化范围越大，表现越差。根据真实数据测得的噪声水平训练得到的 PJDMDNnet，在真实数据上取得了最好的表现。更大范围的噪声水平会分散网络的学习能力，使网络学习到许多真实情况用不到的知识，而真实情况中常见的知识反而没有“认真学习”。根据真实数据测得的噪声水平，设置模型训练中含噪数据，可以使网络更精准地学习真实场景中会遇到的主要情况，从而提高网络模型在真实数据上的表现。

如图 5-31 所示，在训练阶段添加较大的噪声变化范围，会使网络产生过平滑(图 5-31 浅色矩形框内区域)与偏振信息重构畸变(图 5-31 深色矩形框内区域)的现象，并且设置的噪声变化范围越大，产生的过平滑与重构畸变越严重。根据真实数据测得的噪声水平训练得到的模型不但具有较好的去噪效果，而且可以更加准确地重构偏振信息。表 5-7 与图 5-31 的实验结果验证了本章提出的基于真实图像混合噪声水平估计指导深度卷积神经网络，更精准地进行偏振图像去噪去马赛克算法框架的有效性。

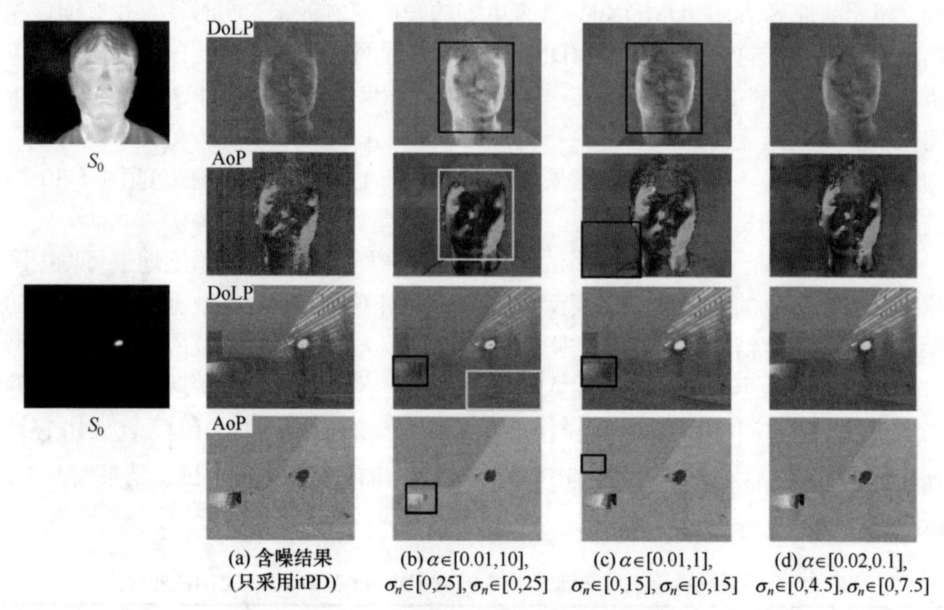

(a) 含噪结果(只采用itPD)　(b) $\alpha\in[0.01,10]$, $\sigma_n\in[0,25]$, $\sigma_n\in[0,25]$　(c) $\alpha\in[0.01,1]$, $\sigma_n\in[0,15]$, $\sigma_n\in[0,15]$　(d) $\alpha\in[0.02,0.1]$, $\sigma_n\in[0,4.5]$, $\sigma_n\in[0,7.5]$

图 5-31　PJDMDNnet 在训练阶段添加不同等级噪声时在真实数据上的偏振信息重构结果可视化对比

本章在训练时使用随机图像灰度级压缩数据增强来提升网络在高动态范围场景的表现。为了验证这种数据增强的有效性，我们对比了使用与未使用这种数据增强训练模型在真实高动态范围场景上的性能表现。结果如图 5-32 所示。以 itPD 处理结果作为参考，虽然 itPD 没有噪声抑制能力，但是 itPD 对高动态范围场景同样适用，其偏振信息重构结果可以作为定性参考。未使用这种数据增强训练得到的模型，在高动态范围场景的表现较差，模型表现出过平滑效应，并且产生严重的重构畸变。使用数据增强训练得到的模型，在有效抑制噪声的同时也可以准确地恢复偏振信息。这可以保证网络模型在场景中出现太阳、强反光等强烈热源情况下的稳定表现。

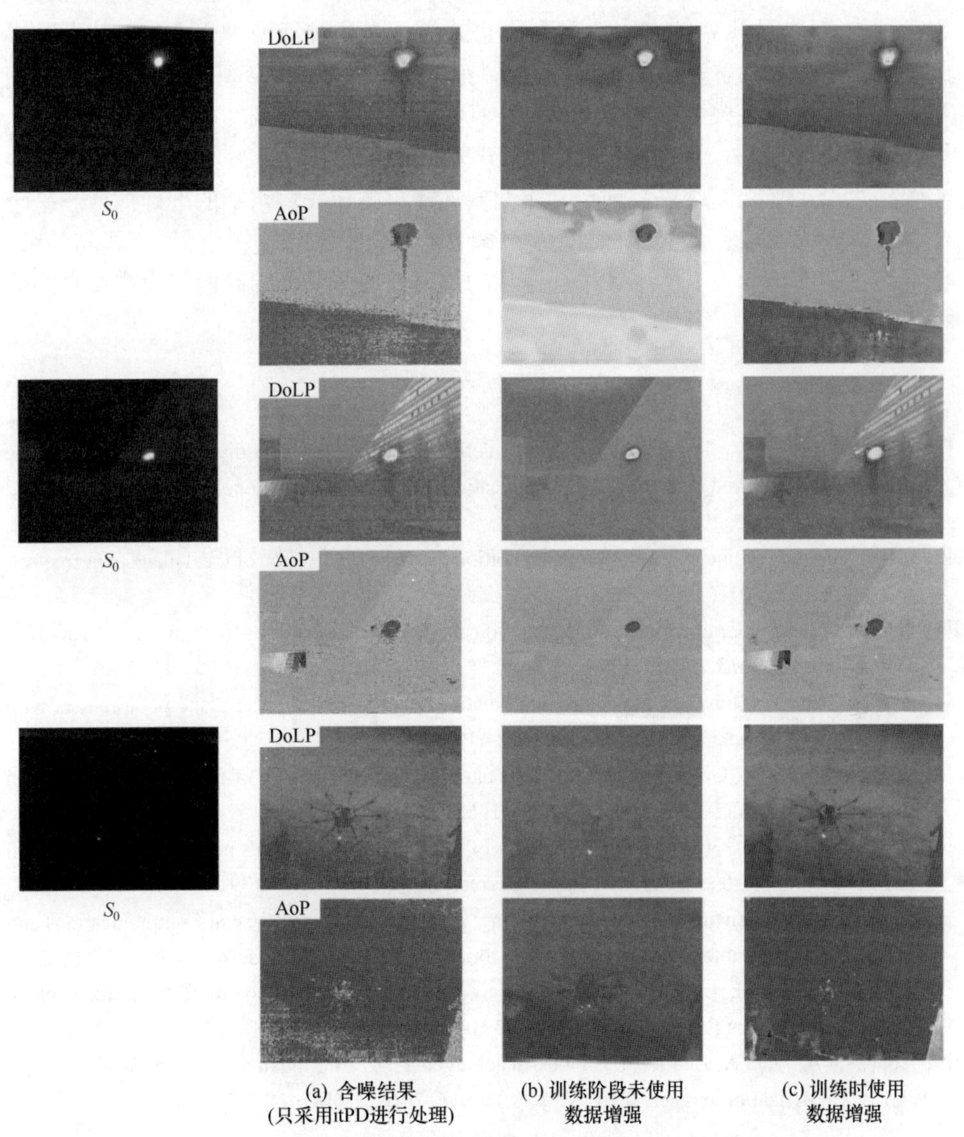

图 5-32　部分高动态范围场景偏振信息重构结果可视化对比

5.6 本章小结

本章提出基于混合噪声水平估计指导的偏振图像联合去噪去马赛克方法，采用一种去噪-去马赛克-精细化三阶段渐进式深度卷积神经网络，实现对偏振图像的联合去噪与去马赛克。由于训练数据与真实数据之间通常存在差别，这种采用端到端强监督训练模式得到的网络，在真实数据集上的表现往往难以令人满意。因此，本章提出泊松-高斯-条带混合噪声水平估计的算法，基于偏振测量冗余误差图构建最小二乘问题，实现对真实偏振马赛克图像噪声水平的准确估计。基于此，在深度网络训练过程中，模拟真实条件下偏振马赛克图像的噪声模式与等级，使网络更精准地学习真实场景中会遇到的主要情况，从而提高网络模型在真实数据上的性能。

参考文献

[1] Gao S, Gruev V. Image interpolation methods evaluation for division of focal plane polarimeters//Infrared Technology and Applications XXXVII. International Society for Optics and Photonics, Orlando, 2011: 80120N.

[2] Gao S, Gruev V. Bilinear and bicubic interpolation methods for division of focal plane polarimeters. Optics Express, 2011, 19(27): 26161-26173.

[3] Gao S, Gruev V. Gradient-based interpolation method for division-of-focal-plane polarimeters. Optics Express, 2013, 21(1): 1137-1151.

[4] Zhang J, Luo H, Hui B, et al. Image interpolation for division of focal plane polarimeters with intensity correlation. Optics Express, 2016, 24(18): 20799-20807.

[5] Ahmed A, Zhao X, Gruev V, et al. Residual interpolation for division of focal plane polarization image sensors. Optics Express, 2017, 25(9): 10651-10662.

[6] Li N, Zhao Y, Pan Q, et al. Demosaicking DoFP images using Newton's polynomial interpolation and polarization difference model. Optics Express, 2019, 27(2): 1376-1391.

[7] Li X, Gunturk B, Zhang L. Image demosaicing: A systematic survey//Visual Communications and Image Processing. International Society for Optics and Photonics, San Jose, 2008: 68220-68221.

[8] Zhang J J, Luo H, Liang R, et al. PCA-based denoising method for division of focal plane polarimeters. Optics Express, 2017, 25(3): 2391-2400.

[9] Abubakar A, Zhao X, Li S, et al. A block-matching and 3-D filtering algorithm for Gaussian noise in DoFP polarization images. IEEE Sensors Journal, 2018, 18(18): 7429-7435.

第 6 章　红外偏振图像超分辨率重构

经过去马赛克处理,偏振马赛克图像在像素数目上达到全焦平面的像素数目，但是会不可避免地造成一定程度的模糊与畸变。另外，由于制造工艺的限制，偏振焦平面中感光单元尺寸比传统焦平面的感光单元大。这就意味着，在保持图像传感器尺寸不变的情况下，偏振焦平面像素数目无法达到普通焦平面的数目，分辨率较低。像素数目多意味着细节还原更加真实丰富，对利用偏振特性进行目标的检测、识别、跟踪等任务有重要帮助[1]，因此如何对偏振图像进行分辨率增强，重构丰富的细节和保真的偏振信息十分重要。

6.1　图像超分辨率原理

在大多数计算机视觉的应用中，高分辨率图像通常可以为后期图像处理和分析的提供便利。图像空间分辨率是指传感器观察或测量最小物体的能力，这取决于像素的大小。图像分辨率描述的是图像包含的细节，分辨率越高，图像的细节就丰富[2]。

图像空间分辨率受到焦平面或成像采集设备的限制。首先，焦平面每单位面积感光单元的数量决定图像的空间分辨率。由于低空间采样频率的混叠，成像系统将产生具有块效应的低分辨率图像。为了提高成像系统的空间分辨率，一个简单的方法是通过减小感光单元尺寸来增加感光单元的密度。然而，随着感光单元尺寸的减小，入射到每个感光单元上的能量也会减少，从而导致所谓的散粒噪声。传感器的硬件成本也随着感光单元密度或相应图像像素密度的增加而增加。因此，传感器的大小会限制可捕获图像的空间分辨率。

虽然图像传感器限制了图像的空间分辨率，但是由于透镜模糊(与传感器 PSF 相关)、透镜像差效应、孔径衍射和运动导致的光学模糊，图像细节(高频信息)也受到光学的限制。改进成像芯片和光学元件来捕捉高分辨率图像的成本高，而且在大多数应用中并不实用，如监控摄像头和手机内置摄像头。除了成本，监控摄像头的分辨率还受到摄像头速度和硬件存储的限制。在导弹导引头等应用场景中，由于物理约束，很难使用高分辨率传感器。解决这一问题的另一种方法是模拟图像的退化，并使用信号处理手段对捕获的图像进行后处理，以平衡计算成本和硬件成本。

近几十年来，成像技术得到迅速的发展，图像分辨率达到一个新的水平。然而，不同于常见的可见光图像，由于红外偏振焦平面阵列的制作工艺及量子效率等问题，高密度像素尺寸的红外焦平面元器件的制作存在一定的困难，并且造价昂贵。根据 Nyquist 采样定理，红外偏振焦平面阵列空间采样频率很难达到自然场景图像 Nyquist 频率的二倍，此时红外偏振图像就会因欠采样引起信号混叠，造成红外偏振图像的模糊。因此，实际获得的红外偏振图像空间分辨率较低、对比度低、信噪比低。有限的空间分辨率严重影响红外偏振成像的应用，如环境监测、军事侦察。改进硬件设备(如增大成像孔径)虽然可以提升分辨率，但是存在成本过高、周期过长的缺陷[3]。相比而言，通过图像处理的方法，增强红外偏振图像的分辨率更具有实际意义。

红外偏振图像超分辨率是一种从观测到的低分辨率红外偏振图像，构建高分辨率红外偏振图像的技术，可增加高频成分，消除成像过程中造成的退化。实现红外偏振图像分辨率增强的核心在于，对红外偏振图像的有效建模和表示，以及学习不同图像间，特别是高低分辨率图像间的映射关系。

6.2 成像模型

红外偏振图像的成像模型对于红外偏振图像超分辨率任务来说是必不可少的。在红外偏振图像超分辨率重建之前，需要阐明获得低分辨率红外偏振图像的过程。在红外偏振图像采集过程中，不可避免地面临一系列的退化因素，如光学衍射、欠采样、相对运动和系统噪声等[2]。一般来说，通常假设图像采集过程中的退化过程涉及变形、模糊、下采样和噪声等。超分辨率成像模型如图 6-1 所示。观测模型可以表示为

$$Y_i = B_i W_i D_i X_i + n_i \tag{6-1}$$

其中，i 为参与超分辨率重构的图像个数；B_i 为模糊算子；W_i 为变形算子，用来描述运动信息，如平移、旋转等；D_i 为空间下采样算子；n_i 为系统噪声，如传感器噪声、斑点噪声等；X_i 为剪裁算子，将不可观测的图像中的盲元坏点剔除。

在式(6-1)中，当 $i=1$ 时，可以得到单帧图像超分辨率的观测模型。为了表达方便，用空间退化因子 R_i 替换 B_i、W_i、D_i 的乘积，即

$$Y_i = R_i X_i + n_i \tag{6-2}$$

针对红外偏振图像超分辨率问题，将偏振图像统一表示为一个三阶张量的形式 $\mathrm{X} \in \mathrm{R}^{H \times W \times 4}$，其中 H 和 W 表示偏振图像的高和宽。为了便于表示，本章用矩阵的每一列代表一个偏振方向的偏振图像，每一行代表一个像素在所有偏振方向

的分布情况。将低空间分辨率的红外偏振图像和待恢复的高分辨率红外偏振图像分别记为 $Y \in \mathrm{R}^{m\times 4}$ 和 $X \in \mathrm{R}^{M\times 4}$ ，其中 M 和 m 表示高分辨率和低空间分辨率红外偏振图像的像素数，且有 $M > m$ 。由此，高分辨率红外偏振图像 X 和低空间分辨率输入红外偏振图像 Y 之间的空间退化关系可简单地表示为

$$Y = RX + n \tag{6-3}$$

其中，R 为空间退化因子(包含空间维的降采样和模糊处理)；n 为模型误差和噪声[3]。

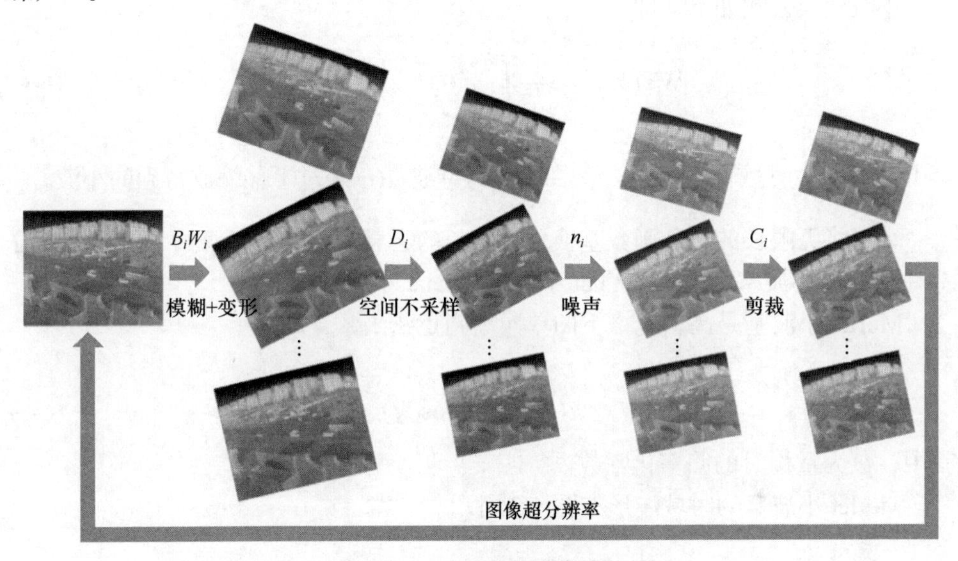

图 6-1　超分辨率成像模型

式(6-1)涉及的矩阵 B_i 、W_i ，以及 D_i 都是非常稀疏的，并且线性系统是典型不适定的。此外，在真实的成像系统中，这些矩阵通常是未知的，需要根据现有的低分辨率观测值进行估计，这使图像超分辨率极具挑战性。因此，适当的先验正则化，对于实现红外偏振图像高分辨率重构是至关重要的。根据图像先验信息的来源，图像超分辨率方法可分为基于无图像先验信息的插值方法、基于模型驱动的超分辨率方法，以及基于数据驱动的超分辨率方法。

6.3 稀 疏 表 示

6.3.1　小波变换

小波变换(wavelet transform，WT)是一种新的变换分析方法，它继承和发展了

短时傅里叶变换局部化的思想，同时可以克服窗口大小不随频率变化等缺点，提供随频率改变的“时间-频率”窗口，是进行信号时频分析和处理的理想工具[4]。其主要特点是，通过变换充分突出问题在某些方面的特征，能对时间(空间)频率的局部化分析，通过伸缩平移运算对信号(函数)逐步进行多尺度细化，最终达到高频处时间细分、低频处频率细分，自动适应时频信号分析的要求，从而聚焦到信号的任意细节，解决 Fourier 变换的困难。因此，小波变换在许多领域都得到成功的应用，特别是小波变换的离散数字算法已被广泛应用于图像变换。

小波变换公式如下，即

$$\mathrm{WT}(a,\tau)=\frac{1}{\sqrt{a}}\int_{-\infty}^{\infty}f(t)*\psi\left(\frac{t-\tau}{a}\right)\mathrm{d}t \tag{6-4}$$

其中，$f(t)$ 为时域输入信号；$\psi\left(\frac{t-\tau}{a}\right)$ 为母波 $\psi(t)$ 经过平移缩放得到的小波。

小波将无限长的三角函数基换成有限长的会衰减的小波基 $\psi(t)$，常用的小波基有 Morlet 小波基、Mexican hat 小波基和 haar 小波基。

Morlet 小波基是高斯包络下的单频率副正弦函数，即

$$\psi(t)=C\mathrm{e}^{\frac{t^2}{2}}\cos(5t) \tag{6-5}$$

其中，C 为重构时的归一化常数。

Morlet 小波基的时域波形如图 6-2 所示。

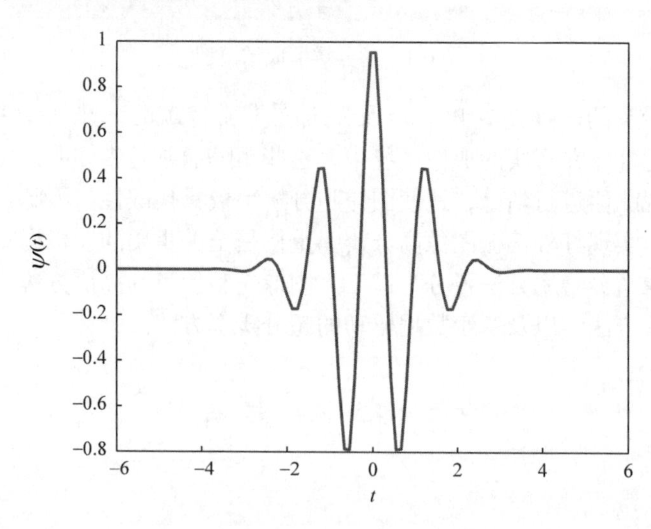

图 6-2　Morlet 小波基的时域波形图

Mexican hat 小波基是 Gauss 函数的二阶导数，即

$$\psi(t)=(1-t^2)\mathrm{e}^{\frac{t^2}{2}} \tag{6-6}$$

Mexican hat 小波基的时域波形如图 6-3 所示。因为其形状类似墨西哥帽，所以称为墨西哥帽小波。

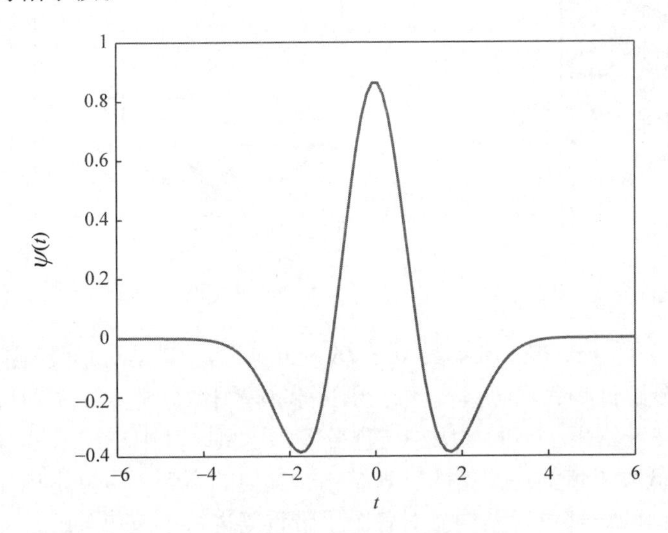

图 6-3　Mexican hat 小波基的时域波形图

Haar 小波基是最早使用，也是最简单的小波函数，是一个单矩形波。函数定义如下，即

$$\psi(t)=\begin{cases}1, & 0\leqslant t<0.5\\ -1, & 0.5\leqslant t\leqslant 1\\ 0, & \text{其他}\end{cases} \tag{6-7}$$

Harr 小波基的时域波形如图 6-4 所示。

$\psi\left(\dfrac{t-\tau}{a}\right)$是当前使用的基函数，其中变量$a$代表尺度，对应于频率，$\tau$代表平移量，对应于时间。小波变换是基函数与信号本身之间的相似度测量，这里的相似性指的是一种频率成分的相似性，计算得到的系数代表信号对当前尺度基函数的接近程度。如果信号具有与当前尺度对应的主要频率分量，则当前尺度的小波(基函数)将与该频率分量出现的特定位置处的信号相似或接近。因此，此时计算的小波变换系数将是一个比较大的值，从而得知该信号在该时间点的频率分量较高。

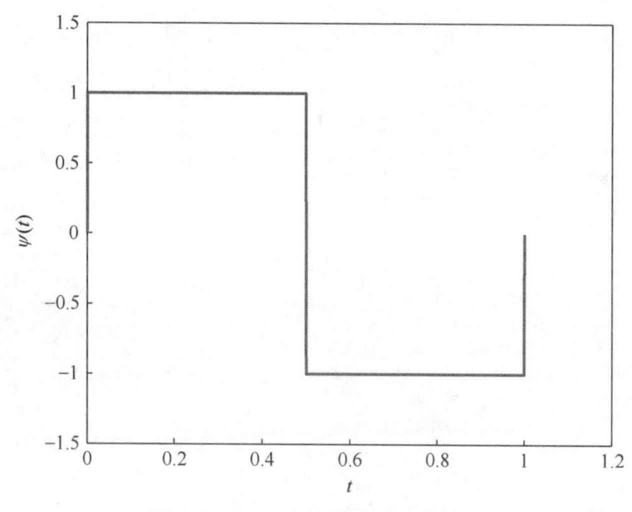

图 6-4　Harr 小波基的时域波形图

小波包变换(wavelet package transformation，WPT)是对小波变换的进一步优化[3]，不仅分解低频，也分解高频，可以将单幅图像分解为一系列尺寸相同的小波子带。图 6-5 给出了不同层级小波包分解的示例，其中小波基是 Haar 小波基。可以看出，低频子带描述图像的宏观结构，其他的高频子带分别描述水平、竖直和对角线方向的局部纹理结构。对各个子带重复进行小波包分解，能够得到更高层级的分解结果，如图 6-5(c)中的二级小波包分解。由于更高层级的小波包分解通过对一级分解的各个子带重复分解得到，因此各个子带具有相同的尺寸。对各个子带进行逆小波包变换，能够重构原始图像。

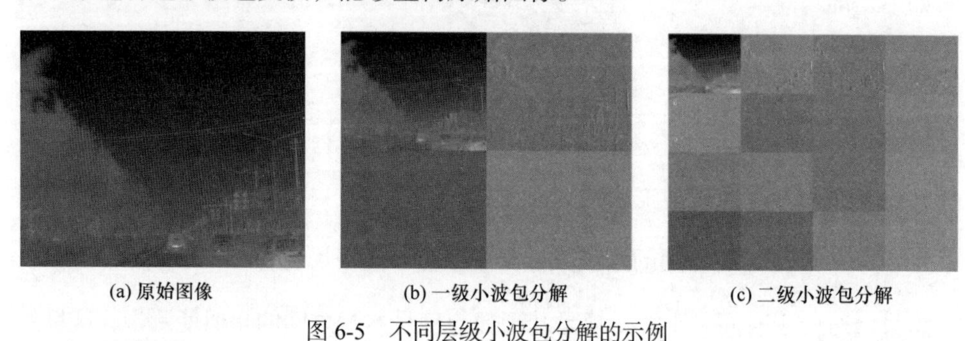

(a) 原始图像　　(b) 一级小波包分解　　(c) 二级小波包分解

图 6-5　不同层级小波包分解的示例

6.3.2　字典学习

近年来，作为图像的一种高效表示方法，稀疏表示理论得到深入的研究，同时被广泛应用到图像处理领域的各个方面。稀疏表示模型源于神经生物学，可根据观测数据的自身特点，训练得到能够对原始信号进行最稀疏表达的自适应过完备字典，从而有效地实现特征提取和数据降维[2]，因此在目标识别、地物分类、图像预处理(超分辨率重构、去噪)等领域有广泛的应用[3]。

信号稀疏表示的目的是,在给定的超完备字典中用尽可能少的原子表示信号，以获得信号更为简洁的表示方式，从而更容易地获取信号中蕴含的信息，进一步对信号进行加工处理，如压缩、编码等[2]。

信号稀疏表示模型的一般形式为

$$\arg\min_{D,\alpha}\|x-D\alpha\|_2^2 \quad \text{s.t.}\ \|\alpha\|_0 \leqslant k \tag{6-8}$$

其中，一维原始信号 $x\in \mathrm{R}^N$；过完备字典 $D\in \mathrm{R}^{M\times N}(N<M)$；稀疏系数 $\alpha\in \mathrm{R}^M$；k 为稀疏度。

在图 6-6 所示的超完备字典中，可以用尽可能少的原子表示原始信号，即获得信号更为简洁的表示方式。

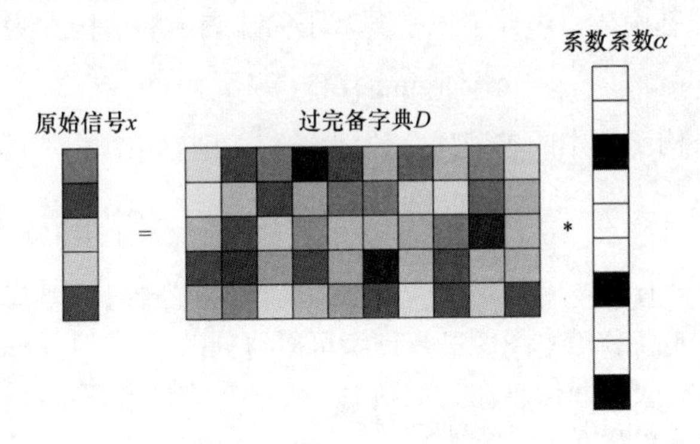

图 6-6　稀疏表示示意图

目前红外偏振图像超分辨率重构方法主要包括两类，一类是无先验约束的图像插值法，另一类是有先验约束的超分辨率方法。有先验约束的超分辨率方法根据先验信息的来源，又可以进一步细分为基于模型驱动的超分辨率方法和基于数据驱动的超分辨率方法。本章分别介绍基于稀疏表示的超分辨率方法，以及基于多尺度小波 3D 卷积神经网络的红外偏振图像超分辨方法。

6.4　基于模型驱动的红外偏振图像超分辨率重构

基于图像插值的超分辨率方法虽然可用于增大图像尺寸，但是由于没有提供额外的图像先验信息，同时因为问题的不适定性，基于图像插值方法复原的质量非常有限，并且失去的频率成分无法恢复。基于模型驱动的红外偏振图像超分辨率的基本思想是，将包含在多个低分辨率图像中的非冗余信息结合起来，利用图像稀疏先验信息生成高分辨率图像。为此，本节利用不同偏振方向图像中的这种冗余和互补信息，提出一种基于非负稀疏表示的红外偏振图像超分辨率重建方法，稀疏表示模型可以学习高/低分辨率图像之间的对应关系，提取图像特征，重构出高分辨率图像。

6.4.1　信号稀疏分解技术

根据稀疏表示理论，绝大多数自然图像的信号能够用一个过完备字典中的少数原子线性组合实现近似地重构。这些原子能够较为准确地表述图像的结构特性和纹理特征[2]。基于稀疏表示的超分辨重构算法，将信号在过完备字典上的稀疏性作为正则项，通过生成过完备字典，结合偏振图像空间退化模型和相关空间、偏振正则约束得到高空间分辨率的图像。由于此类方法的输入，除了原始低空间分辨率偏振图像，并无其他辅助信源，因此过完备字典一般为随机矩阵，或者通过小波基、DCT 基生成。由此可以得到基于稀疏表示的重构方法，其表达式为

$$\alpha = \arg\min\left\{L(x) + \lambda\alpha_0\right\} \tag{6-9}$$

其中，$L(x)$ 为重构函数中的忠诚项；α_0 为稀疏正则约束项。

6.4.2　字典学习

由于图像中含有高空间分辨率的特征和结构信息，基于字典学习的融合方法，对低分辨率图像或高分辨率图像进行训练可以得到高/低空间分辨率的字典对。在此基础上，将偏振或空间信息作为正则项，在稀疏表示或压缩感知的框架下可以重构高空间分辨率的图像。文献[4]直接从全色图像中训练得到高/低分辨率字典对，进而获得原始低分辨图像与高分辨多光谱图像间的映射关系，在稀疏表示框架下重构高分辨率图像。在此基础上，文献[5]引入不同光谱波段间的相互关系，提出一种联合约束的稀疏融合方法，即

$$\alpha_k = \arg\min\left\{\left\|\tilde{y}_k - \tilde{D}\alpha_k\right\|_F^2 + \lambda\left\|\alpha_k\right\|_1 + \mathrm{reg}(x)\right\} \tag{6-10}$$

其中，$\tilde{D}=\begin{bmatrix} D_l \\ \beta P D_h \end{bmatrix}$，$P$ 为当前图像块与上一个图像块之间的重叠区域；$\tilde{y}_k = \begin{bmatrix} y_k \\ \beta\omega_k \end{bmatrix}$，$\omega_k$ 为重叠区域的像素值；α_k 为稀疏项；$\mathrm{reg}(x)$ 为正则项，表示空间或偏振等正则约束。

6.4.3　基于非负稀疏表示理论的图像分辨率增强

本节将引入的高分辨率红外偏振图像记为 P，将经过空间退化得到的低分辨

率图像 P_L 作为训练样本，分别从中提取相互重叠的图像块，在稀疏表示框架下学习得到高/低分辨率的过完备字典对 $D_H \in \mathrm{R}^{c^2 \times d}$ 和 $D_L \in \mathrm{R}^{(c/s)^2 \times d}$，使 D_H 和 D_L 之间满足[6]

$$D_L \approx RD_H \tag{6-11}$$

其中，d 为字典中原子的个数；$c \times c$ 和 $(c/s) \times (c/s)$ 为在高/低分辨率训练图像中提取的图像块尺寸；s 为从高分辨率到低分辨率的尺度退化因子。

假设分别从输入图像 Y 和高分辨率图像 X 中提取尺寸为 $(c/s) \times (c/s)$ 和 $c \times c$ 的图像块，所得到的图像块矩阵为 $y \in \mathrm{R}^{(c/s)^2 \times 4}$ 和 $x \in \mathrm{R}^{c^2 \times 4}$。根据稀疏表示理论，可利用过完备字典 D_L 和 D_H 中的少量原子的线性组合分别对 y 和 x 进行表示，即

$$\alpha = \operatorname{argmin}\left\{\|y - D_L \alpha\|_F^2 + \lambda \|\alpha\|_1\right\} \tag{6-12}$$

$$\alpha = \operatorname{argmin}\left\{\|x - D_H \alpha\|_F^2 + \lambda \|\alpha\|_1\right\} \tag{6-13}$$

其中，$\alpha \in \mathrm{R}^{d \times 4}$ 为稀疏表示系数矩阵；Frobenius 范数 $\|\bullet\|_F$ 用于数据保真；L_1 范数为松弛化的稀疏性约束，代表矩阵中列元素绝对值之和的最大值；稀疏项参数用于平衡数据保真度和稀疏性。

结合高/低空间分辨率红外偏振图像之间的空间退化关系，基于稀疏表示的红外偏振图像空间分辨率增强的目标函数可以写为

$$\alpha = \operatorname{argmin}\{\|y - RD_{\mathrm{H}} \alpha\|_F^2 + \lambda \|\alpha\|_1\} \tag{6-14}$$

由于红外偏振场景内各类特征分布的复杂性，类似于高光谱图像解混合现象，假设红外偏振图像中的混合像元同样能够分解为一系列纯净偏振端元的线性组合。偏振信息保留旨在从混合像元中分离出纯净偏振端元及每种偏振特征在场景中的丰度。因此，对高分辨率的红外偏振图像 X 进行偏振信息描述，可表示为

$$X = BD_s + \omega \tag{6-15}$$

其中，$D_s \in \mathrm{R}^{K \times 4}$ 为包含 K 个纯净偏振端元的过完备偏振字典，D_s 中包含的偏振端元数量远大于图像 X 对应场景中的端元个数；$B \in \mathrm{R}^{M \times K}$ 为丰度；ω 为模型误差。

由于红外偏振图像 X 能够通过字典 D_s 中的少量偏振特征进行描述，因此丰度 B 具有稀疏性。基于非负稀疏约束的红外偏振信息保留问题可以表示为

$$\{B, D_s\} = \operatorname{argmin}\{\| X - BD_s \|_F^2 + \lambda_1 \| B \|_1\} \tag{6-16}$$

其中，丰度 B 引入了非负性约束；非负参数 λ_1 的作用是平衡偏振特征描述精度和稀疏性。

结合式(6-3)中给出的高/低空间分辨率红外偏振图像之间的空间退化关系，对输入低空间分辨率红外偏振图像Y进行偏振信息保留的表达式为

$$\{B, D_s\} = \text{argmin}\{\|Y - RBD_s\|_F^2 + \lambda_1 \|B\|_1\} \tag{6-17}$$

在提出的多任务联合处理框架中，空间分辨率增强和偏振信息保留任务交替进行，使空间分辨率增强结果中的偏振特征，与通过偏振信息保留结果反推得到的偏振特征之间的差异逐渐减小。通过迭代，交替求解待恢复红外偏振图像的稀疏表示系数α及其对应的高分辨率丰度B。该过程可表示为

$$\{B, \alpha\} = \text{argmin}\left\{\sum \|BD_s - T^{-1}D_H\alpha\|_F^2 + \mu_1 \sum \|\alpha\|_1 + \mu_2 \|B\|_1\right\} \tag{6-18}$$

其中，D_H为从高分辨率红外偏振图像中训练得到的高分辨率字典；T为从红外偏振图像X中提取相互重叠图像块矩阵的提取算子，有$TX = D_H\alpha$；D_s为红外偏振字典；μ_1和μ_2为描述空间特征稀疏性和丰度稀疏性的非负参数。

结合基于稀疏表示的空间分辨率增强模型和基于非负稀疏约束的红外偏振信息保留策略，可以得到空间分辨率增强与红外偏振信息保留联合处理方法的目标函数，即

$$\{B, \alpha\} = \text{argmin}\left\{\|Y - RBD_s\|_F^2 + \delta \sum \|BD_s - T^{-1}D_H\alpha\|_F^2 + \mu_1 \sum \|\alpha\|_1 + \mu_2 \|B\|_1\right\} \tag{6-19}$$

其中，δ为联合处理的加权参数。

对于提出的方法，首先通过式(6-14)求得空间分辨率增强的初始结果，将其作为第一次迭代中红外偏振信息保留任务的输入，并利用式(6-17)从输入红外偏振图像中训练得到偏振字典D_s。之后利用式(6-19)给出的空间分辨率增强，与红外偏振信息保留任务联合处理的目标函数，交替求解待恢复高分辨率红外偏振图像的空间稀疏系数矩阵α和丰度B，使二者在求解过程中互为约束，互相促进，从而得到空间分辨率增强和红外偏振信息保留任务的最终处理结果。多任务联合处理模型能够建立不同处理任务之间的联系，将其统合在稀疏表示框架下。利用空间分辨率增强得到的空间信息，提高红外偏振信息保留任务的准确性，同时将红外偏振信息保留任务的结果作为偏振约束引入空间分辨率增强处理中，减少偏振畸变和误差。

提出的联合处理方法需要求解三个目标函数，即式(6-14)中求解空间分辨率增强初始结果的目标函数，式(6-17)中求解偏振字典的目标函数和式(6-19)中求解空间分辨率增强与红外偏振信息保留联合处理的目标函数。本章采用变量分离和交替优化的思路对上述目标函数进行求解。

(1) 空间分辨率增强初始结果的目标函数求解。本章利用高分辨率的红外偏

振图像，及空间退化图像训练得到的高/低空间分辨率字典 D_H 和 D_L，并通过高分辨率字典 D_H 得到空间分辨率增强的初始结果。该过程可表示如下，即

$$\alpha = \operatorname{argmin}\left\{\sum \|Y - RD_H\alpha\|_F^2 + \lambda \sum \|\alpha\|_1\right\} \tag{6-20}$$

本章采用正交匹配追踪(orthogonal matching pursuit，OMP)算法[7]对稀疏表示系数 α 进行求解。

(2) 红外偏振字典的目标函数求解。本章通过非负字典训练算法，从输入红外偏振图像 Y 中学习得到红外偏振字典 D_s，令 $\tilde{B} = RB$，将式(6-16)改写为

$$\{\tilde{B}, D_s\} = \operatorname{argmin}\left\{\left\|Y - \tilde{B}D_s\right\|_F^2 + \lambda_1 \|\tilde{B}\|_1\right\} \tag{6-21}$$

其中，$\tilde{B}$ 为低空间分辨率红外偏振图像对应的丰度。

式(6-21)的求解可以分解为以下两个子问题。

① 保持 D_s 不变，求解对应的丰度矩阵 $\tilde{B}$，即

$$\tilde{B} = \operatorname{argmin}\left\{\left\|Y - \tilde{B}D_s\right\|_F^2 + \lambda_1 \|\tilde{B}\|_1\right\} \text{ s.t. } \tilde{b}_i \geqslant 0 \tag{6-22}$$

令 B 满足非负性约束，为了获得较快的收敛速率，本章采用交替方向乘子法对上式进行求解[8]。

② 保持 B 不变，求解红外偏振字典 D_s，即

$$D_s = \operatorname{argmin}\left\|Y - \tilde{B}D_s\right\|_F^2 \text{ s.t. } d_k \geqslant 0 \tag{6-23}$$

本章采用块坐标下降法对上式进行求解，在每次迭代时，利用非负约束对当前的字典原子进行更新[7]。

(3) 空间分辨率增强与红外偏振信息保留联合处理的目标函数求解。式(6-19)的求解可以分解为以下两个子问题。

① 保持 α 不变，求解高空间分辨率丰度 B，即

$$B = \operatorname{argmin}\left\{\left\|Y - RBD_s\right\|_F^2 + \delta \sum \left\|BD_s - T^{-1}D_H\alpha\right\|_F^2 + \mu_1 \sum \|\alpha\|_1 + \mu_2 \|B\|_1\right\} \tag{6-24}$$

本章采用交替方向乘子法对上式进行求解。令 $A = B$，$X = ADs$，引入拉格朗日乘子 U_1 和 U_2，将优化问题用增广拉格朗日函数表示为

$$\begin{aligned} L_\eta(B, X, A, U_1, U_2) = {} & \|Y - RX\|_F^2 + \delta \sum \left\|AD_s - T^{-1}D_H\alpha\right\|_F^2 + \mu_2 \|B\|_1 \\ & + \eta \left\|AD_s - X + \frac{U_1}{2\eta}\right\|_F^2 + \eta \left\|A - B + \frac{U_2}{2\eta}\right\|_F^2 \end{aligned} \tag{6-25}$$

其中，$\eta > 0$。

上述增广拉格朗日函数的最小化问题，通过交替优化各个变量进行迭代求解，即

$$\begin{cases} B^{(j+1)} = \underset{B}{\operatorname{argmin}} L_\eta (B, X^{(j)}, A^{(j)}, U_1^{(j)}, U_2^{(j)}) \\ X^{(j+1)} = \underset{X}{\operatorname{argmin}} L_\eta (B^{(j+1)}, X, A^{(j)}, U_1^{(j)}, U_2^{(j)}) \\ A^{(j+1)} = \underset{A}{\operatorname{argmin}} L_\eta (B^{(j+1)}, X^{(j+1)}, A, U_1^{(j)}, U_2^{(j)}) \end{cases} \tag{6-26}$$

其中，增广拉格朗日乘子U_1和U_2的更新如下，即

$$\begin{cases} U_1^{(j+1)} = U_1^{(j)} + \eta (A^{(j+1)} D_s - X^{(j+1)}) \\ U_2^{(j+1)} = U_2^{(j)} + \eta (A^{(j+1)} - B^{(j+1)}) \end{cases} \tag{6-27}$$

式(6-26)中三个变量的优化问题可采用软阈值收缩算法(iterative shrinkage thresholding algorithm，ISTA)[9]和最小二乘(least square，LS)算法[7]进行求解。

② 保持B不变，求解稀疏表示系数矩阵α，即

$$\alpha = \operatorname{argmin} \left\{ \sum \left\| BD_s - T^{-1} D_H \alpha \right\|_F^2 + \mu_1 \sum \|\alpha\|_1 \right\} \tag{6-28}$$

与式(6-21)的求解方法类似，我们可利用 OMP 算法[8]进行求解。当两次连续迭代结果生成的高分辨率红外偏振图像之间的均方根误差小于 0.0001 时终止迭代。

6.5 基于数据驱动的红外偏振图像超分辨率重构

基于稀疏表示的超分辨率重建方法会产生带有振铃和锯齿伪影的过平滑图像，同时由于本身优化问题的复杂性，通常计算耗时，无法满足一些实际应用场景的实时性要求。为了解决这个问题，在有足够训练数据的情况下，可以利用卷积神经网络对红外偏振图像进行超分辨率重建，通常会产生更好的结果，同时又可满足实时性的要求。

6.5.1 卷积神经网络

卷积神经网络用来处理多维数组数据，如一个具有 3 个颜色通道的彩色图像可以表示为 3 个 2D 数组。很多数据形态都是这种多维数组，即 1D 用来表示信号和序列包括语言，2D 用来表示图像或者声音，3D 用来表示视频或者有声音的图像。一个完整的卷积神经网络可以分为网络结构、损失函数和网络训练三部分。

1. 网络结构

一个典型的卷积神经网络结构如图 6-7 所示。它由多个阶段组成。最初的几个阶段由卷积层和池化层组成。卷积层的单元被组织在特征图中。在特征图中，每个单元通过一组权值连接到上一层特征图的一个局部块，然后这个局部加权和被传给一个非线性函数，如 ReLU。一个特征图中的全部单元共享过滤器，不同层的特征图使用不同的过滤器。使用这种结构主要有两方面的原因。首先，在数组数据中，如图像数据，一个值附近的值经常是高度相关的，可以形成比较容易被探测到的有区分性的局部特征。其次，不同位置局部统计特征不太相关，也就是说，在一个地方出现的某个特征，也可能出现在别的地方，所以不同位置的单元可以共享权值，以及可以探测相同的样本。在数学上，这种由一个特征图执行的过滤操作是一个离线的卷积。

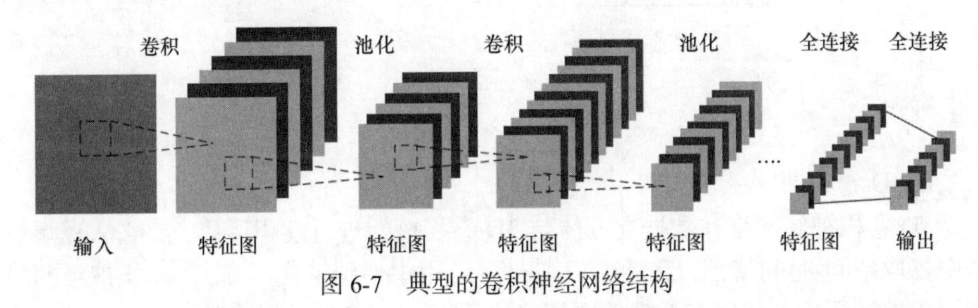

图 6-7　典型的卷积神经网络结构

1) 2D 卷积层

当给定一张新图时，CNN 并不能准确地知道这些特征要匹配原图的哪些部分，所以它会在原图中对每一个可能的位置都进行尝试，相当于把这个特征变成一个过滤器。这个用来匹配的过程就称为卷积操作。一般的卷积神经网络由多个 2D 卷积层堆叠而成。每个卷积层的特征图通过与前级特征图的二维卷积运算得到，第 d 层的第 k 个特征图可以表示为

$$F_{(x,y)}^{d,k} = g\left(b^{d,k} + \sum_{c}\sum_{u=0}^{U-1}\sum_{v=0}^{V-1} w_{(u,v)}^{d,k,c} F_{(x+u,y+u)}^{d-1,c}\right) \tag{6-29}$$

其中，c 为第 $d-1$ 层上特征图的集合，该集合内的所有特征图与第 d 层第 k 个特征图连接；$w_{(u,v)}^{d,k,c}$ 为与第 k 个特征图连接的 2D 卷积核上像素 (u,v) 处的值，卷积核尺寸为 $U \times V$；$b^{d,k}$ 为偏置；$F_{(x,y)}^{d,k}$ 为第 d 层第 k 个特征图上像素 (x,y) 处的值；$g(\cdot)$ 为激活函数，如 ReLU 函数。

值得指出的是，2D 卷积神经网络主要从图像的空间维提取特征。对于偏振图像，需要从空间维和偏振维联合提取特征，仅依赖 2D 卷积神经网络提取偏振图

像的空间特征存在缺陷。2D 卷积操作如图 6-8 所示。

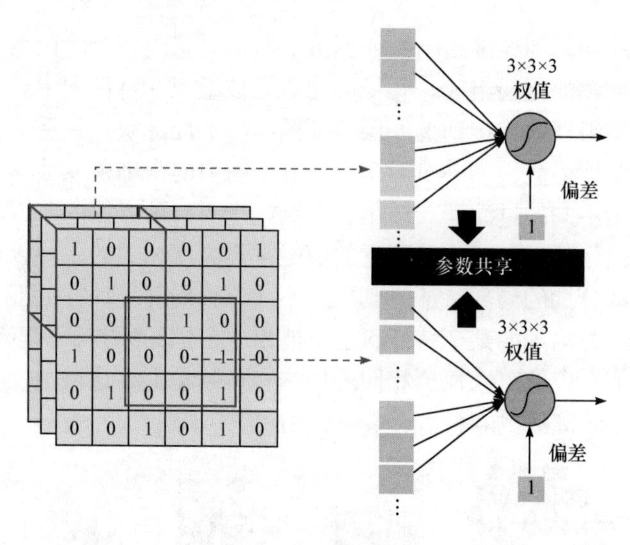

图 6-8　2D 卷积操作

2) 3D 卷积层

3D 卷积神经网络在数据立方体与 3D 卷积核间进行卷积运算，能够从视频数据中提取空间-时间特征，在动作识别[10]等应用中得到关注。将 3D 卷积神经网络应用于偏振图像，能够有效提取空间-偏振特征。在 3D 卷积神经网络中，第 d 层第 k 个特征立方体可以表示为

$$F_{(x,y,z)}^{d,k} = g\left(b^{d,k} + \sum_{c}\sum_{u=0}^{U-1}\sum_{v=0}^{V-1}\sum_{w=0}^{W-1} w_{(u,v,w)}^{d,k,c} F_{(x+u,y+u)}^{d-1,c}\right) \tag{6-30}$$

其中，c 为第 $d-1$ 层上特征立方体的集合，该集合内的所有特征立方体与第 d 层第 k 个特征立方体连接；$w_{(u,v,w)}^{d,k,c}$ 为与第 k 个特征立方体连接的 3D 卷积核上像素 (u,v,w) 处的值；3D 卷积核的尺寸为 $U\times V\times W$；$F_{(x+u,y+v,z+w)}^{d,k}$ 为第 d 层第 k 个特征立方体上像素 (x,y,z) 处的值。

通过与不同的 3D 卷积核卷积运算，每层能够提取得到多个特征立方体。2D 卷积和 3D 卷积对比示意图如图 6-9 所示。

3) 池化层

在卷积操作之后，通常使用池化操作，这样可以降低输出结果的维度。这是因为对图像中一个有用的特征，临近像素区域也有可能会有相同特征。这一操作可以使网络的鲁棒性增强，当图片发生一定位移时，也不影响输出结果，常见的池化操作有平均池化和最大池化。最大池化操作如图 6-10 所示。

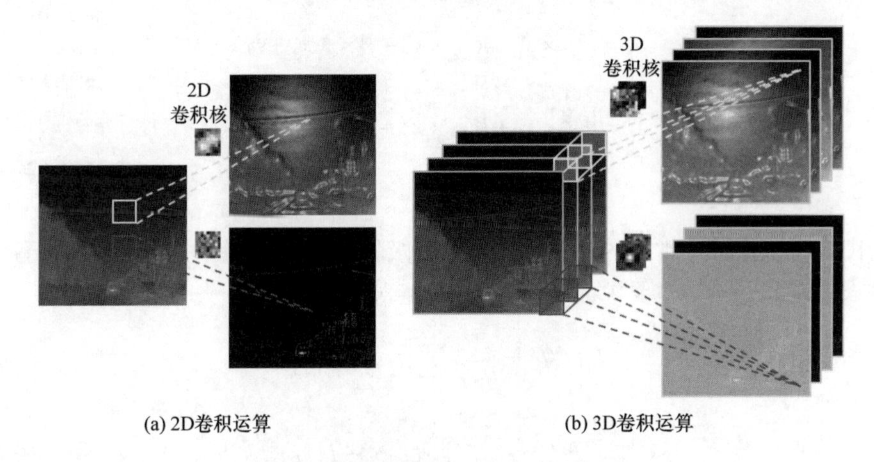

(a) 2D卷积运算　　(b) 3D卷积运算

图 6-9　2D 卷积和 3D 卷积对比示意图

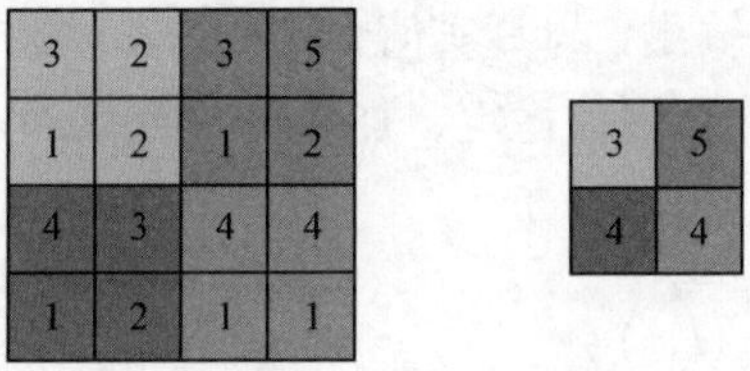

3	2	3	5
1	2	1	2
4	3	4	4
1	2	1	1

3	5
4	4

图 6-10　最大池化操作

4) 全连接层

全连接层中每个神经元与前一层所有的神经元连接，而卷积神经网络只和输入数据中的一个局部区域连接，并且输出神经元的每个深度切片共享参数。一般经过一系列的卷积层和池化层之后，提取图片的特征图，如特征图的大小是 3×3×512。这时将特征图中的所有神经元变成全连接层的样子，直观上就是将一个 3D 的立方体重新排列，变成一个全连接层，里面有 3×3×512=4608 个神经元，再经过几个隐藏层，最后输出结果。小型全连接示意图如图 6-11 所示。

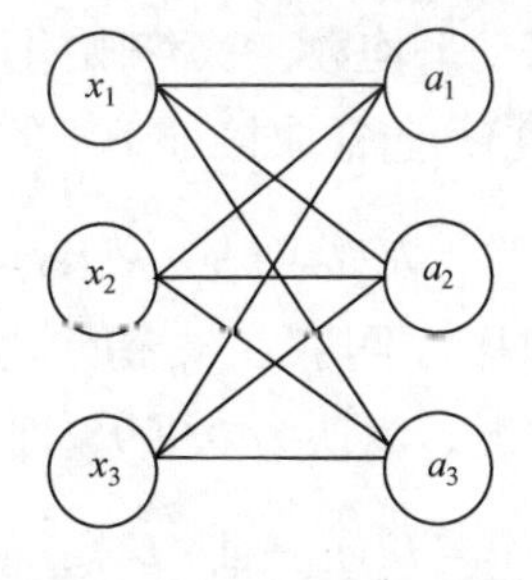

图 6-11　小型全连接示意图

其过程可以写成如下数学公式，即

$$
\begin{aligned}
a_1 &= W_{11} \times x_1 + W_{12} \times x_2 + W_{13} \times x_3 + b_1 \\
a_2 &= W_{21} \times x_1 + W_{22} \times x_2 + W_{23} \times x_3 + b_2 \\
a_3 &= W_{31} \times x_1 + W_{32} \times x_2 + W_{33} \times x_3 + b_3
\end{aligned} \tag{6-31}
$$

2. 损失函数

图像重构任务中常用的损失函数是像素级的损失度量，其对两张图像进行逐像素的误差求和平均，主要包括 L_1 损失(平均绝对误差)和 L_2 损失(均方差)，即

$$
L_1(\hat{I}, I) = \frac{1}{hwc} \sum_{i,j,k} \left| \hat{I}_{i,j,k} - I_{i,j,k} \right| \tag{6-32}
$$

$$
L_2(\hat{I}, I) = \frac{1}{hwc} \sum_{i,j,k} (\hat{I}_{i,j,k} - I_{i,j,k})^2 \tag{6-33}
$$

其中，h、w、c 为网络输出 $\hat{I}$ 与真实值 I 的长、宽、通道数。

为了让 L_1 损失在求导时更加稳定，加入一个常数项 ε，称为 Charbonnier 损失，即

$$
L_{\text{Cha}}(\hat{I}, I) = \frac{1}{hwc} \sum_{i,j,k} \sqrt{(\hat{I}_{i,j,k} - I_{i,j,k})^2 + \varepsilon^2} \tag{6-34}
$$

3. 网络训练

网络训练就是使用优化器，让损失函数的值尽可能地缩小，达到全局最优点，避免停留在局部最优点。常用的优化器是 ADAM 优化器，是一种可以替代传统随机梯度下降(stochastic gradient descent，SGD)过程的一阶优化算法。它能基于训练数据迭代地更新神经网络权重。

首先，计算第 t 时间步的梯度，即

$$
g_t = \nabla_\theta J(\theta_{t-1}) \tag{6-35}
$$

其次，计算梯度的指数移动平均数，m_0 初始化为 0，β_1 系数为指数衰减率，控制权重分配(动量与当前梯度)，通常取接近于 1 的值，默认为 0.9，即

$$
m_t = \beta_1 m_{t-1} + (1 - \beta_1) g_t \tag{6-36}
$$

再次，计算梯度平方的指数移动平均数，v_0 初始化为 0，β_2 系数为指数衰减率，控制之前的梯度平方的影响情况，默认为 0.999，即

$$
v_t = \beta_2 v_{t-1} + (1 - \beta_2) g_t^2 \tag{6-37}
$$

对梯度均值 m_t 与 v_t 进行偏差纠正，降低偏差对训练初期的影响，即

$$\hat{m}_t = \frac{m_t}{1-\beta_1^t} \tag{6-38}$$

$$\hat{v}_t = \frac{v_t}{1-\beta_2^t} \tag{6-39}$$

最后，更新参数，即

$$\theta_t = \theta_{t-1} - \alpha * \frac{\hat{m}_t}{\sqrt{\hat{v}_t} + \varepsilon} \tag{6-40}$$

其中，α 为初始学习率；ε 取 10^{-8}，避免除数为 0。

6.5.2　基于多尺度小波 3D 卷积神经网络的偏振图像分辨率增强

小波变换能够将图像分解为不同的小波子带，在不同尺度、不同方向描述图像的全局结构和局部纹理，在超分辨中着眼于小波子带的预测，有助于更好地重构图像的纹理结构[11]。结合小波在图像纹理描述上的优势，提出一种基于多尺度小波 3D 卷积神经网络(multiscale wavelet 3D CNN，MW-3D-CNN)的偏振图像超分辨方法。该网络包括嵌入子网络和预测子网络。这两个子网络都是利用空间-偏振相关性基于 3D 卷积层建立的。具体来说，嵌入子网络从低分辨率偏振图像中提取特征，将其表示为一系列的特征立方体，并传递给预测子网络。预测子网络由多个输出分支构成，每个输出分支对应一个小波子带，预测该子带的小波系数。对预测得到的小波系数进行逆小波变换，得到对应的高分辨率偏振图像。由于不同小波在低频子带和高频子带的统计分布不同，在高频子带，小波系数趋向于零，具有稀疏性。在训练中，如果用传统的 L_2 范数约束重构误差，将导致低频子带过度约束，而高频子带欠约束[12]。因此，本章基于 L_1 范数设计损失函数，训练 MW-3D-CNN。

1. 网络结构

偏振图像不仅在空间维和偏振维存在相关性，而且在各个小波包子带间也存在相关性。由于 3D 卷积神经网络能够方便地提取偏振图像的空间-偏振特征，本章基于 3D 卷积神经网络，提出 MW-3D-CNN 模型。考虑小波包子带间的相关性，在网络中设计一个嵌入子网络，学习不同小波包子带的共享特征。共享特征传递给预测子网络。该预测子网络的不同输出分支能够重构各个小波包子带的小波系数，如图 6-12 所示。卷积核的尺寸和个数标在每层上方，嵌入子网络和预测子网络分别由三层和四层 3D 卷积层 MW-3D-CNN 的输入为低分辨率的偏振图像 $X \in \mathrm{R}^{m \times n \times L}$，其中 m、n 和 L 分别是偏振图像的行数、列数和波段数。嵌入子网络将低分辨率偏振图像投影给共享特征空间，将偏振图像表示为一系列特征立方体。该特征立方体能够被不同的小波包子带共享。为了充分利用空间维和光谱维的相关性，嵌入子网络由 3D 卷积层构成，其中每层网络都采用补零策略，以保证特征立方体的尺寸不发生变化。经过若干层 3D 卷积层，从低分辨率偏振图像中可以提取得到空间-偏振特征立方体 $\psi(X)\in \mathrm{R}^{m\times n\times L\times S}$，其中 S 为特征立方体的个数，ψ: $\mathrm{R}^{m\times n\times L}\to \mathrm{R}^{m\times n\times L\times S}$ 为嵌入子网络的映射函数。

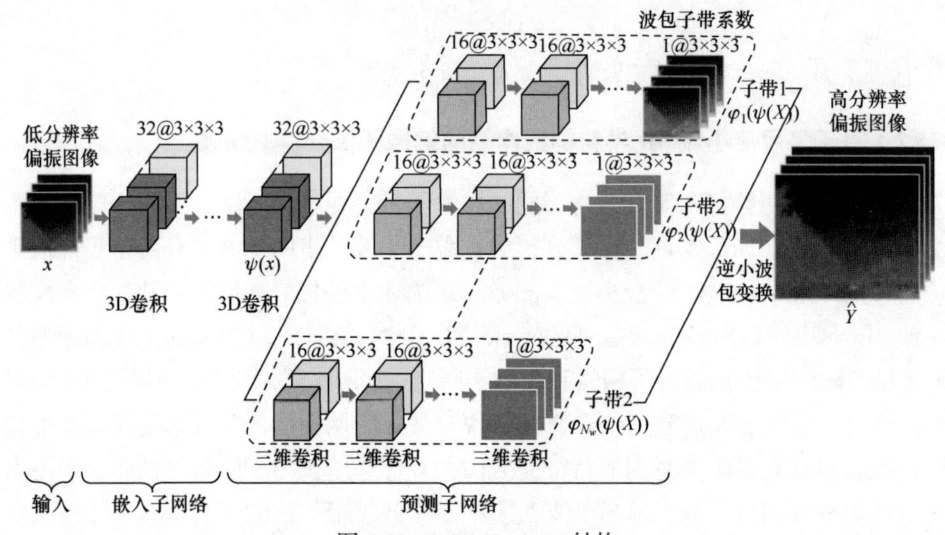

图 6-12　MW-3D-CNN 结构

嵌入子网络后接预测子网络。预测子网络包含不同的输出分支。每个分支对应一个小波包子带，重构出高分辨率图像在该小波包子带的小波系数。假设小波包分解级数为 1，即有 1 级小波包分解，则预测子网络的输出分支数为 $N_w=4^l$。与嵌入子网络类似，预测子网络也是基于 3D 卷积神经网络建立的，同样采用补零策略来保证特征立方体尺寸不变。预测子网络的输入为嵌入子网络的输出，即特征立方体集 $\psi(X)$，预测子网络的第 i 个输出分支 φ_i 预测第 i 个小波包子带的小波系数 $\varphi_i(\psi(X))\in \mathrm{R}^{m\times n\times L}$，其中 φ_i: $\mathrm{R}^{m\times n\times L\times S}\to \mathrm{R}^{m\times n\times L}$，$i=1,2,\cdots,N_w$，表示第 i 个输出分支的映射函数。对预测子网络求得的各个小波包子带的小波系数进行逆小波包变换，得到高分辨率的偏振图像。

MW-3D-CNN 方法可以整体公式化为

$$\hat{Y}=\phi\left\{\varphi_1(\psi(X)),\varphi_2(\psi(X)),\varphi_{N_w}(\psi(X))\right\}$$

其中，ϕ: $\mathrm{R}^{m\times n\times L}\to \mathrm{R}^{m\times n\times L}$ 表示逆小波包变换；$\hat{Y}\in \mathrm{R}^{m\times n\times L}$ 为重构的高分辨率偏振图像。

在 WM-3D-CNN 中，不同的小波包子带共享同一个嵌入子网络。嵌入子网络从偏振图像中提取共享特征，传递给预测子网络，生成每个小波包子带的小波系数。在网络结构上，预测子网络的不同输出分支通过嵌入子网络连接在一个统一的网络中，使预测子网络的不同分支能够联合优化。具体而言，在训练阶段，预测子网络不同分支上的重构误差能够联合反向传播至嵌入子网络。嵌入子网络根据这些误差自我更新。自我更新后的嵌入子网络进一步优化了预测子网络的不同分支。这种联合优化机制有助于预测子网络不同分支间的互相促进。相比于独立训练预测子网络的不同分支，它能更好地利用小波包子带间的相关性。

MW-3D-CNN 方法重构的是高分辨率图像各个小波包子带上的小波系数，相比于直接重构高分辨率图像本身，具有以下优势。

首先，小波系数描述图像的全局结构和局部纹理，训练 MW-3D-CNN 使其能够预测小波系数，有助于重构图像的局部精细纹理结构。

其次，具有稀疏响应的神经网络更容易训练。小波系数在高频子带具有稀疏性，WM-3D-CNN 预测各个小波子带的小波系数，有助于提高网络的稀疏性，使网络易于训练，也具有更强的鲁棒性。

此外，MW-3D-CNN 从低分辨率偏振图像中直接提取特征，相比其他的超分辨方法，无需对低分辨率图像进行插值预处理，有助于增大网络的感受野。

2. 训练方法

嵌入子网络和预测子网络的所有卷积核与偏置以端到端的方式统一训练。L_2 范数度量均方根误差，在传统的深度学习超分辨方法中用于构建损失函数。然而，MW-3D-CNN 输出为不同子带的小波系数，而小波系数在低频子带的值远大于高频子带。L_2 范数会过度约束低频子带上较大的误差值，对高频子带上较小的误差值不敏感[13]。另外，L_1 范数对不同大小的误差值能够均衡地约束。相比于 L_2 范数，L_1 范数更适合作为损失函数，约束不同小波子带上的误差。因此，本章提出利用 L_1 范数设计损失函数，即

$$\text{loss} = \frac{1}{N}\sum_{j=1}^{N}\sum_{i=1}^{N_w} \lambda_i \left\| C_j^i - \hat{C}_j^i \right\|_1 \tag{6-41}$$

其中，C_j^i 和 $\hat{C}_j^i = \varphi_i(\psi(X_j))$ 为第 i 个小波包子带的真值和预测值，$j = 1,2,\cdots,N$，N 是训练样本数；$i = 1,2,\cdots,N_w$，$N_w = 4^l$ 是子带数；X_j 为第 j 个训练样本中的低分辨率偏振图像；损失函数中的权值 λ_i 平衡不同小波包子带的权值，实验设置为 1。

损失函数通过反向传播和 ADAM 优化[14]。

3. 网络参数设置

WM-3D-CNN 参数设置如表 6-1 所示。网络参数的设置需要在计算量、训练时间、超分辨性能间取得平衡。小波包分解中所用的小波基是 Haar 小波。ADAM 优化算法涉及的参数包括学习率、指数衰减率 β_1 和 β_2。学习率设置为 0.001，每隔 50 迭代轮次降低一半。指数衰减率 β_1 和 β_2 分别设置为 0.9 和 0.999。批尺寸为 64，训练迭代轮次为 200 次。

表 6-1　WM-3D-CNN 参数设置表

参数类型	数值
3D 卷积核尺寸	3×3×3
每层卷积核个数	32(嵌入子网络)、16(预测子网络)
卷积层数	3(嵌入子网络)、4(预测子网络)

6.5.3　实验结果与分析

为了验证本章方法的有效性，选取道路车辆红外偏振图像进行实验。实验将红外偏振数据作为参考图像，输入的模拟低空间分辨率红外偏振图像由参考图像经过空间退化得到。空间退化包括空间降采样和高斯模糊处理，其中空间降采样因子为 4，高斯模糊函数的标准差为 2。然后，采用本章方法和经典最近邻插值法(记为 Nearest)、双线性插值法(记为 Bilinear)，以及双三次插值法(记为 Bicubic)，对场景 1 低分辨率图像进行 4 倍超分辨率重建并比较。超分辨率重建结果如图 6-13

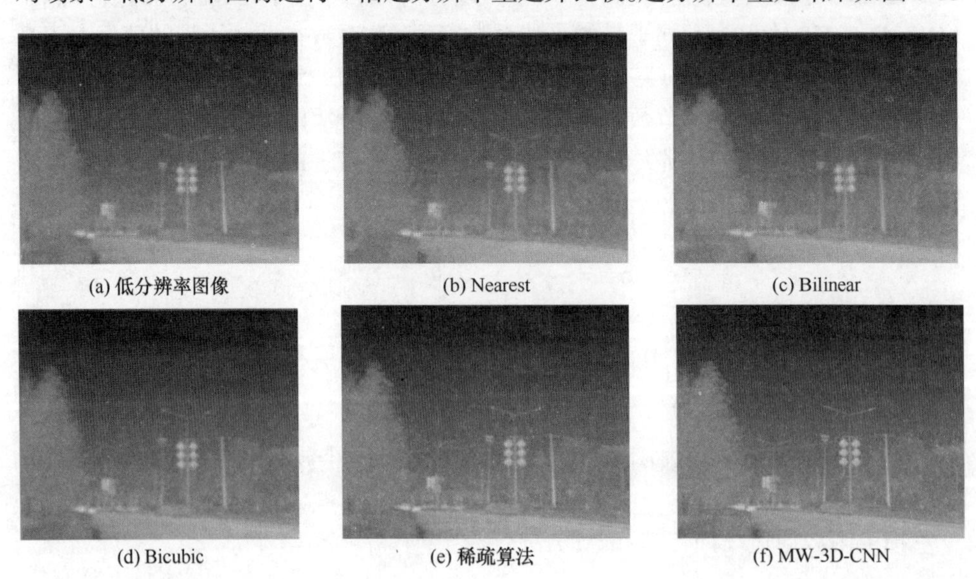

(a) 低分辨率图像　(b) Nearest　(c) Bilinear

(d) Bicubic　(e) 稀疏算法　(f) MW-3D-CNN

(g) 原始图像

图 6-13　超分辨率重建结果

所示。图 6-13 中给出了 0°偏振方向的重建效果图。同时，对场景 2 低分辨率图像进行 2 倍超分辨率重建并比较，结果如图 6-14 所示。图中给出了 0°偏振方向的重建效果图。

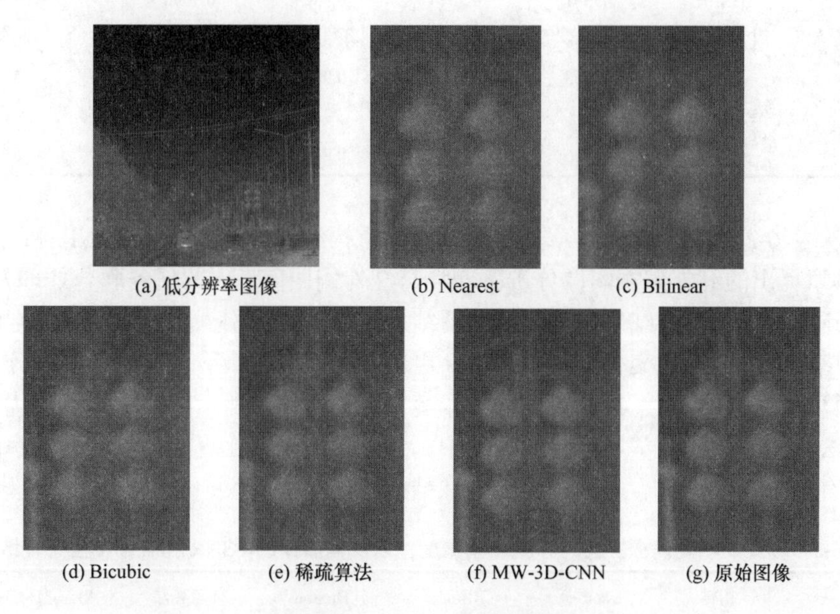

图 6-14　测试图像上不同×2 超分辨率方法结果对比

从图 6-13 可以看出，本章所提方法在重建图像结构上皆优于传统插值算法，并且能很好地减少振铃和锯齿效应，有效保留细节信息。本章提出的方法重建图像边缘更清晰，得到的重建图像边缘结构更接近原始图像。如图 6-14 所示，MW-3D-CNN 的结果更接近原始的高分辨率图像。双三次超分辨结果含有条带状的伪影，MW-3D-CNN 结果在边缘恢复上比插值结果更好。在偏振图像的纹理部分或边缘部分，容易产生重构误差。相比其他算法，MW-3D-CNN 产生的误差更少。

为进一步评价重建结果的质量，通过计算 PSNR 和 SSIM 值等指标[15]进行客观评价，结果如表 6-2 所示。

表 6-2　场景 1 不同偏振方向的强度、偏振度，以及偏振角的 PSNR 和 SSIM 值比较结果

方向	指标	Nearest	Bilinear	Bicubic	稀疏算法	MW-3D-CNN
0°	PSNR/dB	32.27	33.08	32.80	38.67	39.76
	SSIM	0.9424	0.9551	0.9566	0.9722	0.9765
45°	PSNR/dB	31.41	32.23	31.96	37.84	38.34
	SSIM	0.9351	0.9493	0.9510	0.9686	0.9713
90°	PSNR/dB	31.56	32.35	32.10	37.67	37.98
	SSIM	0.9344	0.9486	0.9502	0.9680	0.9712
135°	PSNR/dB	31.86	32.66	32.39	38.04	39.05
	SSIM	0.9381	0.9514	0.9529	0.9696	0.9735
偏振度	PSNR/dB	35.48	35.06	33.83	37.43	38.65
	SSIM	0.9663	0.9676	0.9674	0.9684	0.9723
偏振角	PSNR/dB	27.41	27.65	27.61	28.46	29.55
	SSIM	0.8326	0.8432	0.8463	0.8803	0.8976

从表 6-2 可以看出，本章方法可以提高重构红外偏振图像的 PSNR 和 SSIM 值。本章提出的红外偏振图像分辨率增强与红外偏振信息保留任务联合处理方法，将上一次迭代得到的红外偏振信息保留结果作为约束，引入下一次迭代的空间分辨率增强处理，通过交替求解过程不断更新重构结果，最终获得优于其他分辨率增强算法的重构性能，具有较少的偏振畸变。如表 6-3 所示，本章算法也优于对比算法，说明在深度学习超分辨模型中，预测小波系数比直接预测高分辨率图像本身有助于恢复纹理、边缘等精细图像结构。

表 6-3　场景 2 不同偏振方向的强度、偏振度，以及偏振角的 PSNR 和 SSIM 值比较结果

方向	指标	Nearest	Bilinear	Bicubic	稀疏算法	MW-3D-CNN
0°	PSNR/dB	33.34	34.11	34.72	37.25	39.77
	SSIM	0.9521	0.9615	0.9656	0.9734	0.9842
45°	PSNR/dB	32.41	33.32	33.75	37.67	38.82
	SSIM	0.9461	0.9583	0.9640	0.9708	0.9772
90°	PSNR/dB	32.44	33.52	34.09	37.14	38.72
	SSIM	0.9344	0.9486	0.9502	0.9654	0.9782
135°	PSNR/dB	32.77	33.59	34.45	38.34	39.13
	SSIM	0.9472	0.9623	0.9667	0.9678	0.9696

续表

方向	指标	Nearest	Bilinear	Bicubic	稀疏算法	MW-3D-CNN
偏振度	PSNR/dB	36.57	36.14	36.95	37.66	38.57
	SSIM	0.9753	0.9765	0.9782	0.9789	0.9794
偏振角	PSNR/dB	28.34	28.66	28.83	28.96	28.98
	SSIM	0.8432	0.8569	0.8639	0.8798	0.8803

6.6 本章小结

本章提出基于模型驱动和数据驱动的两种红外偏振图像超分辨率重构方法。基于模型驱动的红外偏振图像超分辨率方法在稀疏表示的框架下，融合红外偏振场景的空间和偏振信息，实现红外偏振图像的分辨率增强。基于数据驱动的网络预测的是高分辨率偏振图像的小波包系数，而不是直接预测高分辨率图像本身。高分辨率偏振图像通过对预测的小波包系数进行逆小波变换，得到高分辨率偏振图像。通过在采集的道路车辆红外偏振图像上验证，本章提出算法的超分辨性能均优于对比算法。

参考文献

[1] 赵永强，潘泉，程咏梅.成像偏振光谱遥感及应用. 北京:国防工业出版社，2011.

[2] Yang J, Wright J, Huang T, et al. Image super-resolution via sparse representation . IEEE Transactions on Image Processing, 2010, 19(11): 2861-2873.

[3] 杨劲翔. 基于深度学习的高光谱图像分辨率增强研究. 西安:西北工业大学，2019.

[4] Yi C, Zhao Y, Yang J, et al. Joint hyperspectral superresolution and unmixing with interactive feedback . IEEE Transactions on Geoscience and Remote Sensing, 2017, 55(7): 3823-3834.

[5] Chen Z, Pu H, Wang B, et al. Fusion of hyperspectral and multispectral images: A novel framework based on generalization of pan-sharpening methods . IEEE Geoscience and Remote Sensing Letters, 2014, 11(8): 1418-1422.

[6] 益琛.高光谱图像空间、光谱分辨率增强方法研究. 西安:西北工业大学，2016.

[7] Rubinstein R, Zibulevsky M, Elad M. Efficient implementation of the K-SVD algorithm using batch orthogonal matching pursuit. Haifa: Computer Science Department, Technion, 2008.

[8] Boyd S, Parikh N, Chu E, et al. Distributed optimization and statistical learning via the alternating direction method of multipliers. Foundations and Trends in Machine Learning, 2011, 3(1): 1-122.

[9] Daubechies I, Defrise M, De Mol C. An iterative thresholding algorithm for linear inverse problems with a sparsity constraint. Communications on Pure and Applied Mathematics: A Journal Issued by the Courant Institute of Mathematical Sciences, 2004, 57(11): 1413-1457.

[10] Krizhevsky A, Sutskever I, Hinton G. Imagenet classification with deep convolutional neural

networks // Advances in Neural Information Processing Systems, Lake Tahoe, 2012: 1097-1105.

[11] Huang H, He R, Sun Z, et al. Wavelet-SRNet: A wavelet-based CNN for multi-scale face super resolution // Proceedings of the IEEE Conference on Computer Vision and Pattern Recognition, Venice, 2017: 1689-1697.

[12] Zhao H, Gallo O, Frosio I, et al. Loss functions for image restoration with neural networks. IEEE Transactions on Computational Imaging, 2017, 3(1): 47-57.

[13] Eckardt A, Horack J, Lehmann F, et al. DESIS (DLR earth sensing imaging spectrometer for the ISS-MUSES platform)// IEEE International Geoscience and Remote Sensing Symposium, Milanc, 2015: 1457-1459.

[14] Kingma D, Ba J. Adam: A method for stochastic optimization// International Conference for Learning Representations, San Diego, 2015: H3.

[15] Wang Z, Bovik A, Sheikh H, et al. Image quality assessment: From error visibility to structural similarity. IEEE Transactions on Image Processing, 2004, 13(4): 600-612.

第 7 章　红外偏振目标跟踪

偏振焦平面将偏振信息编码到马赛克图像中，常规处理流程需要对偏振马赛克图像进行去马赛克处理，进而计算斯托克斯矢量、偏振度、偏振角等参数。然而，去马赛克与偏振参数的计算需要消耗大量时间，难以实现实时目标跟踪。同时，去马赛克过程会不可避免地引入误差，影响后续图像处理的可靠性与精度。因此，在目标跟踪过程中，需要直接使用红外偏振马赛克图像进行目标跟踪，以满足实时性需求。然而，现有的特征提取方法无法提取偏振马赛克图像中的偏振信息，并不适用于提取目标特征。因此，如何从偏振马赛克图像中直接提取目标特征，成为偏振摄像仪在快速目标跟踪中的关键问题。

7.1　图像特征提取

7.1.1　特征提取的基本概念

特征提取是计算机视觉和图像处理中的概念，使用计算机从图像中提取有用的数据或信息，将图像信息以非图像的方式，如数值、向量等，进行表示和描述的过程[1]。常见的特征提取算法主要提取目标的颜色、纹理、形状和梯度等特征[2]。颜色特征获取每个像素点的信息，对目标进行全局表述，但是难以区分颜色相近的物体。颜色特征提取算法包括灰度特征、颜色命名特征、颜色直方图，以及颜色矩等[3-6]。纹理特征统计包含一定数量像素的图像区域，通过获取目标的纹理信息对目标进行全局表述，虽然具有旋转不变性与抗噪声等优势，但是纹理特征会受到环境光的影响而获取错误的纹理信息。纹理特征提取算法包括灰度共生矩阵、马尔可夫随机场、Tamura 纹理特征等[7-10]。形状特征对目标的轮廓进行描述，具有良好的尺度、旋转、平移不变性，但是难以提取形变目标的有效特征或区分相似形状的目标，因此在应用时受到严重的限制，形状特征包括形状上下文、角矩阵、图形基元等[11-13]。

颜色、纹理、形状等特征由于存在明显的缺点，因此在应用过程中受到严重的限制。作为一类常见且可靠性高的特征，梯度特征被广泛用于各种目标识别与目标跟踪任务中[14-16]。梯度特征使用梯度算子构建目标的梯度图。在梯度图中计算目标的梯度大小与梯度方向，提取目标的梯度信息作为目标特征。在梯度特征中，应用最为广泛、衍生种类最多的两种算法是 Dalal 等提出的方向梯度直方图(histogram of oriented gradient，HOG)特征[17]和 Lowe 等提出的尺度不变特征变换(scale invariant feature transform，SIFT)特征[18]。HOG 特征的核心思想是，目标的方向梯度分布可以有效地表示目标外形和轮廓，通过计算图像局部区域的梯度大小与梯度方向，HOG 特征会构建目标的梯度方向直方图，对图像的梯度方向直方图进行统计、组合，便可以从梯度方向直方图中构建特征向量作为目标特征。SIFT 算法的核心思想是，在目标中寻找某些关键特征点，提取目标的位置、尺度、旋转不变量。

近年来，随着机器学习技术的不断发展，基于学习的特征得以逐步发展与完善。基于学习的特征提取方法采用无监督学习方法，能够自主地学习目标的本质特征[19]，按照构成单元的不同，基于学习的特征可以分为基于自编码机[20]、基于限制玻尔兹曼机[21]，以及基于卷积神经网络[22]的特征。基于学习的特征具有较强的普适性，并且相比颜色、纹理、形状、梯度等特征，具有更高的准确性与更强的区分能力。然而，基于学习的特征，通常需要消耗大量的计算时间，以获取目标的特征信息。因此，在需要实时处理图像时，通常同样使用具有普适性且计算速度较快的梯度特征。

7.1.2　梯度算子

梯度是一种建立在偏导数与方向导数上的概念，它是一个具有大小与方向的矢量。在灰度图像中，梯度大小表示灰度值的变化率，梯度方向表示灰度变化最快的方向。通常为获取图像的梯度信息，需要使用像素的邻域信息，结合导数变化规律构建梯度算子对图像进行卷积[23]。

在二维图像中，图像 $f(x,y)$ 在点 (x,y) 处的图像梯度定义为

$$\nabla f = \begin{bmatrix} G_x \\ G_y \end{bmatrix} = \begin{bmatrix} \partial f / \partial x \\ \partial f / \partial y \end{bmatrix} \tag{7-1}$$

其中，G_x 为水平方向的梯度值；G_y 为垂直方向的梯度值。

$$\left|\nabla f\right| = (G_x^2 + G_y^2)^{\frac{1}{2}} = [(\partial f / \partial x)^2 + (\partial f / \partial y)^2]^{\frac{1}{2}} \tag{7-2}$$

为简化计算过程，梯度向量的大小也可以使用梯度的绝对值之和近似表示为

$$\left|\nabla f\right| \approx \left|G_x\right| + \left|G_y\right| \tag{7-3}$$

梯度向量的方向表示梯度下降速度最快的方向。在二维图像中，梯度向量的方向定义为

$$\alpha(x,y)=\tan^{-1}\frac{G_x}{G_y} \tag{7-4}$$

可以看到，G_x 与 G_y 在图像梯度信息的计算过程中起重要的作用。为了获取水平方向与垂直方向的梯度值，人们构建了梯度算子来求取 G_x 与 G_y。梯度算子的本质是一种卷积滤波模板，将梯度算了与输入图像进行卷积即可获取目标的梯度信息。常见的梯度算子有 Roberts 算子、Prewitt 算子、Sobel 算子、Laplace 算子等，如图 7-1 所示。

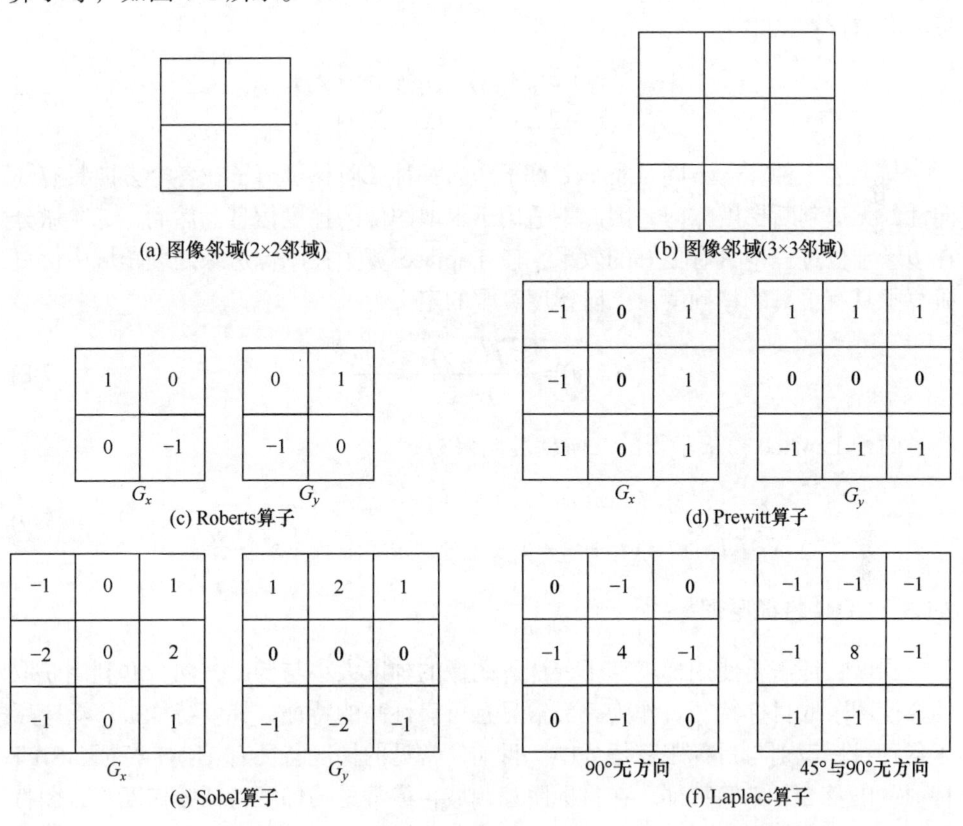

图 7-1　常见梯度算子[17]

Roberts 算子使用对角线相邻像素之间的差值计算梯度信息。由于算子使用偶数个像素进行梯度计算，因此其实际梯度值为模板交叉点的梯度，与真实梯度值之间存在少量偏移。模板梯度值计算结果为

$$\begin{aligned}G_x&=z_1-z_4\\G_y&=z_2-z_3\end{aligned} \tag{7-5}$$

Prewitt 算子使用两个方向模板对图像进行卷积，以计算水平方向与垂直方向的梯度。该算子在计算某一方向梯度时，会对另一方向进行平滑，因此对噪声具有抑制作用。其模板梯度值计算结果为

$$\begin{aligned} G_x &= (z_3 + z_6 + z_9) - (z_1 + z_4 + z_7) \\ G_y &= (z_7 + z_8 + z_9) - (z_1 + z_2 + z_3) \end{aligned} \tag{7-6}$$

Sobel 算子与 Prewitt 算子相似，但是 Sobel 算子认为距离中心像素越远的像素，对像素产生的影响越小，与中心像素距离越近的像素具有的权值越大。其模板梯度值计算结果为

$$\begin{aligned} G_x &= (z_3 + 2z_6 + z_9) - (z_1 + 2z_4 + z_7) \\ G_y &= (z_7 + 2z_8 + z_9) - (z_1 + 2z_2 + z_3) \end{aligned} \tag{7-7}$$

与上述三种算子不同，Laplace 算子作为一种二阶梯度算子在各个方向具有同向性，无法判断梯度方向，因此不适用于求取图像的梯度信息。然而，二阶微分在边缘定位过程中具有更好的效果，使 Laplace 算子在图像边缘处理领域中比一阶算子具有更高的精确度。二阶梯度算子的定义为

$$\nabla^2 f(x,y) = \frac{\partial^2 f(x,y)}{\partial x^2} + \frac{\partial^2 f(x,y)}{\partial y^2} \tag{7-8}$$

两种 Laplace 模板求得的二阶梯度结果为

$$\begin{aligned} \nabla^2 f_1(x,y) &= (z_2 + z_4 + z_6 + z_8) - 4z_4 \\ \nabla^2 f_2(x,y) &= (z_1 + z_2 + z_3 + z_4 + z_6 + z_7 + z_8 + z_9) - 8z_4 \end{aligned} \tag{7-9}$$

7.1.3 HOG 特征原理

梯度特征需要使用梯度算子，计算图像的梯度大小与梯度方向，并利用获取的梯度图求取目标特征。作为一类常见且可靠性高的特征，梯度特征被广泛应用于各种目标识别与目标跟踪任务中。目前，常见的梯度特征有 HOG 特征、SIFT 特征，以及 SURF 等特征。在目标跟踪领域，最常见的梯度特征为梯度直方图特征，即 HOG 特征。HOG 特征可视化结果如图 7-2 所示[17]。

HOG 特征的思想是，使用梯度或边缘的方向密度表示目标的样貌与轮廓，即可以使用梯度的统计信息对目标特征进行表述。HOG 特征计算流程如图 7-3 所示。

首先，为了减少光照与阴影等环境信息的影响，算法对图像进行归一化处理，降低这些环境信息的影响。HOG 特征的归一化在 Gamma 空间进行。Gamma 压缩公式为

$$f(x,y) = f(x,y)^{\text{Gamma}} \tag{7-10}$$

其中，$f(x,y)$ 为像素点 (x,y) 处的像素值；Gamma 为校正值。

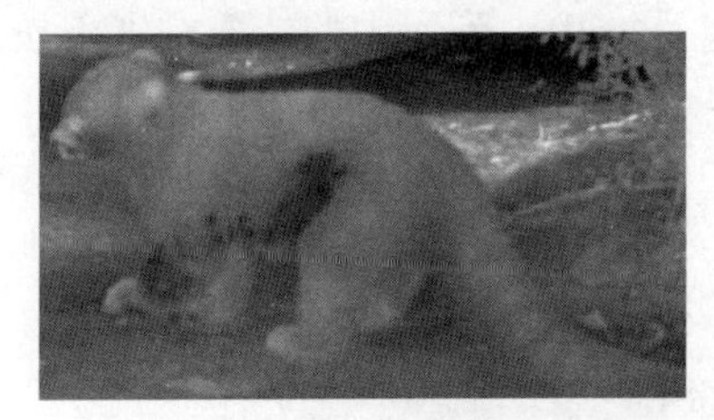

(a) 灰度图像梯度

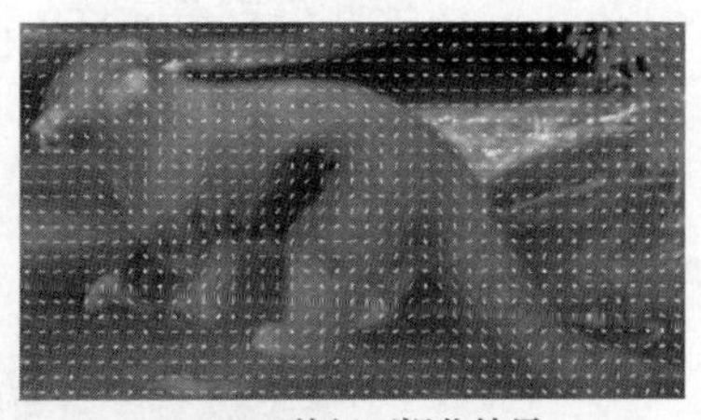

(b) HOG特征可视化结果

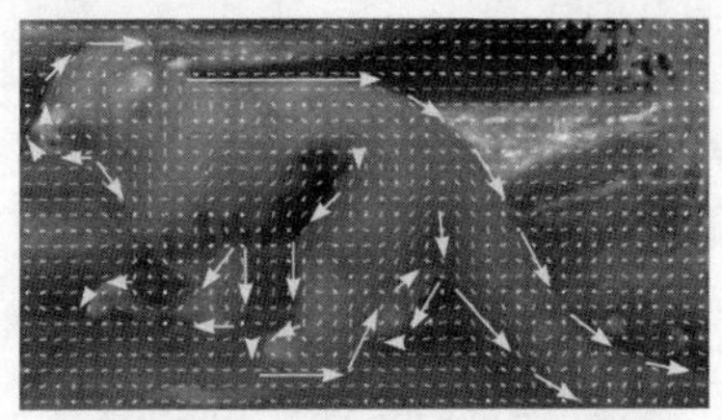

(c) HOG特征与灰度图像之间的关系

图 7-2　HOG 特征可视化结果

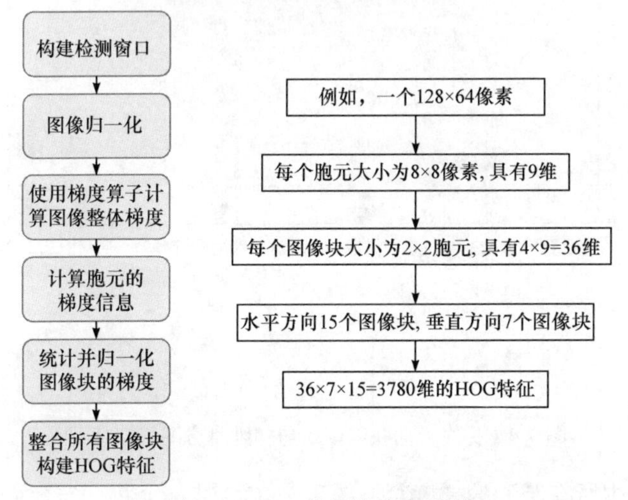

图 7-3　HOG 特征计算流程[17]

HOG 特征会将 Gamma 设为大于 1 的值，将图像明亮区域压缩并拓展图像昏暗区域。

然后，HOG 特征使用梯度算子计算每个像素的梯度值。HOG 特征使用一维的梯度算子 $[-1,0,1]$ 和 $[-1,0,1]^{\mathrm{T}}$ 计算图像梯度，使用这种梯度算子得到的梯度值为

$$\begin{aligned} G_x(x,y) &= f(x+1,y) - f(x-1,y) \\ G_y(x,y) &= f(x,y+1) - f(x,y-1) \end{aligned} \tag{7-11}$$

接下来，HOG 特征将图像划分为若干较小的像素单元(例如，将图像拆分为 8×8 的像素单元)，这些像素单元称为胞元(cell)。胞元中的像素梯度将按照其方向的不同映射到 9 个区域(bin)。通过统计每个胞元中不同区域的梯度大小，便可以得到一个胞元的梯度直方图特征向量。梯度方向映射区域与梯度直方图的构建如图 7-4 所示。

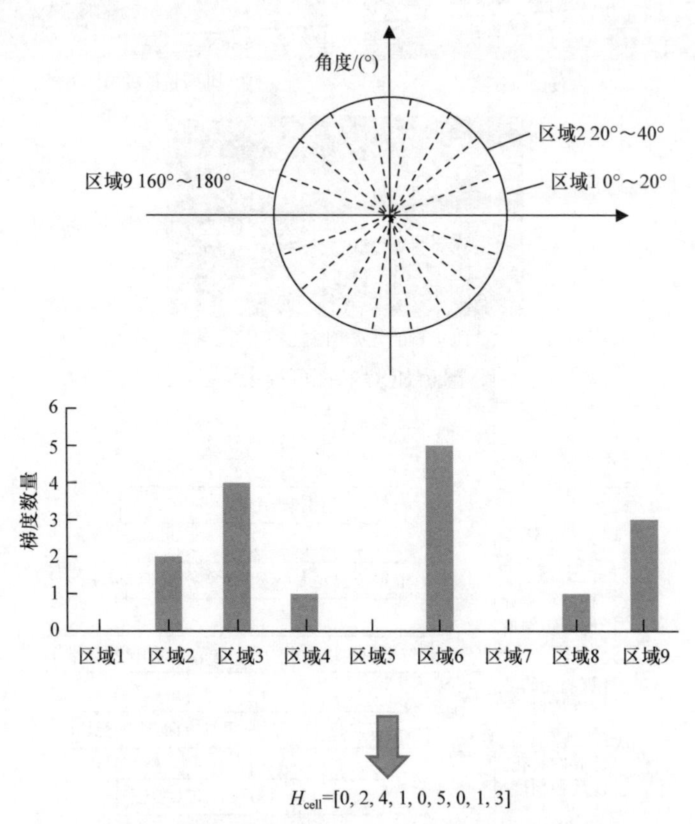

图 7-4 梯度方向映射区域与梯度直方图的构建[17]

得到图像中所有胞元的梯度直方图后，HOG 特征会将一定数量的胞元(例如，每 2×2 的胞元)组合为图像区块，统计图像区块内每个胞元的梯度直方图特征向量，并进行归一化处理。与胞元不同，图像区块之间存在重叠的胞元，而胞元之间不存在重叠的像素。最后，算法整合所有图像块的梯度信息所构建的特征向量，即 HOG 特征[17]。

7.1.4 尺度不变特征变换

SIFT 是 Lowe 等提出的一种局部特征算法。该算法会在尺度空间中寻找目标的关键特征点，从关键特征点中提取目标的尺度、旋转、位置不变量作为目标特征。SIFT 算法的具体流程如图 7-5 所示。首先，算法对整张图像进行搜索，寻找潜在的关键特征点。然后，算法使用一个拟合精细的模型，确定每个潜在关键点的位置与尺度，并判断这些点是否具有尺度、旋转不变性，筛选有效的关键点。算法将计算图像梯度，根据图像梯度为每个关键点分配 1～2 个方向，后续图像操作均针对关键点的方向、尺度与位置进行。最后，在某个选定的尺度上计算所有关键点邻域内的图像梯度，构建目标的 SIFT 特征向量[18]。

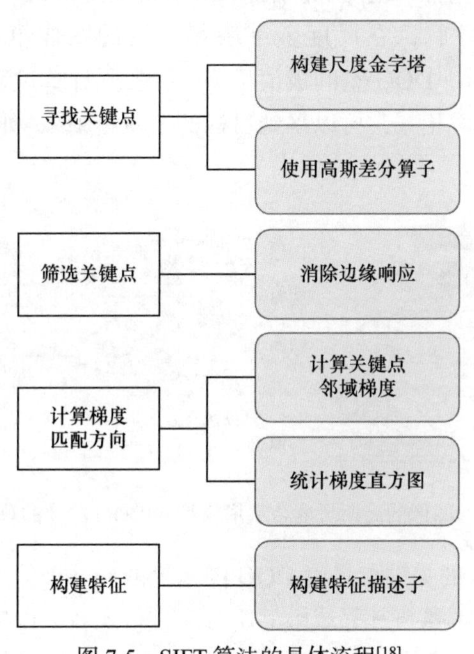

图 7-5　SIFT 算法的具体流程[18]

尺度空间[23]是 Iijima 于 1962 年提出的一种理论。该理论在计算机视觉与图像处理领域得到广泛的应用。尺度空间的基本思想是，在图像中引入一个“尺度”参数，连续改变这个参数以获得同一张图像在不同尺度下的结果。由于高斯核函数是唯一一种尺度不变的核函数[24]，因此 SIFT 对高斯核(高斯矩阵)与原始图像进行卷积，构建尺度金字塔作为尺度空间，其中尺度空间 $L(x,y,\sigma)$ 的计算如下，即

$$L(x,y,\sigma)=G(x,y,\sigma)\otimes I(x,y) \tag{7-12}$$

$$G(x,y,\sigma)=\frac{1}{2\pi\sigma^2}\mathrm{e}^{-\frac{(x-m/2)^2+(y-n/2)^2}{2\sigma^2}} \tag{7-13}$$

其中，$G(x,y,\sigma)$ 表示高斯核；$I(x,y)$ 表示原始图像；$\otimes$ 表示卷积运算；σ 表示尺度参数；m 与 n 为高斯核的大小，由 $(6\sigma+1)\times(6\sigma+1)$ 确定。

对原始图像不断进行降阶，与下采样得到的一系列图像由大至小、由下至上进行组合，便可以得到图像的高斯尺度金字塔模型，如图 7-6 所示。

SIFT 特征使用高斯尺度金字塔，在每层图像中使用高斯核对图像进行卷积，使金字塔的每一层都包含一组图像。由此，SIFT 特征便得到大小不同的多组图像。得到高斯尺度金字塔后，在尺度金字塔每一层的图像组中，使用高斯差分(difference of Gaussian，DOG)空间极值检测。在实际计算过程中，将每一组图像中相邻的上下两张图像相减，可以得到目标的 DOG 图像，如图 7-6 所示。

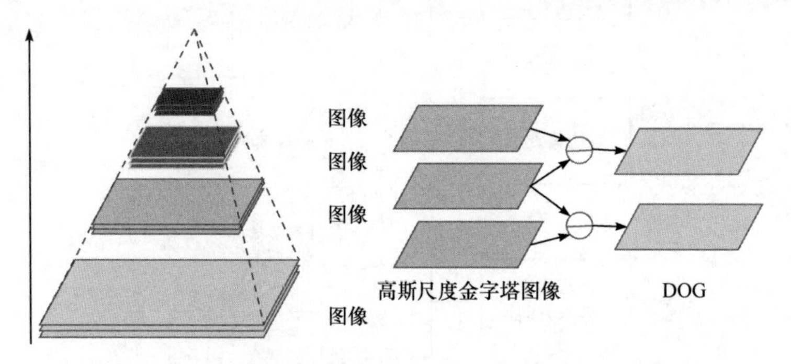

图 7-6　图像的高斯尺度金字塔模型与 DOG 图像的获取[18]

SIFT 特征要提取的关键点是由 DOG 图像上的局部极值点构成的。为了确定极值点，每个像素点都要与其邻域中的所有点进行比较，以判断该点是否为极值点。需要注意的是，这里的邻域不但包含该像素周围的 8 个点，还包括相邻的 2 个尺度所对应的 9×2=18 个点，以确保找到的点在图像空间与尺度空间都是极值点。

由于 DOG 会产生较强的边缘响应，并且离散空间获取的极值点并非真实极值点，需去除边缘响应产生的虚假极值点。定义不好的 DOG 算子，求得的极值在横跨图像边缘的地方主曲率较大，而垂直于边缘的方向主曲率较小。为了获取像素的主曲率，算法需要获取极值点的 Hessian 矩阵为

$$H=\begin{bmatrix} D_{xx} & D_{xy} \\ D_{xy} & D_{yy} \end{bmatrix} \tag{7-14}$$

其中，D_{xx}、D_{xy}、D_{yy} 为对候选点邻域对应位置进行差分求得的。

矩阵 H 的特征值 α 与 β 代表 x 方向与 y 方向的梯度，两个特征值的计算如下，即

$$
\begin{aligned}
\mathrm{Tr}(H) &= D_{xx} + D_{yy} = \alpha + \beta \\
\mathrm{Det}(H) &= D_{xx}D_{yy} - (D_{xy})^2 = \alpha\beta
\end{aligned} \tag{7-15}
$$

其中，$\mathrm{Tr}(H)$ 表示矩阵的对角线元素之和；$\mathrm{Det}(H)$ 表示矩阵的行列式。

假设 α 比 β 大，令 $\alpha = r\beta$，则有

$$
\frac{\mathrm{Tr}(H)^2}{\mathrm{Det}(H)} = \frac{(\alpha+\beta)^2}{\alpha\beta} = \frac{(r\beta+\beta)^2}{r\beta^2} = \frac{(r+1)^2}{r} \tag{7-16}
$$

像素处的主曲率与矩阵 H 的特征值成正比。当 α 与 β 的比值最小时，$\frac{(r+1)^2}{r}$ 的值最小。换言之，该值越大，某一方向的梯度值便越大，而图像边缘正是这种情况。因此，通过检测极值点是否具满足 $\frac{\mathrm{Tr}(H)^2}{\mathrm{Det}(H)} < T$ (Lowe 建议 T=1.2)，即可判断是否需要保留该极值点。

筛选出合适的极值点后，SIFT 特征会计算每一个极值点与其 3σ 邻域像素的梯度，其中水平方向与垂直方向的梯度计算如下，即

$$
\begin{aligned}
G_x &= L(x, y+1) - L(x, y-1) \\
G_y &= L(x+1, y) - L(x-1, y)
\end{aligned} \tag{7-17}
$$

其中，$L(x,y)$ 为像素所在的尺度空间值，由此可计算每个点的梯度大小与梯度方向。

得到关键点与其周围像素的梯度后，SIFT 特征使用类似 HOG 特征的梯度直方图，统计特征点邻域像素梯度的大小与方向，并选取梯度直方图中的最大值作为该关键点的主方向。若梯度直方图中存在峰值大于主方向 80%的方向，则该方向将作为辅方向以增强算法的鲁棒性。与 HOG 特征不同，SIFT 特征为精确描述梯度的主方向，将 0°～360°的范围划分为 36 等分，而相比于需要精确判断梯度方向的 SIFT 特征，HOG 特征更注重统计的结果，因此简单地将 0°～180°的范围划分为 9 等分。至此，SIFT 特征便得到图像内所有关键特征点的位置、尺度与方向。最后，统计所有特征点，按特征点的尺度对特征向量排序，便可得到 SIFT 特征的特征描述向量。

7.2　基于偏振马赛克图像的特征提取

偏振马赛克图像需要去马赛克，并以此为基础计算偏振度、偏振角等参数获取目标的偏振信息。去马赛克与偏振参数的计算对算法实时性影响较大，并且去

马赛克过程将不可避免地引入误差，影响后续图像处理的准确性。在目标跟踪过程中，为了实时跟踪目标，跟踪算法需要直接在马赛克偏振图像上进行跟踪。当下虽然存在许多不同的特征提取方法，如 HOG、SIFT 等，但是这些方法是面对通常的图像设计的，无法从偏振马赛克图像的像素结构中获取其中的偏振信息。

为直接从红外偏振马赛克图像中获取有效的目标特征，本章设计了红外偏振马赛克图像梯度直方图(记为 HIPMG)特征提取算法。该算法可以根据偏振马赛克图像的结构，直接从原始马赛克图像中获取目标特征，无需对图像进行去马赛克处理，以及偏振度与偏振角的计算。HIPMG 特征提取算法的流程如图 7-7 所示。

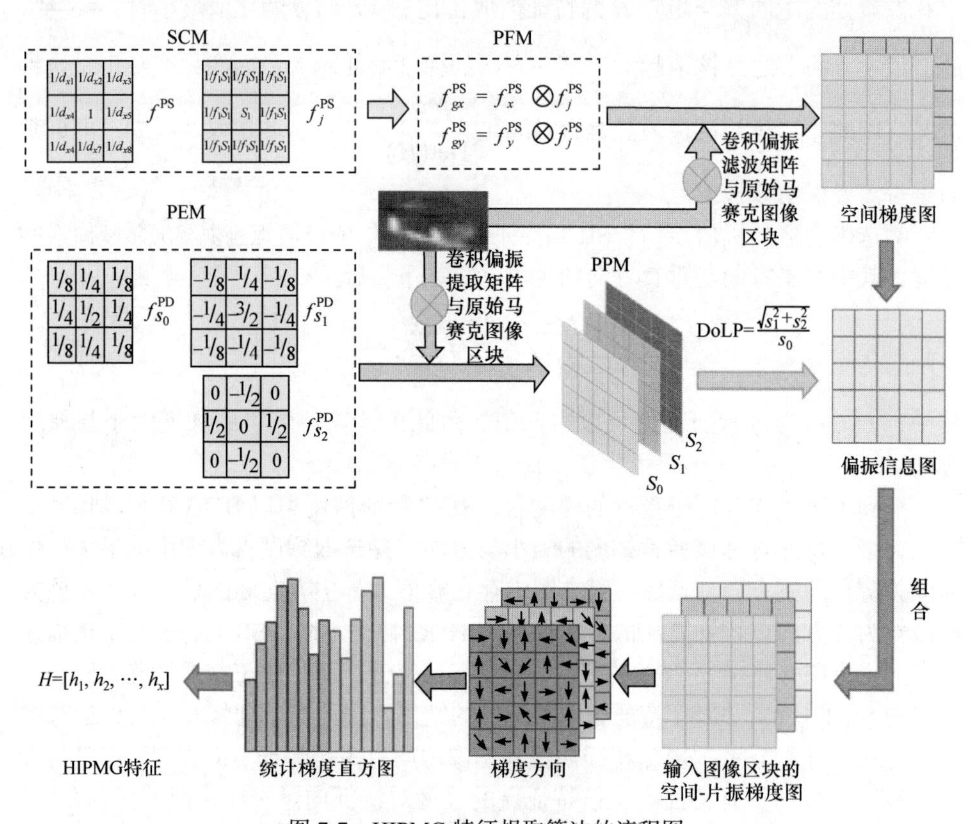

图 7-7　HIPMG 特征提取算法的流程图

作为一种梯度特征，HIPMG 算法会获取目标的空间信息与偏振信息。针对偏振马赛克图像的像素结构，HIPMG 算法设计了空间相关矩阵(spatial correlation matrix，SCM)与偏振提取矩阵(polarization extract matrix，PEM)，并使用空间相关矩阵构建偏振滤波矩阵(polarization filter matrix，PFM)，用来提取目标的空间信息。同时，算法会使用偏振提取矩阵提取目标的偏振参数矩阵，用来计算目标的偏振信息。在这个过程中，由空间相关矩阵构成的偏振滤波矩阵起到梯度算子的作用，将该矩阵与红外偏振马赛克图像进行卷积，便可获取图像的空间梯度图；将偏振提取矩阵与红外偏振马赛克图像进行卷积，便可获取马赛克图像的偏振参数矩阵(polarization parameter matrix，PPM)，即图像的 S_0 、 S_1 、 S_2 参数。在此基础上，采用式(1-24)和式(1-25)便可求得目标的偏振信息图。将目标的空间梯度图与偏振信息图整合为空间-偏振梯度图(spatial-polarization gradient map，SPGM)，求取梯度大小与梯度方向，计算目标的梯度直方图，使用 HOG 特征构建的方式获取目标的特征向量，即 HIPMG 特征。

7.2.1　偏振滤波矩阵

在 HIPMG 特征的计算过程中，偏振滤波矩阵起到梯度算子的作用，用来获取目标的梯度信息。为了使获取的梯度信息中包含目标更多的目标信息，使用空间相关矩阵和偏振相关矩阵，构建目标的偏振滤波矩阵。

在偏振滤波矩阵中，使用中心像素 3×3 邻域的 8 个像素获取目标信息。为获取空间信息，在构成偏振滤波矩阵的空间相关矩阵中，各像素的参数值与该像素到中心像素之间的距离成反比。距离中心像素越远的像素的参数值越小。由此可以得到空间相关矩阵，即

$$f_s^{Ps}=\begin{bmatrix}\dfrac{1}{d_{s1}} & \dfrac{1}{d_{s2}} & \dfrac{1}{d_{s3}}\\ \dfrac{1}{d_{s4}} & 1 & \dfrac{1}{d_{s5}}\\ \dfrac{1}{d_{s6}} & \dfrac{1}{d_{s7}} & \dfrac{1}{d_{s8}}\end{bmatrix}=\begin{bmatrix}\dfrac{1}{2d} & \dfrac{1}{d} & \dfrac{1}{2d}\\ \dfrac{1}{d} & 1 & \dfrac{1}{d}\\ \dfrac{1}{2d} & \dfrac{1}{d} & \dfrac{1}{2d}\end{bmatrix}\tag{7-18}$$

其中， f_s^{Ps} 表示像素 P 对应的空间相关矩阵； $d_{si}, i\in\{1,2,\cdots,8\}$ 表示该像素与中心像素之间的距离； d 为水平或垂直方向相邻像素之间的距离。

为获取水平方向与垂直方向的梯度，将 f_s^{Ps} 拆分为水平相关矩阵 f_x^{Ps} 与垂直相关矩阵 f_y^{Ps} ，即

$$f_x^{Ps}=\begin{bmatrix}-\dfrac{1}{d_{s1}} & 0 & \dfrac{1}{d_{s3}}\\ -\dfrac{1}{d_{s4}} & 0 & \dfrac{1}{d_{s5}}\\ -\dfrac{1}{d_{s6}} & 0 & \dfrac{1}{d_{s8}}\end{bmatrix}\tag{7-19}$$

$$f_y^{Ps} = \begin{bmatrix} -\frac{1}{d_{s1}} & -\frac{1}{d_{s2}} & -\frac{1}{d_{s3}} \\ 0 & 0 & 0 \\ \frac{1}{d_{s6}} & \frac{1}{d_{s7}} & \frac{1}{d_{s8}} \end{bmatrix} \tag{7-20}$$

为了进一步获取目标的梯度信息，拆分时部分参数取负。当 d=0.5 时，水平相关矩阵 f_x^{Ps} 与垂直相关矩阵 f_y^{Ps} 等同于 Soble 一阶梯度算子。由于红外偏振马赛克图像在结构上具有特殊性，为了使算法能够针对红外偏振马赛克图像进一步获取目标信息，在构建偏振滤波矩阵时还需要考虑图像的结构，获取目标的偏振距离信息。然而，红外偏振马赛克图像本身并不包含这种距离信息，因此假设偏振方向不同的像素之间具有一定的偏振距离。由微偏振片的排布方式可知，当中心像素偏振方向不同时，其邻域像素的偏振方向也有所不同。因此，为不同偏振方向的中心像素设计不同的偏振相关矩阵，即

$$f_0^{Ps} = \begin{bmatrix} 1/S_1 & 1/(3S_1/2) & 1/S_1 \\ 1/(S_1/2) & S_1 & 1/(S_1/2) \\ 1/S_1 & 1/(3S_1/2) & 1/S_1 \end{bmatrix} \tag{7-21}$$

$$f_{45}^{Ps} = \begin{bmatrix} 1/S_2 & 1/(S_2/2) & 1/S_2 \\ -1/(S_2/2) & S_2 & -1/(S_2/2) \\ 1/S_2 & 1/(S_2/2) & 1/S_2 \end{bmatrix} \tag{7-22}$$

$$f_{90}^{Ps} = \begin{bmatrix} -1/S_1 & -1/(S_1/2) & -1/S_1 \\ 1/(S_1/2) & S_1 & 1/(S_1/2) \\ -1/S_1 & -1/(S_1/2) & -1/S_1 \end{bmatrix} \tag{7-23}$$

$$f_{135}^{Ps} = \begin{bmatrix} -1/S_2 & -1/(3S_2/2) & -1/S_2 \\ -1/(S_2/2) & S_2 & -1/(S_2/2) \\ -1/S_2 & -1/(3S_2/2) & -1/S_2 \end{bmatrix} \tag{7-24}$$

其中，$f_j^{Ps}, j \in \{0,45,90,135\}$ 表示偏振方向为 j 的中心像素 P 对应的偏振相关矩阵；S_1、S_2 为矩阵参数，S_1 表示 f_0^{Ps} 与 f_{90}^{Ps} 使用的参数，S_2 表示 f_{45}^{Ps} 与 f_{135}^{Ps} 使用的参数。

斯托克斯矢量中存在 $s_1 = I_0 - I_{90}$ 和 $s_2 = I_{45} - I_{135}$，因此偏振相关矩阵中使用 S_1、S_2 表示矩阵参数。

在偏振相关矩阵中，各像素参数值与该像素到中心像素间的偏振距离相关。以 f_0^{Ps} 与 f_{45}^{Ps} 为例，对偏振距离进行解释与说明。已知斯托克斯矢量中存在 $S_1=I_0-I_{90}$，因此在 f_0^{Ps} 中设 0°与 90°的参数为 s_1。由于假设偏振方向不同的像素之

间存在不同的偏振距离，设偏振方向为 45°的像素参数为 $S_1/2$，偏振方向为 135°的像素参数为 $3S_1/2$。与之相似，在 f_{45}^{Ps} 中偏振方向为 0°的像素对应的参数为 $S_2/2$，然而从角度上讲 0°要小于 45°，将 0°对应的参数取负。最后，为了使距离更近的像素获得更大的参数，除中心参数，偏振相关矩阵中的其他参数均取倒数。由此可以求得 4 种不同像素对应的偏振相关矩阵。

求得空间相关矩阵与偏振相关矩阵后，将两个矩阵进行卷积，便可以求得所需的偏振滤波矩阵 f_g^{Ps}，即

$$f_{gx}^{Ps} = f_x^{Ps} \otimes f_j^{Ps} \tag{7-25}$$

$$f_{gy}^{Ps} = f_y^{Ps} \otimes f_j^{Ps} \tag{7-26}$$

其中，f_{gx}^{Ps} 为水平方向的偏振滤波矩阵；f_{gy}^{Ps} 为垂直方向的偏振滤波矩阵；$\otimes$表示卷积运算；在实际计算过程中，f_j^{Ps} 与其偏振方向有关，因此不同偏振方向的像素具有不同的 f_{gx}^{Ps} 与 f_{gy}^{Ps}。

7.2.2 偏振提取矩阵

偏振滤波矩阵中虽然存在偏振相关矩阵，但是该矩阵本质上是针对红外偏振马赛克图像的结构特殊性，设计用于获取空间信息的矩阵。为了使算法获取目标的偏振数据，充分利用图像信息，算法设计了偏振提取矩阵以获取目标的偏振信息。

与偏振滤波矩阵相似，偏振提取矩阵同样使用中心像素 3×3 邻域的 8 个像素值获取目标信息。为了计算目标的偏振度等信息，偏振滤波矩阵需要同时获取目标的 S_0、S_1、S_2。为了获取目标的 S_0 图像，算法使用双线性插值法。这里还是以中心像素偏振方向为 0°的像素 p 为例，对偏振提取矩阵的设计进行解释与说明。由斯托克斯矢量可知，$S_0 = \frac{1}{2}\left(I_0 + I_{45} + I_{90} + I_{135}\right)$。由微偏振片的排布规律可知，当 p 的偏振方向为 0°时，3×3 邻域包含所有偏振方向的像素，则使用双线性插值方法求取该像素处 I_0、I_{45}、I_{90}、I_{135} 的计算式如下，即

$$\begin{cases} I_0 = I_{(0,0)} \\ I_{45} = \dfrac{1}{2}(I_{(-1,0)} + I_{(1,0)}) \\ I_{90} = \dfrac{1}{4}(I_{(-1,-1)} + I_{(-1,1)} + I_{(1,-1)} + I_{(1,1)}) \\ I_{135} = \dfrac{1}{2}(I_{(0,1)} + I_{(0,-1)}) \end{cases} \tag{7-27}$$

其中，$I_{(0,0)}$表示中心像素 p；$I_{(a,b)}$表示中心像素邻域的像素。

整合斯托克斯矢量计算公式与式(7-27)，可以得到用于获取 S_0 的偏振提取矩阵 $f_{s_0}^{\mathrm{PD}}$，即

$$f_{s_0}^{\mathrm{PD}} = \begin{bmatrix} \frac{1}{8} & \frac{1}{4} & \frac{1}{8} \\ \frac{1}{4} & \frac{1}{2} & \frac{1}{4} \\ \frac{1}{8} & \frac{1}{4} & \frac{1}{8} \end{bmatrix} \tag{7-28}$$

虽然式(7-28)以中心像素偏振方向为 0°的像素推导而来，但是由微偏振片的排布规律可知，不论中心像素的偏振方向如何，该模板均可以获取该像素处 S_0 的有效值。

目标的 S_1 图像与 S_2 图像，同样采用双线性插值方法进行计算。相比 S_0 的计算，S_1 与 S_2 的计算过程较为烦琐。这里依旧以中心像素偏振方向为 0°的像素 p 为例进行说明。由斯托克斯矢量可知，$s_1 = I_0 - I_{90}$、$s_2 = I_{45} - I_{135}$。计算 S_1 时，中心像素的值为真值，因此 I_0 的值不变。由于像素 p 处的 I_0 为真实值，因此在计算该像素处 I_{90} 的过程中，除了使用双线性插值法从邻域 I_{90} 像素中获取数据值外，算法还会利用等式 $I_0 + I_{90} = I_{45} + I_{135}$，使用 I_{45} 与 I_{135} 对 I_{90} 进行补偿。其具体计算式如下，即

$$\begin{cases} I_0 = I_{(0,0)} \\ I_{90} = \frac{1}{2}\left[\frac{1}{2}\left(I_{(-1,0)} + I_{(1,0)} + I_{(0,1)} + I_{(0,-1)}\right) - I_{(0,0)}\right] \\ \qquad + \frac{1}{2}\left[\frac{1}{4}\left(I_{(-1,-1)} + I_{(-1,1)} + I_{(1,-1)} + I_{(1,1)}\right)\right] \end{cases} \tag{7-29}$$

由此可得，中心像素偏振方向为 0°时，用于获取 S_1 的偏振提取矩阵 $f_{s_1}^{\mathrm{PD}}$ 如下，即

$$f_{s_1}^{\mathrm{PD}} = \begin{bmatrix} -\frac{1}{8} & -\frac{1}{4} & -\frac{1}{8} \\ -\frac{1}{4} & \frac{3}{2} & -\frac{1}{4} \\ \frac{1}{8} & \frac{1}{4} & \frac{1}{8} \end{bmatrix} \tag{7-30}$$

在计算 S_2 时，由于缺少真实值，无法使用 $I_0 + I_{90} = I_{45} + I_{135}$ 进行补偿，因此获取 S_2 的偏振提取矩阵 $f_{s_2}^{\mathrm{PD}}$，只使用简单的双线性插值方法计算 S_2 的值，即

$$f_{s_2}^{\mathrm{PD}}=\begin{bmatrix}0 & -\frac{1}{2} & 0\\ \frac{1}{2} & 0 & \frac{1}{2}\\ 0 & -\frac{1}{2} & 0\end{bmatrix} \tag{7-31}$$

由此便得到计算 S_1 与 S_2 的偏振提取矩阵，当中心像素不同时，仅需改变使用的提取矩阵与矩阵的正负即可获取相应的参数值，即

$$\begin{aligned}
I_0^{s_1} &= f_{s_1}^{\mathrm{PD}}\\
I_0^{s_2} &= f_{s_2}^{\mathrm{PD}}\\
I_{45}^{s_1} &= f_{s_2}^{\mathrm{PD}}\\
I_{45}^{s_2} &= f_{s_1}^{\mathrm{PD}}\\
I_{90}^{s_1} &= f_{s_1}^{\mathrm{PD}}\\
I_{90}^{s_2} &= f_{s_2}^{\mathrm{PD}}\\
I_{135}^{s_1} &= f_{s_2}^{\mathrm{PD}}\\
I_{135}^{s_2} &= f_{s_1}^{\mathrm{PD}}
\end{aligned} \tag{7-32}$$

获取每个像素处的 S_0、S_1、S_2 后，将参数进行整合处理，便可得到输入图像的三幅参数图像，即目标的偏振参数矩阵。在偏振参数矩阵的每个像素上进行偏振度计算，即可求得该处的偏振信息图 D_p。由于偏振信息图是作为第三个梯度维度参与特征的计算，因此在计算目标的偏振信息图时，不需要获取目标详细的偏振信息。

7.2.3　HIPMG 特征

得到偏振滤波矩阵后，将偏振滤波矩阵与输入的红外偏振马赛克图像进行卷积，以获取目标的空间梯度图，即

$$G_p = I_p \otimes F_p \tag{7-33}$$

其中，I_p 表示输入的红外偏振马赛克图像；$F_p=\left\{f_{gx}^{Ps}, f_{gy}^{Ps}\right\}$ 表示水平方向与垂直方向的偏振滤波矩阵；$G_p=\left\{G_p^{xs}, G_p^{ys}\right\}$ 表示每个偏振滤波矩阵获取的空间梯度图。

将空间梯度图 G_p 与偏振信息图 D_p 进行整合，即可得到空间-偏振梯度图 $\mathrm{DG}_p=\left\{G_p^{xs}, G_p^{ys}, D_p\right\}$。HIPMG 特征提取算法流程如表 7-1 所示。

表 7-1　HIPMG 特征提取算法流程

输入：截取的图像区块 I_p，图像区块每个像素在原始图像内的坐标 x_s 与 y_s；
输出：图像区块对应的 HIPMG 特征 H_p；
1：计算空间梯度图 G^{xs}, G^{ys}：
2：　初始化空间相关矩阵 f_s^{Ps} 与偏振相关矩阵 f_j^{Ps}；
3：　使用 x_s 与 y_s 判断每个像素的偏振方向，构建掩膜矩阵 M_g；
4：　将 I_p 分别与 f_0^{Ps}、f_{45}^{Ps}、f_{90}^{Ps}、f_{135}^{Ps} 进行卷积，得到 i_0、i_{45}、i_{90}、i_{135} 4 个矩阵；
5：　使用掩膜矩阵 M_g、x_s 与 y_s 从 i_0、i_{45}、i_{90}、i_{135} 中获取 f_j^{Ps} 与 I_p 卷积后的结果 F_{pj}；
6：　对 F_{pj} 与 f_x^{Ps}, f_y^{Ps} 分别进行卷积得到 G^{xs}、G^{ys}；
7：计算偏振参数图 D_p：
8：　初始化偏振提取矩阵 $f_{s_0}^{\mathrm{PD}}$、$f_{s_1}^{\mathrm{PD}}$ 与 $f_{s_2}^{\mathrm{PD}}$；
9：　使用 x_s 与 y_s 判断每个像素的偏振方向，构建掩膜矩阵 M_d；
10：　将 I_p 与 $f_{s_0}^{\mathrm{PD}}$ 卷积，得到偏振参数矩阵 S_0；
11：　将 I_p 分别与 $f_{s_1}^{\mathrm{PD}}$、$f_{s_2}^{\mathrm{PD}}$、$-f_{s_1}^{\mathrm{PD}}$、$-f_{s_2}^{\mathrm{PD}}$ 卷积，得到 $d_1 \sim d_4$；
12：　使用掩膜矩阵 M_d、x_s 与 y_s 从 $d_1 \sim d_4$ 获取 S_1 与 S_2；
13：　使用 S_0、S_1、S_2 求得目标的偏振度图像，即偏振参数图 D_p；
14：计算 HIPMG 特征：
15：　使用式(7-34)～式(7-37)，以及 G^{xs}、G^{ys}、D_p 这三个矩阵求得梯度大小与梯度方向，并采用图 7-4 中 HOG 特征的特征构建方式，将梯度信息构建为 HIPMG 特征 H_p。

HIPMG 算法使用空间-偏振梯度图，计算目标的梯度直方图，作为目标特征。在构建目标特征的过程中，为了使算法能够结合目标的偏振信息，将偏振参数作为独立于水平方向与垂直方向的第三个空间维度进行计算。在计算梯度大小与梯度方向的过程中，可以将目标的水平梯度、垂直梯度与偏振参数分别看做目标在三维空间中的坐标值。HIPMG 在计算梯度直方图的过程中，会同时构建两个直方图。其中的一个梯度直方图 $D\left(M_{xy}, \varphi_{xy}\right)$ 只使用图像的水平空间梯度图 G_p^{xs} 与垂直空间梯度图 G_p^{ys}。其梯度大小与梯度方向相当于计算三维空间点在 xoy 平面的投影点到原点的距离与投影点、原点的连线和 x 轴所成的角度。实际上，通过这种方式获得的计算式与式(7-2)和式(7-4)完全相同，这也印证了这种梯度计算方式的有效性，即

$$M_{xy} = \sqrt{G^{xs2} + G^{ys2}} \tag{7-34}$$

$$\varphi_{xy} = \tan^{-1} \frac{G^{xs}}{G^{ys}} \tag{7-35}$$

其中，M_{xy} 为梯度大小；φ_{xy} 为梯度方向。

另一个梯度直方图 $D(M_d,\varphi_d)$ 会同时使用空间梯度图 G_p^{xs}、G_p^{ys} 和偏振参数图 D_p，其梯度大小可以看作目标到三维空间原点的距离，梯度方向可以看作目标和原点所成直线与 xoy 平面之间的角度。由此可以得到改进后的计算式，即

$$M_d=\sqrt{G^{xs2}+G^{ys2}+D_p{}^2} \tag{7-36}$$

$$\varphi_d=\tan^{-1}\left(\frac{D_p}{\sqrt{G^{xs2}+G^{ys2}}}\right) \tag{7-37}$$

得到 $D(M_{xy},\varphi_{xy})$ 与 $D(M_d,\varphi_d)$ 后，便可采用与 HOG 特征类似的方式，统计胞元内的梯度直方图，使用图像块归一化胞元内的梯度信息，并统计所有图像块的梯度信息。由此，便完成 HIPMG 特征的获取。

在偏振滤波矩阵中，不同偏振方向的像素需要使用不同的 f_{gx}^{Ps} 与 f_{gy}^{Ps} 进行特征提取，而在偏振提取矩阵中，同样使用具有一定区别的矩阵提取图像区块的 S_1和S_2。为简化计算过程，HIPMG 的实际计算过程在形式上与本章描述的方式略有不同，如表 7-1 所示。

7.3　运动目标跟踪理论

目标跟踪是在一段视频或图像数据中对指定的目标进行跟踪，并指明目标位置的技术。作为计算机视觉领域的研究热点，目标跟踪一直是一项具有挑战性的研究。时至今日，随着相关技术的发展，目标跟踪算法得到人们的广泛关注，并在多种实际场景下得到有效的应用。

在实际场景下，对运动目标跟踪时存在各种复杂的情况，如形状变化、尺度变化、背景遮挡、图像模糊、光照变化等。同时，在许多应用场景下，目标跟踪算法还需要具有一定的实时性，对目标进行实时跟踪。这些复杂的情况与要求对目标跟踪算法带来不小的挑战。

目标跟踪算法大体可以分为基于生成式模型的算法与基于判别式模型的算法两类。其中，基于生成式模型的算法将特征提取与目标定位当作两个独立的过程。在给出目标所在位置后，算法会构建目标模型或提取目标特征，并在后续跟踪过程中使用目标模型或目标特征，在视频每一帧内进行相似的特征搜索，并逐步迭代以定位目标。当算法求得每一帧的目标位置后，生成式模型便完成目标跟踪任务。判别式模型在建立目标模型的同时，对目标进行定位，与生成式模型不同，判别式模型在跟踪过程中会同时考虑背景信息、环境信息与目标本身的信息，并将目标跟踪看作目标与背景的二分类问题[25,26]。

早期的目标跟踪算法大多是基于生成式模型的算法，并没有考虑背景信息，

并且目标本身的外观具有随机性与多样性。在出现目标形状变化、图像模糊、环境光变化等情况时，目标模型的构建会受到很大的影响，进而影响跟踪效果。与之相对的是基于判别式模型的算法，由于同时考虑背景信息与目标信息，并将背景信息引入跟踪模型中，因此判别式模型能够有效对抗遮挡、目标形变、环境模糊等干扰。其跟踪效果远优于生成式模型。近年来，许多基于判别式模型的算法如相关滤波(correlation filter, CF)、深度学习等算法，都体现出卓越的跟踪效果，证明了判别式算法的有效性。

7.3.1　相关滤波算法

CF 算法是 Henriques 等基于 CSK(ciculant struefure of tracking-hy-detecfion with kernel，图形核检测跟踪结构)算法[27]于 2014 年提出的目标跟踪算法。相比当时的其他算法，该算法不论是跟踪速度还是跟踪准确度都有卓越的性能，并为后续许多基于 CF 理论的目标跟踪算法提供坚实的理论基础。

相关滤波器原本是信号处理领域的概念。其核心思想是，为信号设置一个相关值，两个信号之间越相似，其相关值越高。将 CF 应用于目标跟踪领域时，为了从图像中获取相关值，需要为 CF 设计一个滤波模板，将滤波模板与图像进行卷积，以获取目标的响应值，即相关值。当滤波模板在某处获得最大响应值时，该位置为目标所在的位置。

在训练过程中，CF 算法需要使用大量负样本对跟踪器进行训练。通常情况下，大量负样本的引入将对目标跟踪的实时性产生影响，并且在很多情况下很难获取大量的负样本对跟踪器进行训练。为了解决负样本对跟踪过程带来的影响，CF 算法提出循环矩阵的概念。以一维数据为例，循环矩阵处理一维数据的结果如图 7-8 所示。可以看到，将原始数据与循环矩阵卷积后可以获得大量的负样本，用来训练跟踪器[28]。

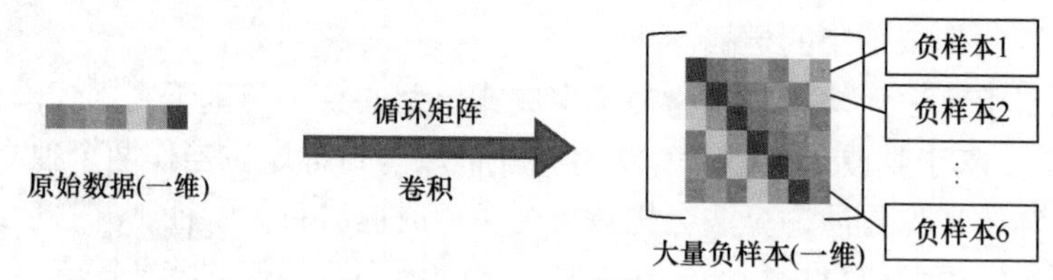

图 7-8　循环矩阵处理一维数据的结果[28]

CF 算法使用岭回归方法对跟踪器进行训练。跟踪器的训练过程可以看作求取 $f(z)=w^{\mathrm{T}}z$，使样本与回归目标的均方误差最小的过程，即

$$\min_w \sum_i (f(x_i)-y_i)^2+\lambda\|w\|^2 \tag{7-38}$$

对式(7-38)进行最小二乘法求解可得

$$
\begin{aligned}
w &= (X^{\mathrm{T}} X + \lambda I)^{-1} X^{\mathrm{T}} y \\
w &= (X^{\mathrm{H}} X + \lambda I)^{-1} X^{\mathrm{H}} y
\end{aligned}
\tag{7-39}
$$

其中，X^{H} 为自共轭矩阵。

由于后续计算需要在傅里叶域进行，因此使用 X^{H} 进行后续计算。从式(7-39)可以看到，为了计算 w，需要获得目标的数据矩阵 X 与 X^{H} 的乘积。如果直接计算 X 与 X^{H} 的乘积将会非常复杂，因此 CF 算法将时域计算转移到频域进行计算，可以大幅降低算法的复杂度。同时，由于所有通过循环矩阵生成的数据矩阵 X 都是通过对原始数据 x 做离散傅里叶变换进行对角化获取的，因此可以将数据矩阵 X 表示为

$$
X = F \operatorname{diag}(\hat{x}) F^{\mathrm{H}} \tag{7-40}
$$

其中，$\hat{x}$ 为对 $n\times 1$ 维的图像区块(patch)数据 x 进行 DFT 变换的结果；F 为计算输入矩阵的 DFT 矩阵，该矩阵不依赖 x。

借助式(7-40)可以将 $X^{\mathrm{H}}X$ 表示为

$$
X^{\mathrm{H}} X = F \operatorname{diag}(\hat{x}^*) F^{\mathrm{H}} F \operatorname{diag}(\hat{x}) F^{\mathrm{H}} \tag{7-41}
$$

进一步，推导化简可得

$$
X^{\mathrm{H}} X = F \operatorname{diag}(\hat{x}^*) \operatorname{diag}(\hat{x}) F^{\mathrm{H}} \tag{7-42}
$$

$$
X^{\mathrm{H}} X = F \operatorname{diag}(\hat{x}^* \odot \hat{x}) F^{\mathrm{H}} \tag{7-43}
$$

将 $X^{\mathrm{H}}X$ 代入 w 可以得到 w 的频域表示式，即

$$
\hat{w} = \operatorname{diag}\left(\frac{\hat{x}^*}{\hat{x}^* \odot \hat{x} + \lambda} \right) \hat{y} \tag{7-44}
$$

$$
\hat{w} = \frac{\hat{x}^* \odot \hat{y}}{\hat{x}^* \odot \hat{x} + \lambda} \tag{7-45}
$$

然而，w 的微分计算通常是一个非线性问题，为了将非线性问题转化为线性问题，需要在高维空间计算 w，即

$$
w = \sum_{i}^{n} a_i \varphi(X_i) \tag{7-46}
$$

将 w 的计算式代入我们要建立的目标函数，可得

$$
f(z) = w^{\mathrm{T}} z = \sum_{i}^{n} a_i K(z, X_i) \tag{7-47}
$$

其中，K 表示核函数。

在 CF 计算过程中，非线性函数的表达式并不确定，然而核空间内的核矩阵相对确定，因此令 K 表示由核函数获取得到的核矩阵，将求解 w 的问题转换为求解 $a=(K+\lambda I)^{-1}y$ 的问题。其中，K 的表达式为

$$K=\varphi(x)\varphi^{\mathrm{T}}(x) \tag{7-48}$$

将 K 的表达式代入 a 的表达式，可得

$$\hat{a}=\frac{\hat{y}}{\hat{k}^{xx}+\lambda} \tag{7-49}$$

其中，$\hat{k}^{xx}$ 为矩阵 K 第一行的傅里叶变换。

至此，CF 算法便完成训练过程。在跟踪过程中，算法会使用滤波模板获取图像的最大响应值位置作为目标位置，其计算公式为

$$f(z)=(K^{z})^{\mathrm{T}}a \tag{7-50}$$

对式(7-50)化简可得

$$\hat{f}(z)=\hat{k}^{xz}\odot\hat{a} \tag{7-51}$$

至此，CF 算法便完成检测与跟踪。CF 算法中最为经典的两种算法是核相关滤波算法(记为 KCF)算法与判别式相关滤波(记为 DCF)算法。两者均采用 HOG 特征，不同的是 KCF 算法采用高斯核作为核函数，而 DCF 算法采用线性核作为核函数。核相关滤波算法由于较高的准确性与极高的计算速度得到人们的广泛关注，并使 CF 算法得以广泛传播与快速发展。

7.3.2 AutoTrack 算法

CF 算法于 2015 年公开代码之后，产生了大量的衍生算法与改进算法。其中，对 CF 算法的改进分为三类，即构建更具有鲁棒性的目标模型；消除边界效应对跟踪带来的影响；缓解滤波器退化带来的影响。其中，构建效果更好的模型需要消耗更多的计算时间，改善滤波器退化带来的影响，不能给算法带来本质上的改变。因此，大多数算法采用消除边界效应的方法改进 CF 算法。消除边界效应的方法通常采用抑制背景学习或限制 CF 变化率的方式，达到改善算法的目的，然而这些方法有大量需要手动调整的参数，并且这些固定的参数难以应对多种不同的复杂场景。

AutoTrack 算法提出一种时空正则项参数。该参数使算法能够同时获取目标的局部响应图与全局响应图的信息，对可信度更高的目标进行学习，并使用全局响应图判断模型的更新速率。与此同时，AutoTrack 算法可以自动、自适应地设置各种参数，以消除跟踪过程中产生的边界效应[29]。

AutoTrack 算法以空间-时间正则化相关滤波器(spatial-temporal regularized

correlation filter，STRCF)算法为基础，并在该算法的基础上进行改进。STRCF 算法通过最小化下式获取第 t 帧的滤波器 H_t，即

$$\varepsilon(H_t)=\frac{1}{2}\left\|y-\sum_{k=1}^{K}x_t^k\odot h_t^k\right\|_2^2+\frac{1}{2}\sum_{k=1}^{K}\left\|u\odot h_t^k\right\|_2^2+\frac{\theta}{2}\sum_{k=1}^{K}\left\|h_t^k-h_{t-1}^k\right\|_2^2 \tag{7-52}$$

其中，x_t^k 为第 t 帧中提取的目标特征；K 为通道数；y 为期望获取的高斯型响应函数；h_t^k 为第 k 个通道在第 t 帧训练的滤波器；$\odot$表示卷积操作。

尽管 STRCF 算法可以获得非常优秀的跟踪结果，但是该算法的空间正则项为固定值，不能应对许多复杂的情况，或者测试时没有考虑的实际应用情况。另外，时间惩罚项 θ 为固定值，不能对不同的场景进行自适应调整，对算法的准确性存在一定的影响。AutoTrack 跟踪算法流程如表 7-2 所示。

表 7-2　AutoTrack 跟踪算法流程[29]

输入：由目标路径读取的第 t 帧图像 I_t，第 $(t-1)$ 帧的目标位置 P_{t-1}
输出：第 t 帧的目标位置 P_t，学习得到的目标特征 F_t
1：参数初始化；
2：由第 $(t-1)$ 帧的目标位置 P_{t-1} 裁剪获取图像 I_{t-1} 中的图像区块 x_{t-1}；
3：循环以下步骤
4：　目标定位：
5：　　由目标位置 P_{t-1} 获取图像 I_t 中的图像区块 x_t；
6：　　使用特征提取算法获取图像区块中的目标特征 H_t；
7：　　使用目标特征 H_t 计算目标响应值 R_t (当 $t>1$ 时还需要使用学习特征 F_{t-1})；
8：　　(当 $t>2$ 时，获取 R_t 和 R_{t-1} 的响应值之差 D_t)；
9：　　更新目标位置与目标大小，保存本帧的目标位置信息；
10：　学习特征更新($t>1$)：
11：　　将目标特征由 H_t 变为 SH_t，并使用 SH_t 对学习特征进行初始化；
12：　　使用 SH_t 与 F_{t-1} ($t>2$ 时，还需要使用 D_t)更新学习特征 F_t；
13：直至视频序列结束。

为了解决 STRCF 算法存在的这些问题，AutoTrack 算法使用时间正则项与空间正则项。首先，算法将图像的局部变化表示为局部变化响应矩阵 $\Pi=\left[\left|\Pi^1\right|\left|\Pi^2\right|\cdots\left|\Pi^T\right|\right]$，其中的第 i 个元素 Π^i 的数学表达式为

$$\Pi^i=\frac{R_t\left[\psi_\Delta\right]^i-R_{t-1}^i}{R_{t-1}^i} \tag{7-53}$$

其中，$\left[\psi_\Delta\right]$为移位算子，用于使响应图 R_t 与 R_{t-1} 互相吻合；R^i 为响应图 R 中的第 i 个元素。

局部响应图的变化会展现搜索区域每个像素的可信度，因此算法借助局部响应的变化Π对式(7-52)中的空间参数u进行调整，使算法在学习时对可信度较低的滤波器进行限制，即

$$\tilde{u} = P^{\mathrm{T}} \delta \log(\Pi + 1) + u \tag{7-54}$$

其中，P^{T}为$T \times T$的矩阵，用于裁剪滤波器的中心部分；δ为调整局部响应变化的常数；改进后的参数u使算法不会学习响应图中变化剧烈的像素，可以保障学习模型的准确性。

STRCF 算法使用固定的参数θ计算时间损失。AutoTrack 算法对这个超参数的值和滤波器进行联合优化，使算法能够自适应地计算该参数，即

$$\tilde{\theta} = \frac{\zeta}{1 + \log(\nu \|\Pi\|_2 + 1)}, \quad \|\Pi\|_2 \leqslant \varnothing \tag{7-55}$$

其中，ζ与ν为需要设置的超参数；$\varnothing$为阈值；时间正则项$\tilde{\theta}$使用图像的全局变化进行调整。

当全局响应大于阈值$\varnothing$时，表明图像中存在较大的畸变，这时 CF 停止特征学习过程，使算法不会学习错误的目标模型；反之，当全局响应小于阈值时，响应图中的变化越剧烈，算法学习速率越快，更容易学到外观变化较大的模型。得到目标模型后，对模型进行优化，并在傅里叶域进行相关性计算，判断目标的位置。

7.4 实验结果

7.4.1 实验数据集

实验使用红外偏振摄像仪[30]，通过采集视频构建一组红外偏振马赛克视频数据作为实验数据集，以验证本章提出算法的有效性。实验采集的红外偏振视频包含超过 25000 帧图像，并选取 23 个典型场景，合计 2313 帧视频图像作为实验数据集进行实验，其中包括大量复杂的干扰情况，如大面积遮挡、相似目标干扰、相机抖动、尺度变化、形状变化等。同时，数据集中包含不同天气、时间下采集的数据，如晴天、降雨、薄雾、扬沙，以及上午、下午、夜晚。这些干扰会对目标外观产生一定的影响，进而影响目标特征，降低跟踪的准确性。因此，算法需要有效的特征提取算法以实现准确、鲁棒的跟踪。

由红外伪装的原理[31-33]可知，部分红外伪装通过降低目标与环境之间的温度差实现红外伪装，而红外视频中不显著的目标与环境温度相近，因此数据集中还

包含一些不显著的目标，以模拟对使用热平衡伪装目标的跟踪，验证特征算法的有效性。数据集中的部分典型视频场景展示如图 7-9 所示。

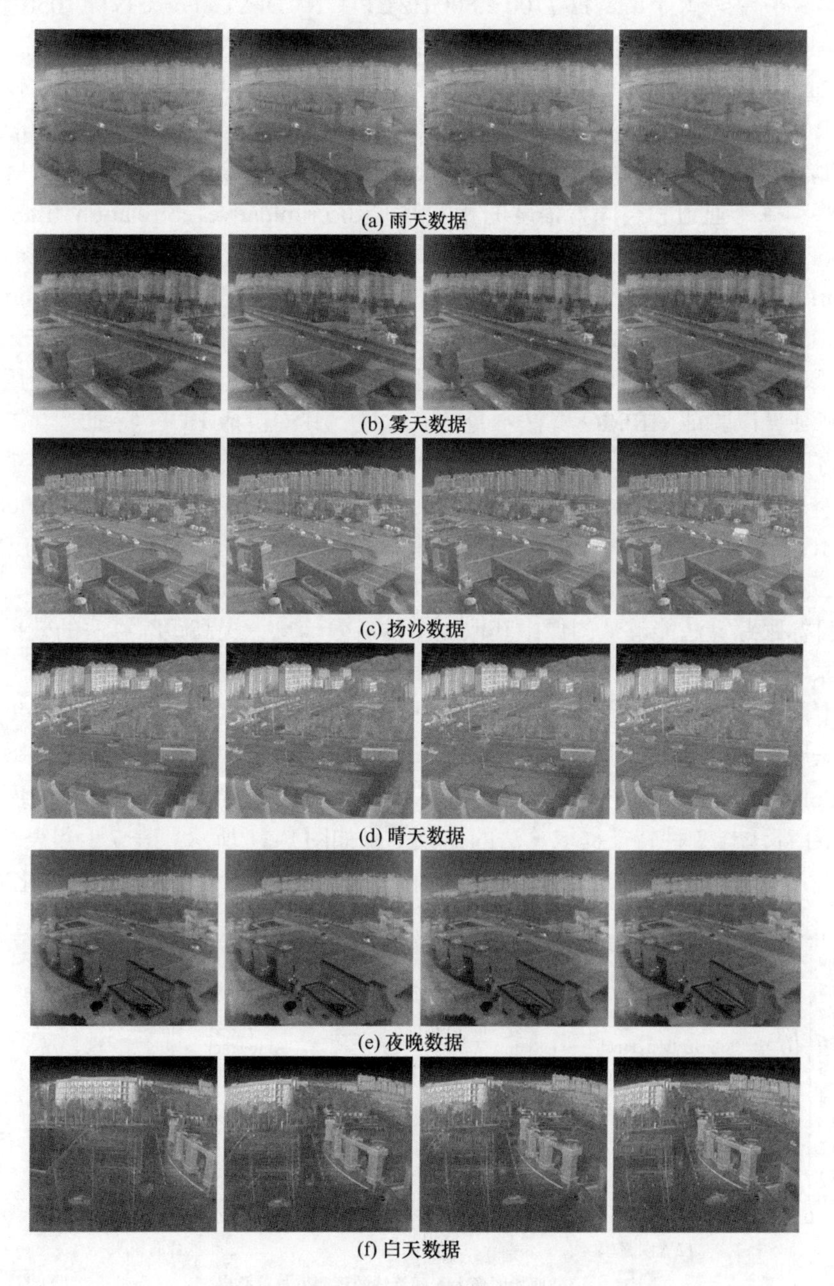

图 7-9　实验数据集中的部分典型视频场景展示

7.4.2 实验结果分析

实验平台搭载有 Intel i7-7700 2.80GHz CPU、NVDIA GeForce GTX1050 显卡，以及 16GBit 内存。我们将使用 HIPMG 特征的 AutoTrack 算法命名为 Polarization-Track 算法，并将该算法与当下最先进的几种跟踪算法进行比较，包括 STRCF 算法[34]和多线索相关滤波跟踪(multi-cue correlation filter based tracker, MCCT)算法[35]、多任务相关粒子滤波(multi-task correlation particle filter，MCPF)算法[36]、基于通道和空间置信度的相关滤波(discriminative correlation filter with channel and spatial reliability, CSR-DCF)算法[37]、动态孪生网络(dynamic siamese network, DSiam)算法[38]，以及经典的卷积神经网络模型跟踪(convolutional network based tracker, CNT)算法[39]与核相关滤波(kernelized correlation filters，KCF)算法[27]。为了验证特征本身的有效性，实验还在 AutoTrack 算法上应用了不同的特征，以验证 HIPMG 算法本身的有效性，其中包括 HOG 特征[17]、二阶梯度直方图特征(histograms of the second-order gradients，HSOG)特征[40]、多维梯度光谱空间直方图特征(spectral-spatial histogram of multidimensional gradients，SSHMG)特征[41]、SIFT 特征[18]、局部二值模式特征(local binary pattern，LBP)特征[42]、灰度特征，以及 AutoTrack 算法默认使用的 HOG+灰度特征。同时，为了使各目标跟踪算法能够从图像中获取更多的有效信息，提高跟踪算法的效果，分别在原始马赛克图像、去马赛克后强度图像与偏振度图像上进行目标跟踪。由于偏振度图像具有较大的噪声，因此在对比不同特征提取算法时，将融合强度信息与偏振度信息的图像代替完全使用偏振信息的图像进行跟踪，以提高跟踪效果。

Polarization-Track 算法与 8 种目标跟踪算法的比较结果如图 7-10 所示。HIPMG 算法与 7 种特征提取算法的比较结果如图 7-11 所示。表 7-3 和表 7-4 分别将图 7-10 和图 7-11 中各跟踪算法与各特征提取方法的跟踪结果进行量化展示，

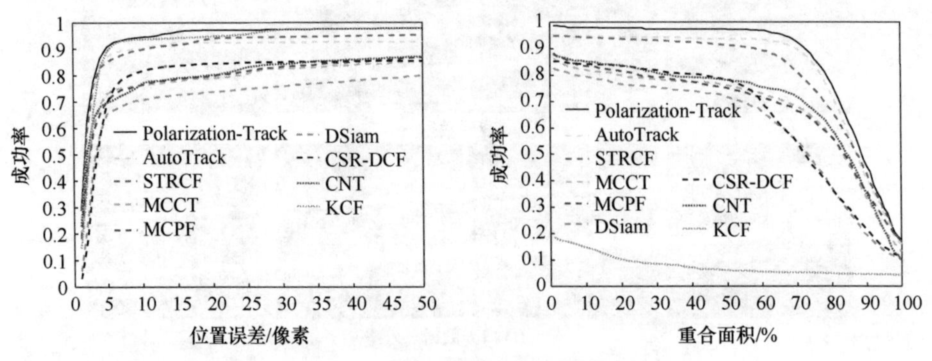

(a) 原始图像上不同算法的预测值与重叠率

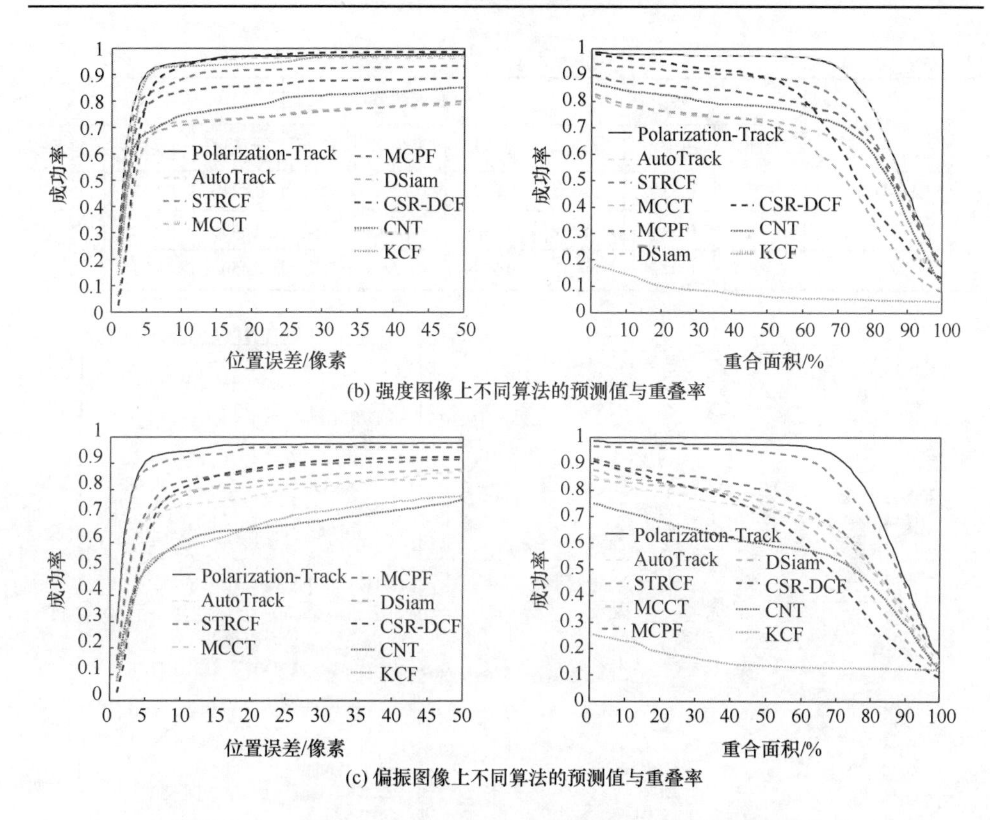

(b) 强度图像上不同算法的预测值与重叠率

(c) 偏振图像上不同算法的预测值与重叠率

图 7-10　Polarization-Track 算法与 8 种目标跟踪算法的比较结果

并展示了部分跟踪方法的计算速度。由于强度图像与偏振参数图像的计算过程会严重影响计算时间，因此除表 7-3 中的 AutoTrack 算法与 STRCF 算法，其他算法使用的强度图像与偏振图像均是通过提前对马赛克图像进行处理得到的，其处理方式与 AutoTrack 和 STRCF 算法对马赛克图像的处理方式相同。不同特征提取算法结果比较如表 7-4 所示。

表 7-3　不同目标跟踪算法跟踪结果比较

算法	原始图像			强度图像			偏振图像		
	预测值	重叠率	帧率	预测值	重叠率	帧率	预测值	重叠率	帧率
Polarization-Track	0.9448	0.8549	19.17						
AutoTrack	0.895	0.8213	33.53	0.9319	0.8532	1.4	0.767	0.654	1.74
STRCF	0.9077	0.7984	46.59	0.8886	0.7843	1.41	0.795	0.619	1.39
MCCT	0.7836	0.6715	1.02	0.7301	0.6381		0.7844	0.6636	
MCPF	0.7884	0.6767	0.4174	0.8367	0.733		0.8394	0.7034	
DSiam	0.7171	0.5978	14.6	0.7169	0.5899		0.7865	0.6341	

续表

算法	原始图像			强度图像			偏振图像		
	预测值	重叠率	帧率	预测值	重叠率	帧率	预测值	重叠率	帧率
CSR-DCF	0.796	0.6349	12.96	0.9179	0.7261		0.8249	0.6015	
CNT	0.7968	0.6952	0.5391	0.7958	0.7021		0.6405	0.5527	
KCF	0.9234	0.0774	485.33	0.9189	0.0772		0.6508	0.0731	

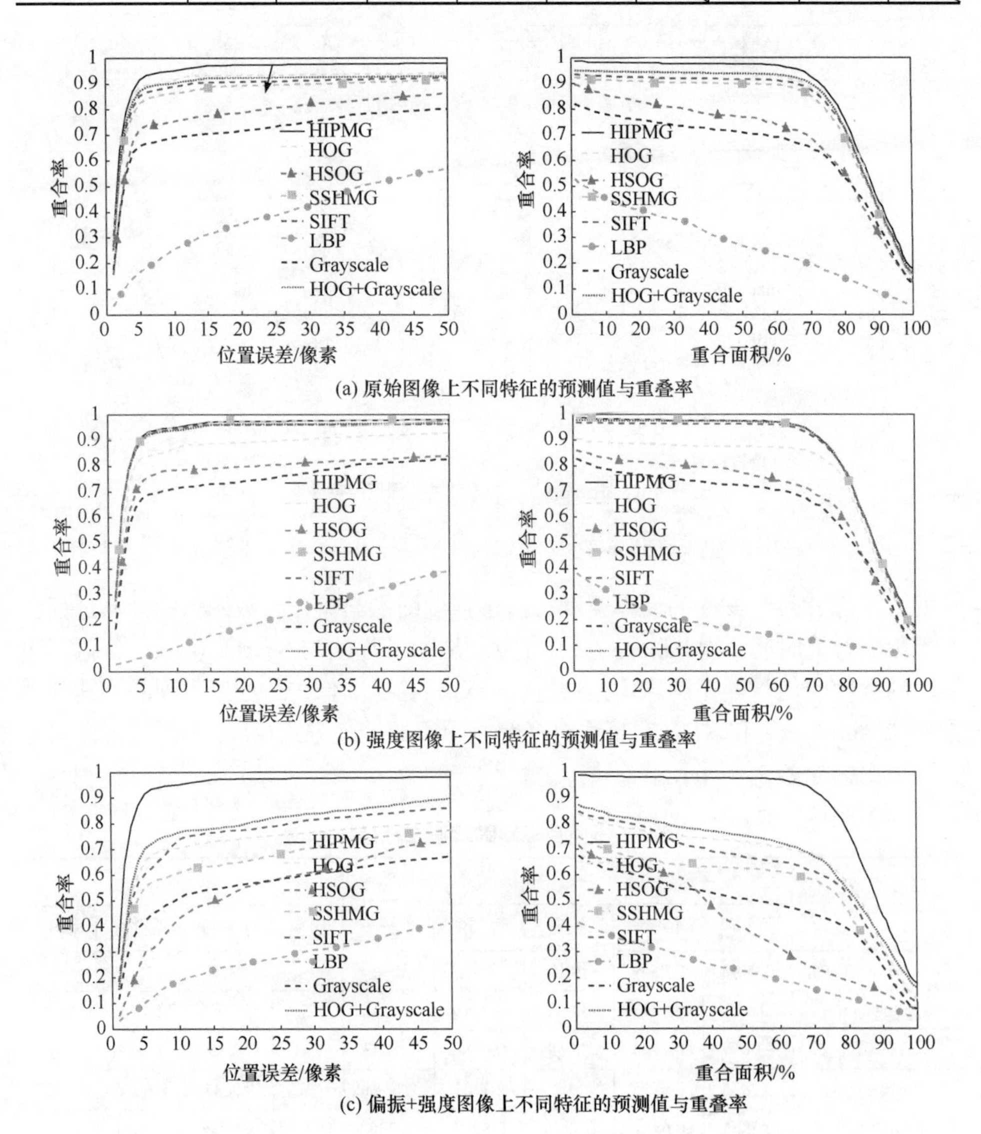

(a) 原始图像上不同特征的预测值与重叠率

(b) 强度图像上不同特征的预测值与重叠率

(c) 偏振+强度图像上不同特征的预测值与重叠率

图 7-11　HIPMG 算法与 7 种特征提取算法的比较结果

表 7-4　不同特征提取算法结果比较

算法	原始图像			强度图像		偏振+强度图像	
	预测值	重叠率	帧率	预测值	重叠率	预测值	重叠率
HIPMG	0.9448	0.8549	19.17				
HOG	0.9061	0.8208	35.25	0.8730	0.7757	0.7294	0.6502
HSOG	0.7781	0.6805	1.81	0.7817	0.6790	0.5456	0.3971
SSHMG	0.8657	0.7868	16.00	0.9433	0.8525	0.6629	0.5515
SIFT	0.882	0.8044	0.37	0.9315	0.8423	0.7612	0.6204
LBP	0.3797	0.273	0.62	0.2146	0.1729	0.2692	0.2208
Grayscale	0.7178	0.6372	177.19	0.7406	0.6422	0.5622	0.4690
HOG+Grayscale	0.895	0.8213	33.53	0.9319	0.8532	0.7928	0.6727

图 7-12～图 7-15 展示了实验中部分数据集上的跟踪效果。跟踪效果图中第一行图像为原始马赛克图像上的跟踪过程，第二行图像为强度图像上的跟踪过程，第三行为偏振度图像(不同算法)或强度-偏振度融合图像(不同特征)的跟踪过程。

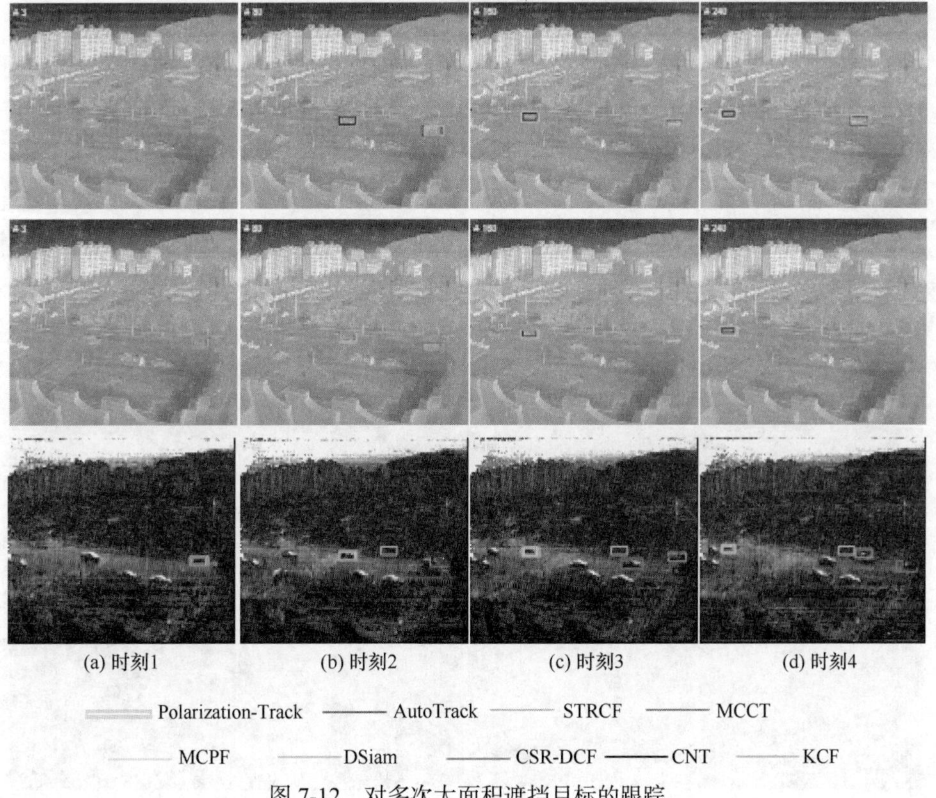

图 7-12　对多次大面积遮挡目标的跟踪

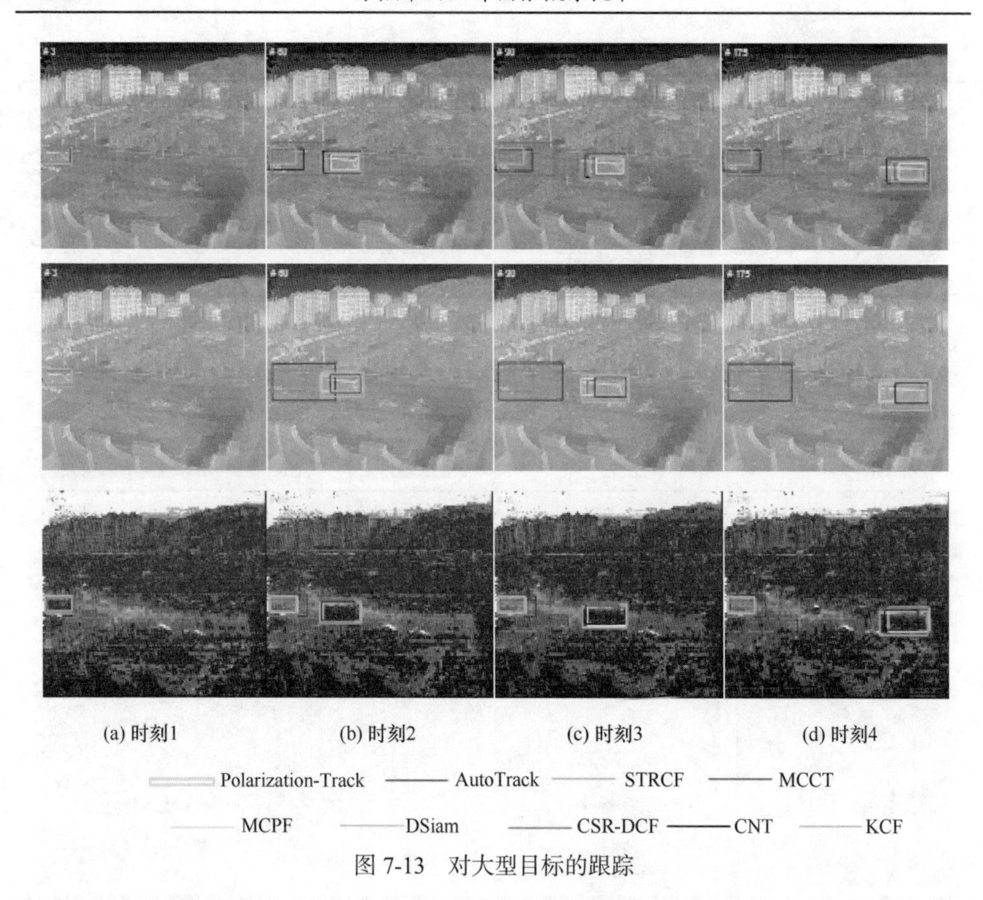

图 7-13　对大型目标的跟踪

由图 7-10 和表 7-3 可以看到，使用 HIPMG 特征提取方法的 Polarization-Track 算法，在红外偏振马赛克视频中得到最好的跟踪结果，同时保障了算法的实时性。其他的目标跟踪算法不论是在原始图像、强度图像，还是偏振图像上，其跟踪效

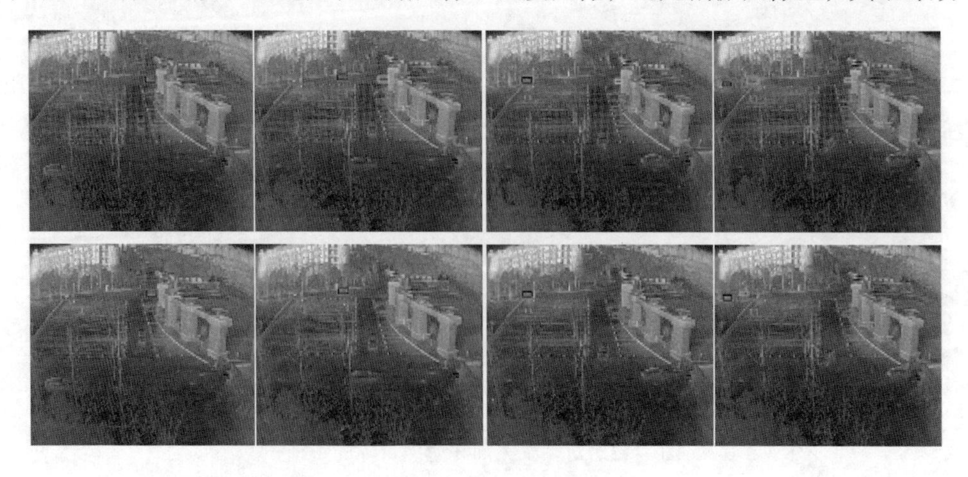

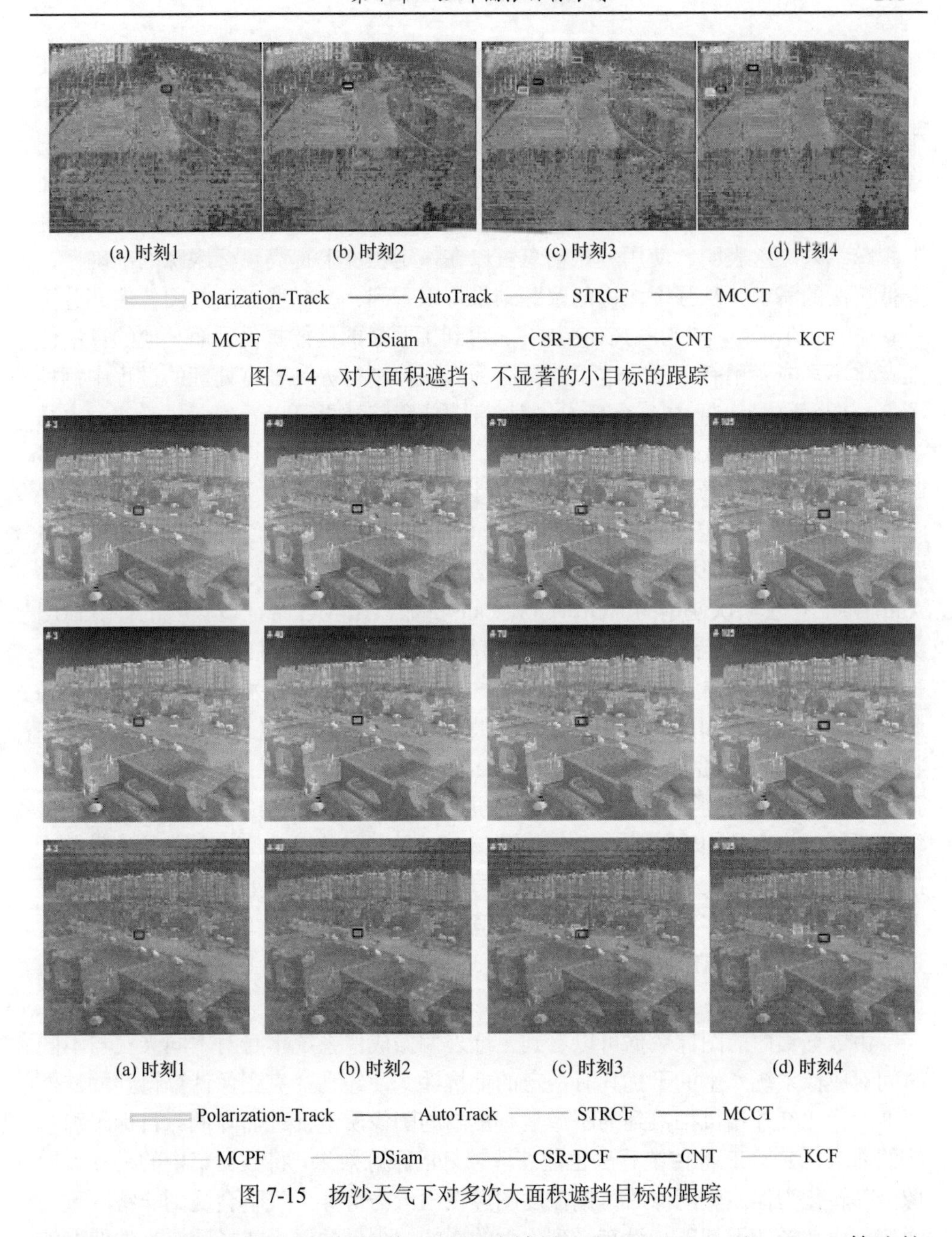

图 7-14　对大面积遮挡、不显著的小目标的跟踪

图 7-15　扬沙天气下对多次大面积遮挡目标的跟踪

果都不如 HIPMG 特征在原始图像上的跟踪效果。由 AutoTrack 和 STRCF 算法的运算速度可以看到,去马赛克与偏振参数的计算会对算法的实时性造成严重影响,使算法难以实现实时目标跟踪。

从偏振图像的跟踪结果发现，大多数在原始图像上跟踪效果较好的跟踪算法在偏振图像上的跟踪效果反而较差。在原始图像上，跟踪效果较差的跟踪算法在偏振图像上的跟踪效果反而得到一定的提升。这是因为在偏振信息的计算过程会引入一定的误差，导致偏振图像虽然包含辨识能力更强的偏振信息，但同时使图像存在非常明显的噪声。偏振图像内的噪声会降低跟踪效果。目标的偏振信息使目标在偏振图像中比在马赛克图像中更为突出，从而使效果较差的算法得到更好的跟踪结果。这表明，使用偏振信息可以在一定程度上提高目标跟踪的准确性，降低算法的需求。从强度图像的跟踪结果可以看到，去马赛克后的图像使部分算法，如 AutoTrack、MCPF、CSR-DCF，得到了明显的性能提升，而其他的算法性能变化不大或者稍有下降。这可能是因为对图像进行去马赛克处理的过程中牺牲了部分像素数据。通过 AutoTrack 的强度图像跟踪结果可以看到，尽管通过去马赛克可以使 AutoTrack 算法得到非常接近 Polarization- Track 算法的跟踪结果，但是去马赛克过程会严重影响算法的实时性，使算法难以应对实时目标跟踪任务。

由图 7-11 和表 7-4 可以看到，在 AutoTrack 算法中进行红外偏振视频目标跟踪时，HIPMG 特征同样得到最好的跟踪结果，并且可以实时跟踪目标。相比 AutoTrack 算法默认使用的 HOG+Grayscale 特征，HIPMG 特征以 43%的计算速度为代价，将预测值提高 5.56%，重叠率提高 4.09%。即使使用 AutoTrack 的默认特征，在去马赛克图像上进行跟踪，HIPMG 特征在预测值与重叠率上仍具有 1.38%和 0.2%的优势，然而此时 HOG+Grayscale 特征的平均帧率仅有 1.4，不到 HIPMG 特征计算速度的 1/13。其他用于 AutoTrack 的特征提取方法不论是在原始图像、强度图像，还是强度-偏振度融合图像上进行跟踪，其跟踪结果均不如 HIPMG 特征在原始图像上的跟踪结果。由于偏振信息引入一定的误差，对 AutoTrack 算法的跟踪过程会产生较大的影响，因此在强度-偏振度融合图像上得到的跟踪结果较差。与此同时，大多数特征提取算法在强度图像上都得到比较明显的性能提升。这表明，对马赛克图像进行去马赛克处理，可以有效提升目标跟踪过程中的准确性。

由数据集内的图像数据可以看到，红外偏振成像系统本身对不同天气与不同时间对成像系统产生的干扰具有一定的抵抗性，使经马赛克图像计算得到的红外强度图像比红外相机拍摄到的图像具有更高的图像质量，进而降低对目标跟踪算法的需求，使 KCF 等传统算法也能获取较好的跟踪效果。将数据集中的马赛克图像全部转化为偏振度图像后，偏振度图像在雨天与薄雾天气下会受到非常严重的影响，而在扬沙天气下却没有受到太大的影响。少量的浮尘或扬沙对光的偏振特性影响不大。然而，由于红外辐射无法透过水滴，因此空气中的雨滴或凝结的雾气会严重影响图像获取的偏振信息。同时，柏油马路表面粗糙，偏振度较低，因此易与偏振度较高的车窗进行区分。然而，当车辆行驶在较为光滑的大理石砖路面时，由于路面具有较高的偏振度，算法在偏振图像上反而难以对目标进行识别与跟踪。这表明，仅使用偏振信息不利于复杂场景下的跟踪，结合多种信息更有利于不同场景下的红外偏振目标跟踪。

7.5 本章小结

本章简要介绍一种直接从偏振马赛克图像提取目标信息的梯度特征。HIPMG 特征提取方法以红外偏振马赛克图像的像素排布方式为基础，获取每个像素及其周边像素的空间信息与该像素处的偏振信息。本章简单介绍目标跟踪算法，并将 HIPMG 特征应用于 AutoTrack 目标跟踪算法，提出 Polarization-Track 算法，实现红外偏振马赛克图像上的实时目标跟踪。

参考文献

[1] 王志瑞, 闫彩良.图像特征提取方法的综述. 吉首大学学报(自然科学版), 2011, 32(5): 43-47.

[2] 孟琭, 杨旭.目标跟踪算法综述. 自动化学报, 2019, 45(7):1244-1260.

[3] Bolme D, Beveridge J, Draper B, et al. Visual object tracking using adaptive correlation filters// IEEE Computer Society Conference on Computer Vision and Pattern Recognition, 2010: 2544-2550.

[4] Danelljan M, Khan F, Felsberg M, et al. Adaptive color attributes for real-time visual tracking// Proceedings of the 2014 IEEE Conference on Computer Vision and Pattern Recognition, Columbus, 2014:1090-1097.

[5] Mehtre B, Kankanhalli M, Narasimhalu A, et al. Color matching for image retrieval. Pattern Recognition Letters, 1995, 16(3): 325-331.

[6] Markus A, Markus O. Similarity of color images// Proceedings of SPIE, Storage and Retrieval for Image and Video Databases III, San Jose, 1995: 381-392.

[7] Haralick R, Shanmugam K, Dinstein I. Texture features for image classification. IEEE Transactions on Systems, Man, and Cybernetics, 1973, 3(6): 610-621.

[8] Panjwani D, Healey G. Unsupervised segmentation of textured color images using Markov random field models// Proceedings of IEEE Conference on Computer Vision and Pattern Recognition, New York, 1993: 776-777.

[9] Panjwani D, Healey G. Markov random field models for unsupervised segmentation of textured color images. IEEE Transactions on Pattern Analysis and Machine Intelligence, 1995,17(10): 939-954.

[10] Tamura H, Mori S, Yamawaki T. Textural features corresponding to visual perception. IEEE Transactions on Systems, Man, and Cybernetics, 1978, 8(6):460-473.

[11] Belongie S, Malik J, Puzicha J. Shape matching and object recognition using shape contexts. IEEE Transactions on Pattern Analysis and Machine Intelligence, 2002, 24(4):509-522.

[12] Kontschieder P, Riemenschneider H, Donoser M, et al. Discriminative learning of contour fragments for object detection// Proceedings of the 2011 British Machine Vision Conference,

Scotland, 2011: 1-12.
[13] Chia A, Rahardja S, Rajan D, et al. Object recognition by discriminative combinations of line segments and ellipses// Proceedings of the 2010 IEEE Conference on Computer Vision and Pattern Recognition, San Francisco, 2010: 2225-2232.
[14] Ren Z, Sudderth E. Clouds of oriented gradients for 3D detection of objects, surfaces, and indoor scene layouts. IEEE Transactions on Pattern Analysis and Machine Intelligence, 2020, 42(10): 2670-2683.
[15] Xiao B, Wang K, Bi X et al. 2D-LBP: An enhanced local binary feature for texture image classification. IEEE Transactions on Circuits and Systems for Video Technology, 2019, 29(9):2796-2808.
[16] Al-Khafaji S, Zhou J, Zia A, et al. Spectral-spatial scale invariant feature transform for hyperspectral images. IEEE Transactions on Image Processing, 2018, 27(2):837-850.
[17] Dalal N, Triggs B. Histograms of oriented gradients for human detection// IEEE Computer Society Conference on Computer Vision and Pattern Recognition, 2005: 886-889.
[18] Lowe D. Distinctive image features from scale-invariant keypoints. International Journal of Computer Vision, 2004, 60(2):91-110.
[19] 尹宏鹏，陈波，柴毅，等.基于视觉的目标检测与跟踪综述.自动化学报，2016, 42(10):1466-1489.
[20] Hinton G, Zemel R. Autoencoders, minimum description length and Helmholtz free energy// Proceedings of the 1993 Advances in Neural Information Processing Systems, Cambridge, 1993: 3-10.
[21] Hinton G, Osindero S, Teh Y. A fast learning algorithm for deep belief nets. Neural Computation, 2006, 18(7):1527-1554.
[22] 冈萨雷斯. 数字图像处理. 阮秋琦, 译. 北京: 电子工业出版社, 2005.
[23] Iijima T. Basic theory on normalization of a pattern. Bulletin of Electro Technical Laboratory, 1962, 8: 101-121.
[24] Lindeberg T. Scale-space theory: A basic tool for analyzing structures at different scales. Journal of Applied Statistics,1994,21: 1-2.
[25] 曹自强,赛斌,吕欣.行人跟踪算法及应用综述.物理学报,2020,69(8):41-58.
[26] 孟琭，李诚新．近年目标跟踪算法短评——相关滤波与深度学习．中国图象图形学报，2019, (7): 1011-1016.
[27] Henriques J, Caseiro R, Martins P, et al. Exploiting the circulant structure of tracking-by-detection with kernels// Proceedings of Computer Vision. Lecture Notes in Computer Science, Heidelberg, 2012: 702-715.
[28] Henriques J, Caseiro R, Martins P, et al. High-speed tracking with kernelized correlation filters. IEEE Transactions on Pattern Analysis and Machine Intelligence, 2015, 37(3):583-596.
[29] Li Y, Fu C, Ding F, et al. AutoTrack: Towards high-performance visual tracking for UAV with automatic spatio-temporal regularization// IEEE/CVF Conference on Computer Vision and Pattern Recognition, Seattle, 2020: 11920-11929.
[30] Zhao Y, Li N, Zhang P, et al. Infrared polarization perception and intelligent processing. Infrared

and Laser Engineering, 2018, 47(11): 1102001.

[31] 张朝阳, 程海峰, 陈朝辉,等. 偏振遥感识别低反射率伪装网研究. 红外与毫米波学报, 2009, 28(2): 137-140.

[32] 谌玉莲, 李春海, 郭少云,等. 红外隐身材料研究进展. 红外技术, 2021, 43(4): 312-323.

[33] 徐戎, 张晓忠, 吴晓. 新型多波段复合植被伪装材料. 红外技术, 2021, 43(3): 266-271.

[34] Tang Z, Arakawa K. Visual tracking via spatial-temporal regularized correlation filters with advanced state estimation// Asia-Pacific Signal and Information Processing Association Annual Summit and Conference, Auckland, 2020: 1145-1149.

[35] Liu C, Feng D, Wu H, et al. Multi-cue adaptive correlation filters for visual tracking// The 6th International Conference on Digital Home, Guang Zhou, 2016: 89-94.

[36] Zhang T, Xu C, Yang M. Multi-task correlation particle filter for robust object tracking// IEEE Conference on Computer Vision and Pattern Recognition, Honolulu, 2017: 4819-4827.

[37] Lukežic A, Vojír T, Zajc L, et al. Discriminative correlation filter with channel and spatial reliability// IEEE Conference on Computer Vision and Pattern Recognition, Honolulu, 2017: 4847-4856.

[38] Guo Q, Feng W, Zhou C, et al. Learning dynamic siamese network for visual object tracking// IEEE International Conference on Computer Vision, Venice, 2017: 1781-1789.

[39] Zhang K, Liu Q, Wu Y, et al. Robust visual tracking via convolutional networks without training. IEEE Transactions on Image Processing, 2016, 25(4): 1779-1792.

[40] Huang D, Zhu C, Wang Y, et al. HSOG: A novel local image descriptor based on histograms of the second-order gradients. IEEE Transactions on Image Processing, 2014, 23(11): 4680-4695.

[41] Xiong F, Zhou J, Qian Y. Material based object tracking in hyperspectral videos. IEEE Transactions on Image Process, 2020, 29(10): 3719-3733.

[42] Ojala T, Pietikainen M, Maenpaa T. Multiresolution gray-scale and rotation invariant texture classification with local binary patterns. IEEE Transactions on Pattern Analysis and Machine Intelligence, 2002, 24(7): 971-987.

第 8 章　抗干扰全时道路检测

统计发现，在长波红外波段，道路具有区别于其他背景区域的偏振特性，主要表现为 AoP 的均一性分布特性，以及偏振度的差异性特性。在道路与周围环境达到热平衡后，它们之间的这种偏振特性差异依然显著，可以利用红外偏振信息实现抗干扰道路检测。道路检测应用需要实时获取道路场景的红外偏振图像。红外偏振摄像仪体积小、重量轻、可实时成像等优势使基于红外偏振信息的道路检测成为可能。

8.1　相关工作介绍

1. 热红外成像探测器

热红外成像探测器因为其热敏感特性在自动驾驶中被用来检测行人和动物等热目标，从而引导车辆实现自主规避。部分研究也提出采用热红外成像探测器与可见光彩色相机融合，或者与另一台热红外相机组成双目系统等方式实现道路检测，但是道路与背景可能在夜间等情况达到热平衡，降低目标与背景的对比度，从而影响道路检测的性能。

2. 单目彩色相机

早期道路检测算法大部分都是基于传统可见光彩色相机开发的。随着彩色相机的不断发展与完善，彩色相机可以提供更高分辨率与更高质量的光强、颜色，以及目标纹理等信息。目前已有许多采用彩色图像的传统道路检测算法与基于深度学习的道路检测算法。由于彩色相机的工作波段为可见光波段，因此基于单目彩色相机的道路检测技术在黑暗条件,以及光照有明显变化的场景存在先天不足。

3. 双目成像系统与激光雷达

双目成像系统通过双目立体匹配可以得到目标场景的深度信息，这在道路检测中具有重要的作用，但是双目成像系统主要采用两台可见光相机获取目标场景图像，因此双目成像系统同样在黑暗条件，以及光照有明显变化的场景存在不足。另外，激光雷达作为一种主动式三维探测技术近年来在自动驾驶中得到了广泛的应用。相比双目立体视觉技术，激光雷达采用主动光源获取车辆周围更加准确的三维信息，不受光照变化约束，在道路检测中应用广泛。但是，激光雷达的检测精度易受灰尘和雨雾的影响。

8.2　道路的红外偏振特性

8.2.1　道路场景红外偏振数据集

驾驶条件下道路场景的红外偏振图像需要使用实时红外偏振摄像仪进行采集，采用红外偏振摄像仪采集驾驶条件下道路场景的红外偏振视频。实验共采集超过 19 万帧的道路场景红外偏振视频数据，然后从中选取具有代表性的 2113 幅图像构建道路场景分焦平面红外偏振图像数据集(LWIR DoFP dataset of road scene，LDDRS)，并对每幅场景的道路区域进行手动标注。图像的数字位深为 14 位，像素分辨率为 512×640。LDDRS 中的道路类型主要为沥青和水泥路面，且路面状况良好，天气条件为夏日无雨。图 8-1 展示了 LDDRS 的统计分析结果。

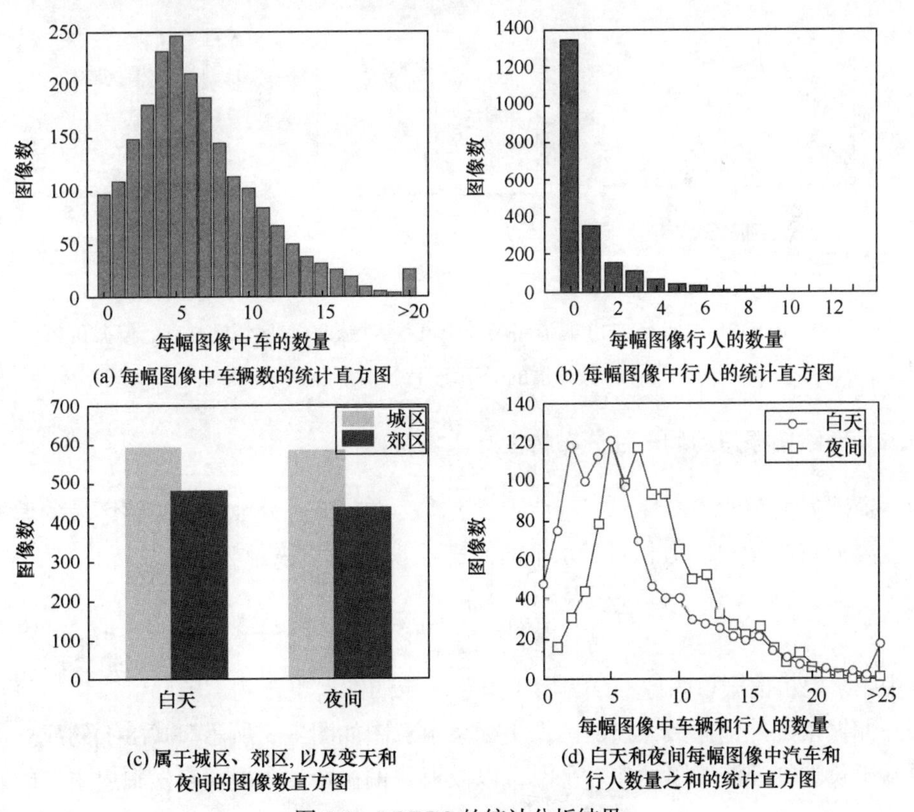

(a) 每幅图像中车辆数的统计直方图

(b) 每幅图像中行人的统计直方图

(c) 属于城区、郊区, 以及变天和夜间的图像数直方图

(d) 白天和夜间每幅图像中汽车和行人数量之和的统计直方图

图 8-1　LDDRS 的统计分析结果

LDDRS 不仅包含城区道路、郊区道路和高速公路，还包含白天和夜间等不同光照条件下的数据。车辆和行人是道路场景中两个最主要的目标。统计结果表明，LDDRS 中包含不同复杂程度的道路场景。LDDRS 的这些特性表明，它可以作为道路检测任务的一个分焦平面红外偏振基准数据集。

如图 8-2 所示，道路和背景在达到热平衡后可能存在相似的强度信息，尤其是在夜晚的条件下，因此红外强度信息并不适合道路检测任务。道路和背景的红外偏振度和偏振角之间存在显著的差异，尤其是偏振角信息，所以相比红外强度信息，红外偏振信息更适合道路检测。下面详细介绍道路的偏振度和偏振角特性。

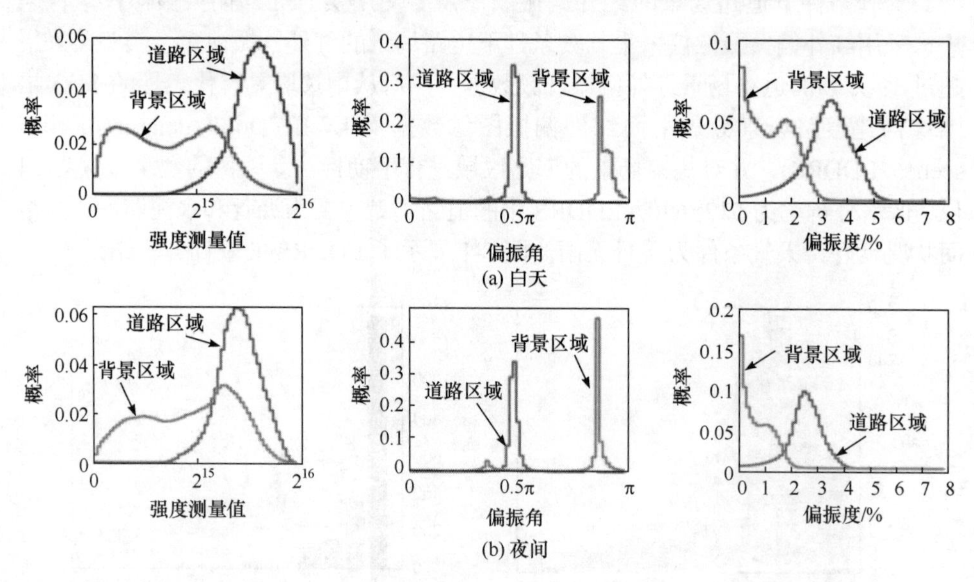

图 8-2 LDDRS 中所有 2113 幅道路场景中道路区域和背景区域的强度、偏振角和偏振度的概率统计分布结果

8.2.2 道路偏振角的均一性分布特性

道路偏振角的均一性分布特性主要表现为在长波红外波段，道路区域的偏振角主要分布在 π/2 附近(相对于水平面而言)。具体可以表示为

$$A(u) \approx \frac{\pi}{2}, \quad u \in \Omega \tag{8-1}$$

其中，A 表示偏振角图像；Ω 为属于道路区域的像素集合。

偏振角红外偏振摄像仪的图像坐标系示意图如图 8-3 所示。式(8-1)的成立主要基于长波红外波段路面相对平滑，以及道路偏振特性主要由自发辐射主导的假设。图 8-4 展示了部分道路场景及其对应的偏振角图像。

图 8-3 红外偏振摄像仪的图像坐标系示意图

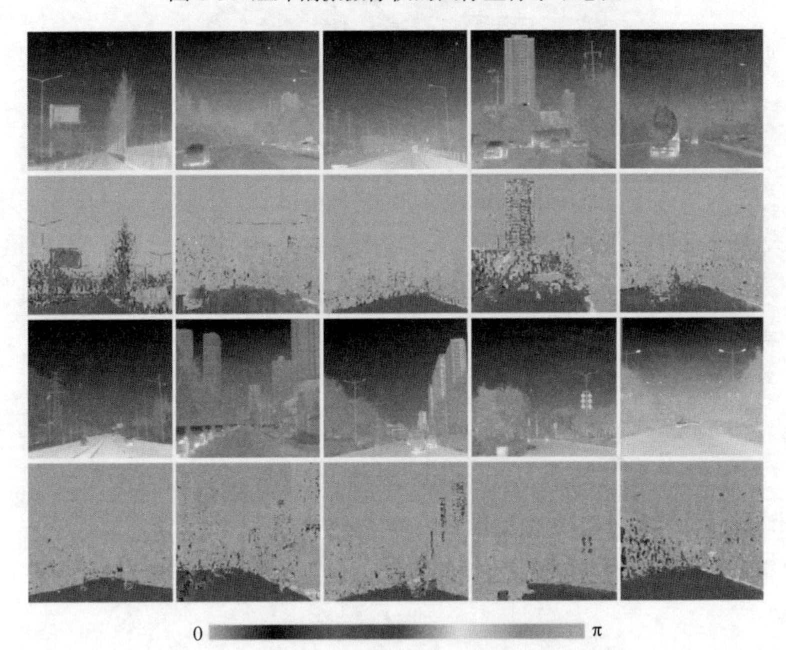

图 8-4 部分道路场景和对应的偏振角图像

在长波红外波段，探测器接收到的热辐射包括两部分，即反射辐射 R 与目标自发辐射 E。R 和 E 都可以表示为垂直于和平行于入射面的两个正交偏振分量之和，即 $R = R_{\perp} + R_{\parallel}$ 和 $E = E_{\perp} + E_{\parallel}$。图 8-5 所示为探测器接收到的热辐射构成示意图。假设光学背景的辐射温度为 T_b，那么以入射角为 θ 离开路面(温度为 T_b，复折射率为 $n'_r = n + k\,\mathrm{i}$)进入红外偏振探测器的全部 s 偏振光和 p 偏振光可表示为

$$L_{\perp}(\theta, n'_r) = R_{\perp} + E_{\perp} = P(T_b) r_{\perp}(\theta, n'_r) + P(T_r) \varepsilon_{\perp}(\theta, n'_r) \tag{8-2}$$

$$L_{\parallel}(\theta, n'_r) = R_{\parallel} + E_{\parallel} = P(T_b) r_{\parallel}(\theta, n'_r) + P(T_r) \varepsilon_{\parallel}(\theta, n'_r) \tag{8-3}$$

其中，$P(T)$表示温度为T时的普朗克黑体辐射强度；ε为发射率；r为反射率；$\perp$和$\parallel$表示垂直和平行于入射面的偏振分量。

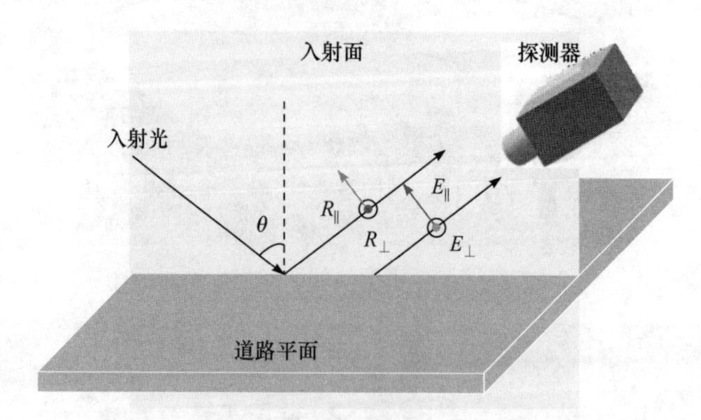

图 8-5　探测器接收到的热辐射构成示意图

在式(8-2)和式(8-3)中，假设发射率和反射率在所关注的波长范围内是平坦的，这一假设在长波红外波段是合理的。对于图 8-3 中的图像坐标系，假设道路平面与x轴在绝大部分情况下是相互平行的，那么yz平面与入射面也是相互平行的。此时，道路表面热辐射的偏振特性便可通过斯托克斯向量表示，即

$$S=\begin{bmatrix} S_0 \\ S_1 \\ S_2 \end{bmatrix}=\begin{bmatrix} L_{\perp}+L_{\parallel} \\ L_{\perp}-L_{\parallel} \\ L_{45}-L_{135} \end{bmatrix} \tag{8-4}$$

根据基尔霍夫定律，有

$$r_{\perp}+\varepsilon_{\perp}=1 \tag{8-5}$$

$$r_{\parallel}+\varepsilon_{\parallel}=1 \tag{8-6}$$

根据式(8-2)～式(8-6)，可得

$$S_1=(\varepsilon_{\parallel}(\theta,n_r')-\varepsilon_{\perp}(\theta,n_r'))(P(T_b)-P(T_r)) \tag{8-7}$$

斯托克斯参量S_2只有在辐射面与探测器之间存在绕光轴的旋转角度时才会出现，即只有当路面与相机图像坐标系的xz平面之间存在横滚偏转角度时，路面辐射能量的S_2参量才不为 0。已知 AoP 的定义为

$$\text{AoP}=\frac{1}{2}\tan^{-1}\left(\frac{S_2}{S_1}\right) \tag{8-8}$$

路面的反射辐射主要来自天空的下行辐射，而天空的下行辐射通常远远小于路面的自发辐射。即使在多云天气时，云层会反射来自地表的热辐射，天空下行

辐射会有所增强，但这时的天空背景辐射仍然很难达到路面自发辐射同等的量级[1]。由此可得，$P(T_b) < P(T_r)$，当$\varepsilon_{\parallel}(\theta,n_r') \neq \varepsilon_{\perp}(\theta,n_r')$时，路面的$S_1$参量不为零。根据式(8-8)，当路面的$S_1 < 0$时，道路的偏振角为$\pi/2$，当路面的$S_1 > 0$时，道路的偏振角为 0。

根据菲涅耳方程，对于复折射率为n'的光滑不透明材料，其定向辐射率为

$$\varepsilon_x(\theta,n') = \frac{2}{1+z_x}, \quad x = \perp,\parallel \tag{8-9}$$

其中

$$\begin{aligned} z_{\perp} &= \frac{c+\cos^2\theta}{\sqrt{2}\cos\theta(c+a-\sin^2\theta)^{\frac{1}{2}}} \\ z_{\parallel} &= \frac{c+(a^2+b^2)\cos^2\theta}{\sqrt{2}\cos\theta[c(a^2+b^2)+(a-\sin^2\theta)(a^2-b^2)+2ab^2]^{\frac{1}{2}}} \end{aligned} \tag{8-10}$$

其中

$$\begin{aligned} n' &= n+ki \\ a &= \mathrm{Re}((n')^2) \\ b &= \mathrm{Im}((n')^2) \\ c &= \sqrt{(a-\sin^2\theta)^2+b^2} \end{aligned} \tag{8-11}$$

首先，将道路的折射率设置为沥青的折射率(波长 10μm 时为 1.635[2])，那么此时路面的发射率随入射角的变化如图 8-6(a)所示。可以发现，平行于入射面的

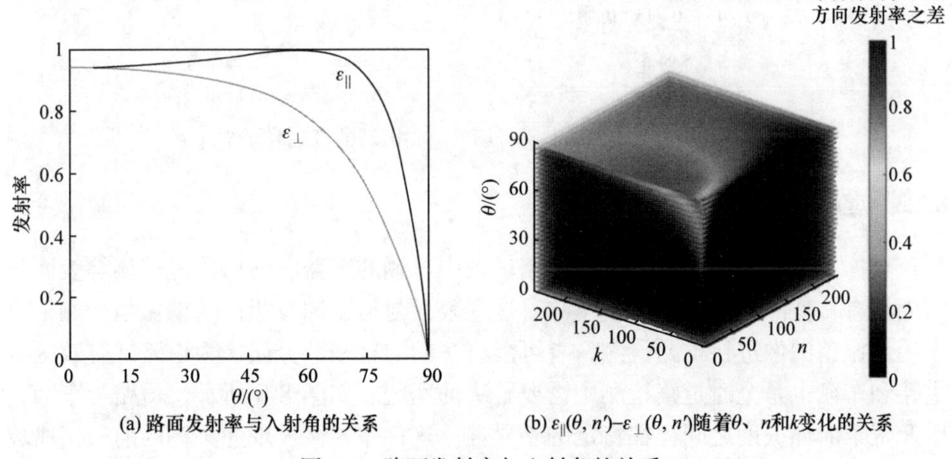

(a) 路面发射率与入射角的关系　(b) $\varepsilon_{\parallel}(\theta, n')-\varepsilon_{\perp}(\theta, n')$随着$\theta$、$n$和$k$变化的关系

图 8-6　路面发射率与入射角的关系

发射率要大于垂直于入射面的发射率。在实际情况中，道路不仅由沥青构成，也可能是水泥或者是包含其他组分的混合材质，所以无法知道路的真实折射率。假设道路的真实折射率在一个足够大的范围内，即 $n \in (0,250]$，$k \in (0,250]$。然后，计算 $\varepsilon_{\parallel}(\theta,n') - \varepsilon_{\perp}(\theta,n')$ 随着 θ、n 和 k 变化的关系，结果如图 8-5(b)所示。可以发现，在足够大的道路折射率取值范围内，保持 $\varepsilon_{\parallel}(\theta,n') - \varepsilon_{\perp}(\theta,n') > 0$，由 $P(T_b) < P(T_r)$，则有 $S_1 < 0$。可以得出以下结论，在夏天的大部分时间段，对于干燥的沥青或水泥道路，路面的热辐射是平行于入射面的部分线偏振光，路面热辐射的偏振角约为 $\pi/2$。

图 8-7(a)展示了对 LDDRS 上全部 2113 幅场景道路区域的 S_1 和 S_2 概率分布统计结果。结果表明，道路区域的绝大部分 S_1 都小于 0，而且道路区域的 S_2 基本都分布在 0 的附近。这与前述的理论分析是一致的。对道路区域偏振角的分布进行统计，结果如图 8-7(b)所示。超过 95%的道路区域偏振角都分布在 $\pi/2$ 附近，这与之前的理论分析相符。由于不同的路面区域具有相似的表面光滑度、辐射情况、观测角等物理特性，因此道路不同区域的偏振角也具有相似的特征。道路偏振角的这种均一性分布特性为道路检测提供了强有力的约束。

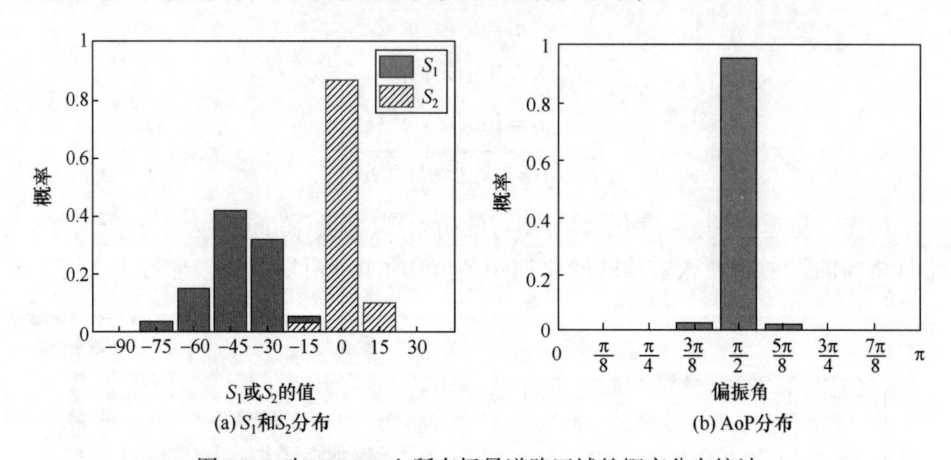

(a) S_1和S_2分布　　(b) AoP分布

图 8-7　对 LDDRS 上所有场景道路区域的概率分布统计

8.2.3　道路偏振度的差异性特性

根据上节的分析不难发现，道路场景中车辆的车盖、前后挡风玻璃等表面与路面具有相似的方位角，这就意味着这些表面与道路拥有相似的偏振角。如果只采用偏振角图像进行道路检测，有可能将车辆的这些部分误检为道路。有效区分道路和车辆也是全时道路检测中需要解决的问题。如图 8-8 所示，道路与车辆，以及背景的偏振度之间存在特定的差异性。这种差异性表现为车辆的前后挡风玻璃和车前盖等表面一般具有强于路面的偏振度，而车辆的侧面、正面、背面等接近垂直于地面的表面具有弱于路面的偏振度。另外，自然背景的偏振度往往较低，这些观测结果与之前车辆检测相关研究的观测结果是一致的。同样，由于不同的路面区域具有相似的表面光滑度、辐射情况、观测角、折射率等物理特性，因此道路不同区域的偏振度也具有相似的特征。

为了方便分析目标的偏振度特性，假设目标的复折射率为 n_o'、温度为 T_o、入射角为 θ，目标的热辐射可以分解为垂直于入射面和平行于入射面的 s 偏振光和 p 偏振光，即

$$L_{\perp}(\theta,n_o') = P(T_b)r_{\perp}(\theta,n_o') + P(T_o)\varepsilon_{\perp}(\theta,n_o') \tag{8-12}$$

$$L_{\parallel}(\theta,n_o') = P(T_b)r_{\parallel}(\theta,n_o') + P(T_o)\varepsilon_{\parallel}(\theta,n_o') \tag{8-13}$$

其中，T_b 为光学背景的辐射温度，假设入射面平行于相机坐标系的 yz 平面，这一假设不会改变目标的偏振度。

这样，目标的偏振度便可表示为

图 8-8　部分道路场景和对应的偏振度图像

$$\mathrm{DoLP} = \frac{L_{\parallel} - L_{\perp}}{L_{\parallel} + L_{\perp}} \tag{8-14}$$

根据基尔霍夫定律(式(8-5)与式(8-6))与式(8-12)～式(8-14)，目标偏振度可进一步写为

$$\mathrm{DoLP} = \frac{(1-\Gamma)(\varepsilon_{\parallel}(\theta, n_o') - \varepsilon_{\perp}(\theta, n_o'))}{(1-\Gamma)(\varepsilon_{\parallel}(\theta, n_o') + \varepsilon_{\perp}(\theta, n_o')) + 2\Gamma} \tag{8-15}$$

其中，$\Gamma = \dfrac{P(T_b)}{P(T_o)}$为背景与目标之间辐射能量的比值。

观测到的目标偏振度受多方面因素的影响，包括目标折射率、入射角(观测角)、目标温度、光学背景辐射强度、表面光滑程度等。以上偏振度公式是基于目标表面对于长波红外波段相对平滑的假设得到的，粗糙的表面偏振度相对更低。这是因为粗糙表面的微面元法线方向随机性大，分布范围广，所以各微面元的辐射偏振光振动方向不一，整体呈现一种相互削弱的效果，削弱观测到的偏振度。光滑的表面则相反，光滑表面的微面元法线方向更加一致，各微面元辐射偏振光之间的抵消削弱效应较小，所以观测到的偏振度也更强。观测目标主要是道路与车辆等人造目标，所以假设在热红外波段，这些表面是相对光滑的。

为了进一步量化研究道路与车辆的偏振度，将车辆挡风玻璃的折射率设置为玻璃的折射率(1.7+1.12i，波长 10μm[3])，车辆其他部分的折射率设置为油漆的折射率(1.4+0.32i，波长 10μm[4])，道路的折射率设置为沥青的折射率(1.635，波长 10μm[2])，然后计算这三种表面在不同入射角θ和不同背景与目标辐射能量比Γ下的偏振度，结果如图 8-9 所示。

分析图 8-9 发现，当背景与目标辐射能量比$\Gamma<1$，即目标自发辐射大于光学背景辐射时，偏振度大于 0 表示目标的热辐射为平行于入射面的部分线偏振光；

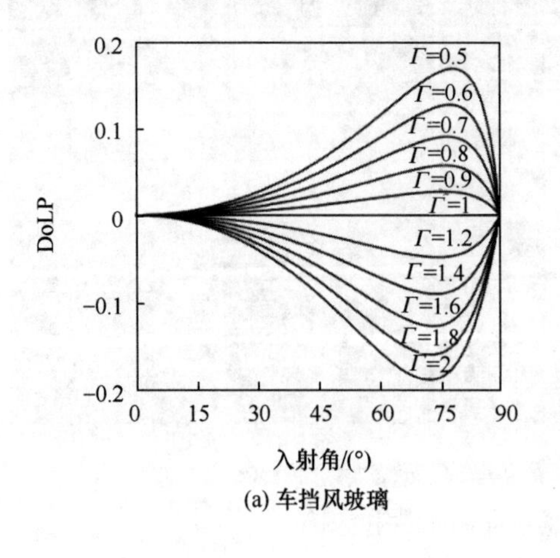

(a) 车挡风玻璃

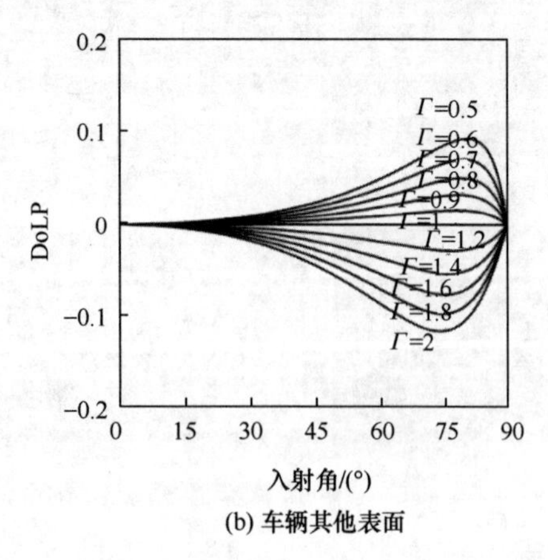

(b) 车辆其他表面

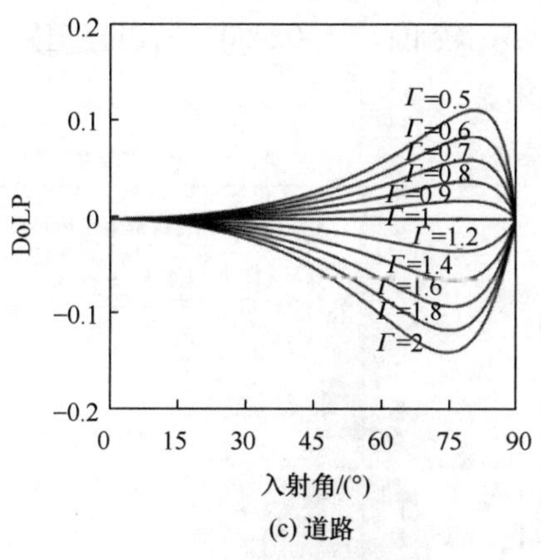

(c) 道路

图 8-9　入射角与偏振度的关系

当背景与目标辐射能量比 $\Gamma>1$，即目标自发辐射小于光学背景辐射时，偏振度小于 0 表示目标的热辐射为垂直于入射面的部分线偏振光；当背景与目标辐射能量比 Γ 越发接近 1，即目标自发辐射与光学背景辐射强度越来越接近时，目标的偏振度越来越低，直至为零。这也可以解释，为什么阴雨天气时，目标的红外偏振特性弱于晴天时目标的红外偏振特性，自然场景中的光学背景辐射主要来自天空的下行辐射。由于天空背景温度较低，天空自身的辐射较弱。当存在云层时，云层自身的辐射和云层反射的大地辐射会增强光学背景辐射，使光学背景辐射强度接近目标自发辐射强度，从而削弱观测到的目标偏振特性。

在大部分情况下，自然场景中目标的红外偏振特性由其自发辐射主导，所以这里只讨论 $\Gamma<1$ 的情况。此时，目标的偏振度与入射角和目标折射率相关，对于不同材质的目标，较大(θ>85°)和较小(θ<20°)的入射角情况下，观测到的目标偏振度都较低，当入射角 $\theta\in$[40°，75°]时，观测角相对更大。对于车辆上的前视相机而言，其他车辆挡风玻璃的入射角大约在 50°～70°，车辆正面和后面(接近垂直于地面的前后侧)的入射角很小，接近于 0°，而车辆的左右侧面则拥有很大的入射角，接近 90°。另外，道路的入射角在 80°左右。考虑车辆表面比路面更加光滑，综合以上各方面因素，车辆的前后挡风玻璃通常比道路的偏振度高，而车辆的其他表面(正面、后面和左右侧面)通常比道路的偏振度低。以上分析主要针对通常情况下道路与车辆的偏振度。在真实情况中，车辆与道路表面可能由不同的材质组成，车辆与相机的相对位置和角度也会有所变化。这可能会影响观测目标的偏振度，但是对于大部分情况，以上分析结果依然是有效的。

选取 200 幅包含不同车辆的道路红外偏振图像，重新手动标注属于车辆挡风玻璃和其他区域的像素。如图 8-10 所示，道路与车辆之间存在显著的偏振度差异，这与之前的理论分析是基本一致的。道路的偏振度主要分布在 1.5%～4%。另外，自然背景的偏振度通常都比较低(小于 0.5%)。所以，道路场景的偏振度差异性为道路检测提供了新的约束。

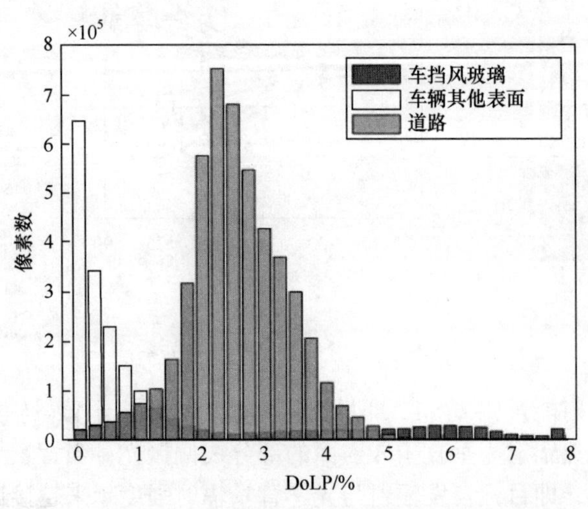

图 8-10　对道路和车辆不同部分的偏振度分布统计结果

8.3　偏振导引的道路检测网络

近年来，基于深度学习的方法在语义分割中表现出卓越的性能，目前已有多种用于道路场景解析的实时分割网络。然而，现有的大多数深度网络都是对偏振不敏感的成像系统设计的。虽然可以通过一个简单的伪彩色融合方法使偏振图像适用于这些网络，但是具体性能表现可能是有限的，仍需改进。

上节的理论和统计分析揭示了道路偏振特性的形成规律，以及道路区别于背景和其他物体的偏振度和偏振角的统计特性。首先，根据图 8-2 中道路偏振角和偏振度的分布特性，对道路区域进行粗检测，采用简单的阈值操作实现道路区域的粗检测，即

$$R_c = \begin{cases} 1, & \text{AoP} \in \left[\dfrac{7\pi}{16}, \dfrac{9\pi}{16}\right], \ \text{DoLP} \in [0.5\%, 5.5\%] \\ 0, & 其他 \end{cases} \tag{8-16}$$

表 8-1 所示为在 LDDRS 对以上道路粗检测方法的道路检测准确率(precision，记为 PRE)、召回率(recall，记为 REC)和交并比(intersection over union，IoU)性能的测试结果。可以发现，在道路偏振特性的约束下，即使简单阈值粗检测算法也能得到超过 80%的 IoU 性能，虽然道路检测的准确率仍然较低，但是这一道路粗

检测结果将帮助网络聚焦于学习道路的红外偏振特性。图 8-11 所示为部分场景的道路粗检测结果。

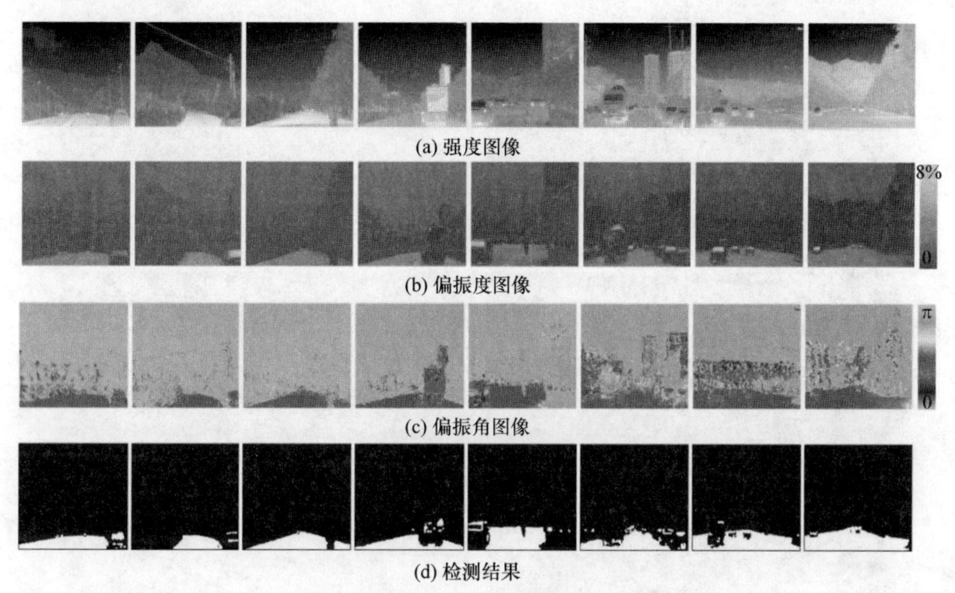

(a) 强度图像

(b) 偏振度图像

(c) 偏振角图像

(d) 检测结果

图 8-11　部分场景的道路粗检测结果

表 8-1　道路粗检测算法在 LDDRS 数据集上的性能表现

方法	PRE/%	REC/%	IoU/%
道路粗检测算法	83.82	97.80	82.32

偏振导引道路检测网络(记作 PolarNet)包含两个分支[4,5]，为偏振导引分支和主分支。偏振导引分支的输入为道路粗检测结果 R_c 、偏振角图像和偏振度图像，其主要作用是引导网络，将更多的注意力集中到学习道路区域的红外偏振特性。主分支的输入为强度图像(S_0)、偏振度图像和偏振角图像的 HSV 伪彩色融合图像。HSV 伪彩色融合方法是将偏振角图像、偏振度图像和强度图像分别映射到 HSV 颜色空间的色调(H)、饱和度(S)、明度(V)，图 8-12 展示了部分 HSV 融合图像。主分支的主要作用是提取道路的多模特征。主分支和偏振导引分支都包含三层，因为每个分支的输入只有三个通道，设置第一个卷积层为传统的卷积层，即依次经过卷积、批量归一化和 ReLU 激活操作(Conv+BN+ReLU)，这样的设置可以有效平衡学习能力和计算效率。为了保证网络的轻量化和学习能力，之后的两层网络采用深度可分卷积操作实现。两个分支每一层的卷积步长均设置为 2，以实现逐步提取高层语义特征。PolarNet 的网络结构示意图如图 8-13 所示。

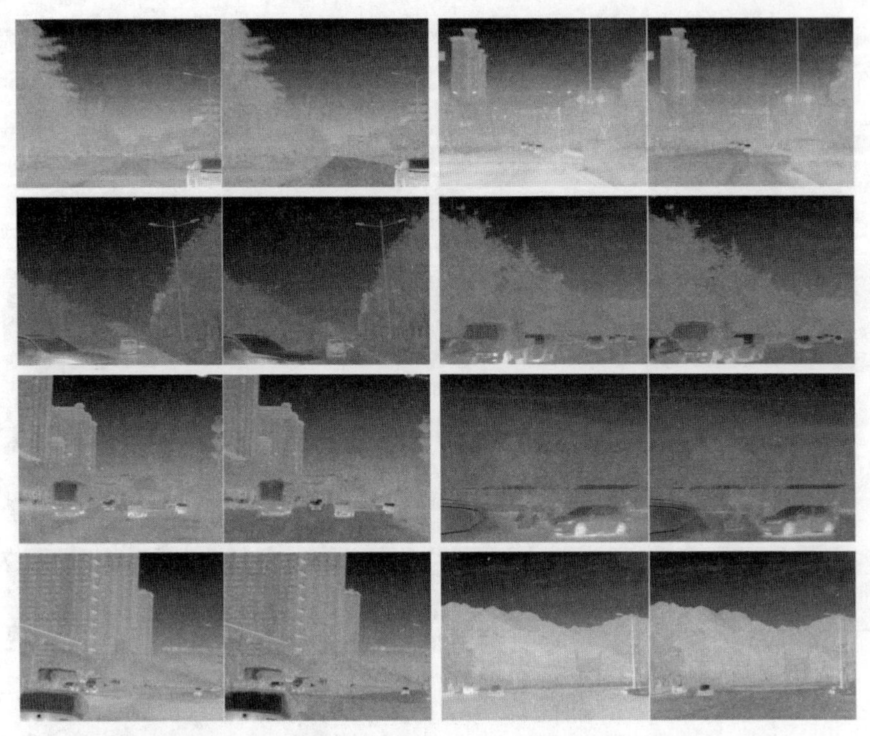

图 8-12　部分场景的强度图及相应的 HSV 融合图像

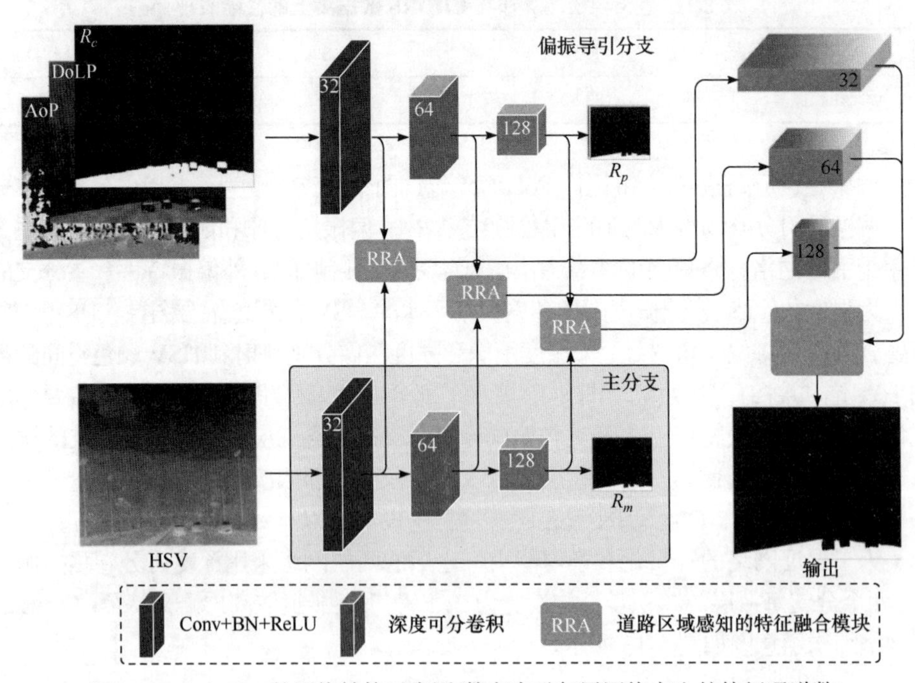

图 8-13　PolarNet 的网络结构示意图(数字表示每层网络产生的特征通道数)

道路区域感知的特征融合模块(road-region-aware feature fusion module，记为RRA)实现对来自偏振导引分支和主分支的同级特征进行融合。其示意图如图 8-14所示。利用空间注意机制可以让网络根据输入特征的不同部分与场景道路区域的相关程度，对输入特征在空间上进行重新加权，从而实现道路区域感知的特征融合。最后，将经过 RRA 模块融合后的特征送入一个分割头，预测最终的道路分割结果。这里选用 MobileNet v3[6]中提出的轻量化空洞空间金字塔卷积结构(记为Lite R-ASPP)作为分割头，实现高级语义特征和底层细节特征的提取。

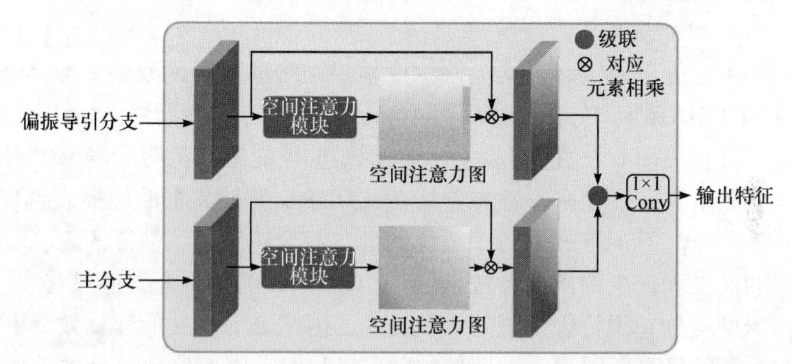

图 8-14　道路区域感知的特征融合模块示意图

道路检测实质上也是一种像素级二分类问题。在 LDDRS 中，道路区域与非道路区域之间的样本分布是非平衡的，采用焦点损失[7]构建训练 PolarNet 的损失函数，即

$$\text{Loss} = L_{\alpha,\gamma}(R,G) + \lambda_1 L_{\alpha,\gamma}(R_m,G_{LR}) + \lambda_2 L_{\alpha,\gamma}(R_p,G_{LR}) \tag{8-17}$$

其中，$L_{\alpha,\gamma}$ 为焦点损失函数；α 和 γ 为平衡参数与聚焦参数，通过交叉验证设置 α=0.575、γ=0；G 为道路的真值标签；R 为网络的最终道路预测结果；式(8-17)等号右侧的后两项分别用于约束网络主分支和偏振导引分支的输出，即 R_m 和 R_p，这样可以使网络收敛到更好的结果；G_{LR} 为下采样后的标签数据，且其分辨率为原始标签分辨率的 1/8，这样 G_{LR} 与 R_m 和 R_p 就具有相同的分辨率；λ_1 和 λ_2 为平衡损失函数各项贡献的超参数，设置为 $\lambda_1 = 0.4$ 和 $\lambda_2 = 0.5$。

8.4　实验结果和分析

对于 PolarNet 的训练和测试，首先将 LDDRS 拆分为训练集、验证集和测试集，通过随机选取的方式挑选 1690 幅训练图像、106 幅验证图像和 317 幅测试图像。考虑数据集的规模有限，采用随机水平翻转，随机亮度调整(0.7～1.3，只用于强度和偏振度图像)。随机对比度调整(0.5～1.5，只用于强度和偏振度图像)和随机饱和度调整(0.5～1.5，只用于 HSV 图像)的数据增广方法，可以在训练阶段扩大训练数据集的容量，同时也可以提升模型的泛化能力。采用 SGD 作为模型训练优化器，动量设置为 0.9，权重衰减设置为 5×10^{-4}。采用多项式学习率，初始值设置为 0.05，然后通过每次迭代将当前学习率乘以 $\left(1-\dfrac{\text{itea}}{\text{max\_itea}}\right)^{0.9}$ 实现对学习率的调整。这里的批大小设置为 16。所有实验均在 Nvidia RTX 2080 Ti GPU 上进行。

选取四种最先进的实时语义分割深度学习网络进行对比测试，即 MobileNet v3 Small[6]、CGNet[8]、FastSCNN[9]和 ContextNet[10]。这些网络的输入均为 HSV 融合图像，且相关训练设置同上。对不同网络的性能测试包括准确率、召回率、交并比、参数量和运行帧率。各种算法在 LDDRS 测试集上的性能表现如表 8-2 所示。可以发现，PolarNet 取得了最优的 IoU 综合道路检测性能表现，而且同时拥有最快的速度和最少的模型参数量。由于 PolarNet 的两个分支都只有三层网络，并且使用深度可分卷积替代传统的卷及操作，因此 PolarNet 的计算效率更高，参数更少，所需的计算资源最少。即便如此，PolarNet 在定制化设计的偏振导引分支和道路区域感知的特征融合模块加持下，依旧可以取得最优的整体道路检测性能表现。

为了验证道路检测任务中，红外偏振信息相对于传统红外强度信息的优势，采用红外强度图像(S_0)对以上各网络进行重新训练和测试，其中对于 PolarNet，两个分支的输入均为 S_0 图像。表 8-2 和图 8-15 中的结果清晰地表明，基于红外偏振信息训练的网络，道路检测任务中的表现均明显优于基于红外强度信息训练的网络，平均 IoU 性能提升超过 7%。这表明，在道路检测任务中，红外偏振信息比传统热红外信息有明显的优势，所以红外偏振摄像仪在自动驾驶技术的全时道路检测任务中具有潜在的应用价值。

表 8-2　不同道路检测网络在 LDDRS 测试集上的性能表现对比

方法	数据类型	PRE /%	REC /%	IoU /%	参数量 /百万	速度/(帧/秒)
ContextNet	S_0	90.83	92.16	84.91	0.87	268
	HSV	95.40	96.03	91.85		
CGNet	S_0	91.97	94.51	87.47	0.49	111
	HSV	94.00	96.29	90.78		
MobileNet v3 Small	S_0	91.57	92.32	85.45	1.1	82
	HSV	95.59	95.94	91.93		

续表

方法	数据类型	PRE /%	REC /%	IoU /%	参数量 /百万	速度/(帧/秒)
FastSCNN	S_0	91.75	92.74	86.24	1.1	283
	HSV	94.94	96.52	91.87		
PolarNet	S_0	86.37	90.38	79.28	0.11	289
	HSV	95.69	96.24	92.27		

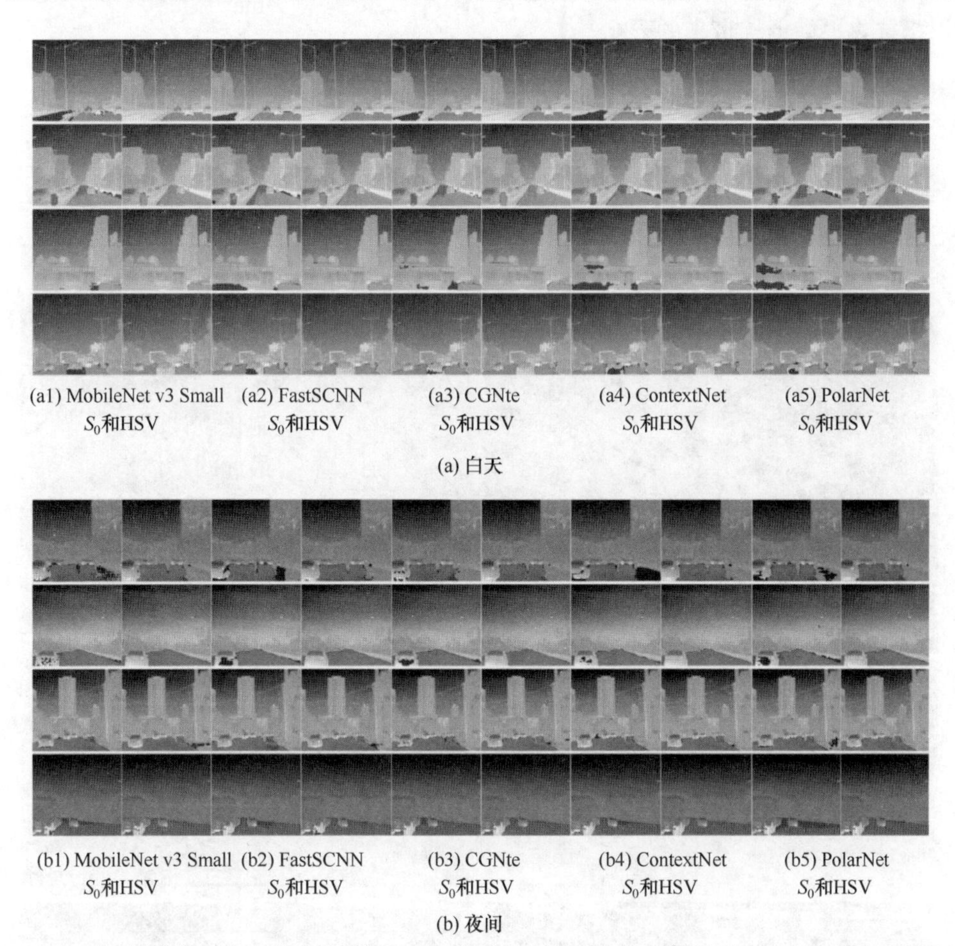

(a1) MobileNet v3 Small S_0和HSV (a2) FastSCNN S_0和HSV (a3) CGNte S_0和HSV (a4) ContextNet S_0和HSV (a5) PolarNet S_0和HSV

(a) 白天

(b1) MobileNet v3 Small S_0和HSV (b2) FastSCNN S_0和HSV (b3) CGNte S_0和HSV (b4) ContextNet S_0和HSV (b5) PolarNet S_0和HSV

(b) 夜间

图 8-15 不同分割网络的道路检测结果对比(绿色区域为真阳性检测结果，红色区域为假阴性检测结果，蓝色区域为假阳性检测结果)

LDDRS 中包含夜间和白天的道路场景，所以为了测试 PolarNet 在白天和夜间不同光照条件下的道路检测性能，分别在白天和夜间的数据上对 PolarNet 进行测试，结果如表 8-3 所示。可以发现，PolarNet 在 LDDRS 的夜间和白天数据上，道路检测性能均表现良好。这是因为红外偏振摄像仪工作在长波红外波段，可以不受光照变化的影响。由于 LDDRS 中白天的道路情况比夜间复杂，这使白天的道路检测相对更难学习，因此 PolarNet 在夜间数据的道路检测表现优于白天数据。图 8-16 展示了部分道路与背景红外辐射达到热平衡情况下的道路检测结果。达到热平衡后，道路与背景的强度信息对比度很低，所以基于强度图像训练的 PolarNet 出现许多错检和漏检区域。基于红外偏振图像训练的 PolarNet，在热平衡的条件下依旧可以准确地分割道路区域。这表明，基于红外偏振成像的道路检测技术可以抵抗热平衡干扰带来的影响。

表 8-3　PolarNet 在 LDDRS 测试集上不同时间段的道路检测性能表现对比

时间段	PRE/%	REC/%	IoU/%
白天	94.57	94.77	89.87
夜间	96.72	97.62	94.51

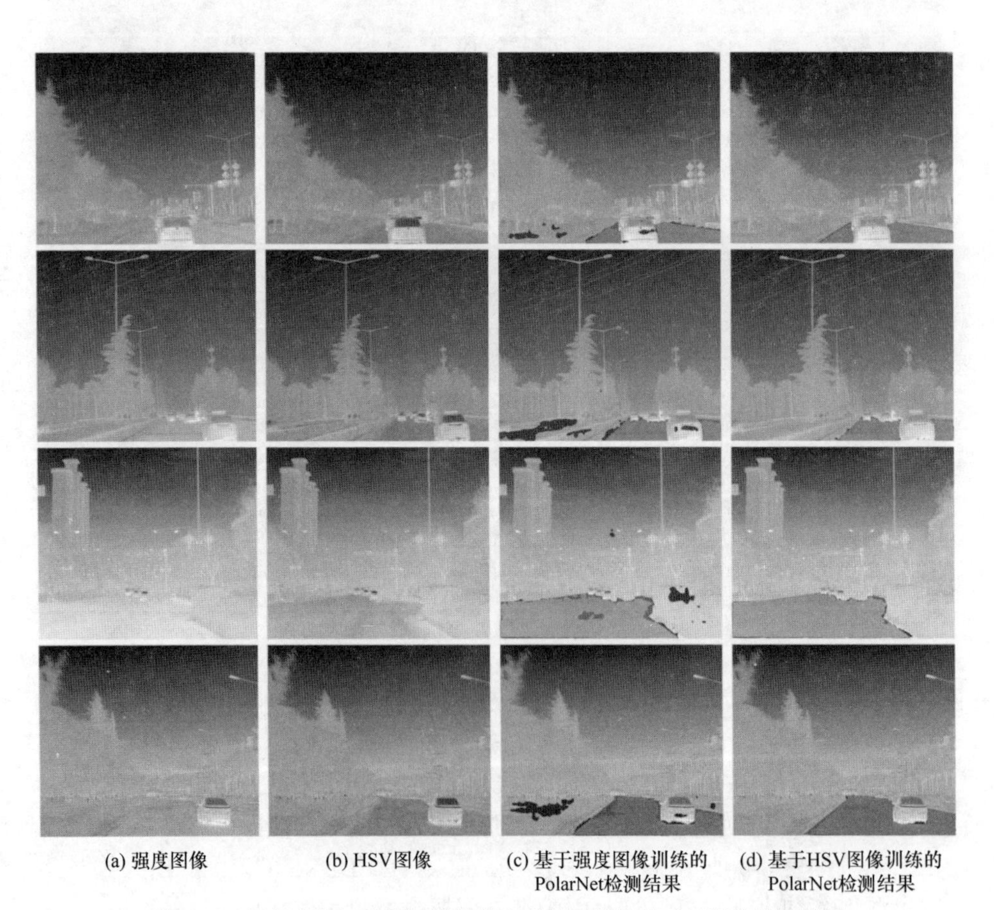

(a) 强度图像　(b) HSV图像　(c) 基于强度图像训练的PolarNet检测结果　(d) 基于HSV图像训练的PolarNet检测结果

图 8-16　部分道路与背景红外辐射达到热平衡情况下的道路检测结果

图 8-17 展示了 PolarNet 道路检测网络与其他实时分割网络的整体道路检测性能表现。总结起来，PolarNet 综合利用了红外强度、偏振度与偏振角的多模信息，以更快的速度取得优于目前最先进实时分割网络的道路检测性能表现，并且可以有效抵抗光照变化和道路与背景的热平衡干扰。

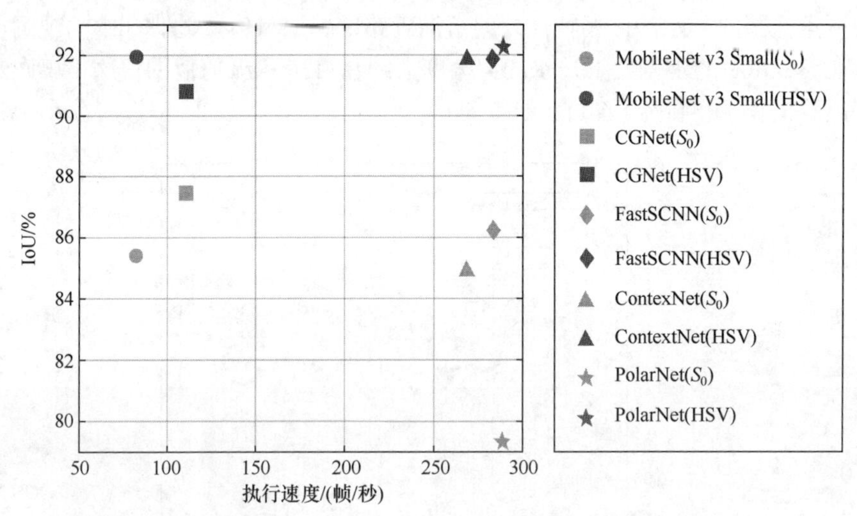

图 8-17　不同网络在 LDDRS 测试集上的 IoU 与执行速度表现对比

8.5　讨　　论

安装在车辆上的红外偏振摄像仪会受到灰尘、冷凝水和其他沉积物的影响。红外偏振摄像仪的物镜是经过特殊处理和制作的，可以保证它不会改变入射光的偏振状态。这也意味着，相机镜头的穆勒矩阵是单位矩阵。当相机物镜上有沉淀物时，它的穆勒矩阵就不再是单位矩阵了。因此，输入光的偏振特性可能会被污染。少量的灰尘或污垢几乎不影响输入光的偏振状态，但是雨滴或露水可能对长波红外辐射的偏振特性带来不可忽视的影响。这是因为红外辐射不能透过水传输。目前已出现一些专门为自动驾驶汽车光学系统设计的车载摄像头清洁技术，可以自动清洁相机镜头，确保入射光线不被污染。因此，镜头表面的沉积物不会成为影响红外偏振摄像仪在自动驾驶车辆中应用的障碍。

在本章构建的 LDDRS 中，大多数道路是沥青和水泥路面，但在实际情况中，有一些道路会混入废旧玻璃碴作为骨料，以重新使用废玻璃。出于防滑的考虑，沥青或水泥道路的玻璃含量通常低于 10%(按重量计算)，玻璃碴颗粒的尺寸小于 6mm。因此，沥青或水泥道路中的玻璃含量与尺寸非常小，考虑偏振摄像仪的像素分辨率，从汽车上观察道路时，道路的偏振特性仍以沥青为主。

当道路表面有积水或沙土时，本章提出的道路检测算法方法可能失败。对于有积水的道路，水的热辐射偏振特性也主要由自发辐射主导，但是水的平行于入射面的发射率与垂直于入射面的发射率之差 $\varepsilon_{\parallel}-\varepsilon_{\perp}$ 通常比道路小(图 8-18)，而且在夏季，水的辐射温度低于路面的辐射温度。根据 8.3 节的理论分析，在 80°～85°的观测角范围内，水的偏振特性要弱于沥青路面(图 8-19)。文献[4]中的观测也表明，在 85°左右的观测角下，水的偏振度大约在 1%～2%的范围，这小于同观测角下道路的偏振度(2%～4%)。如图 8-19 第一行所示，积水的偏振特性小于其他

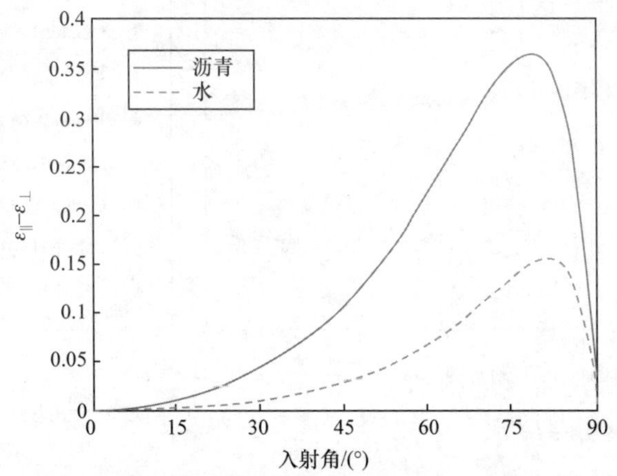

图 8-18　水与沥青的平行于入射面的发射率与垂直于入射面的发射率之差 $\varepsilon_{\parallel}-\varepsilon_{\perp}$ 随入射角的变化关系

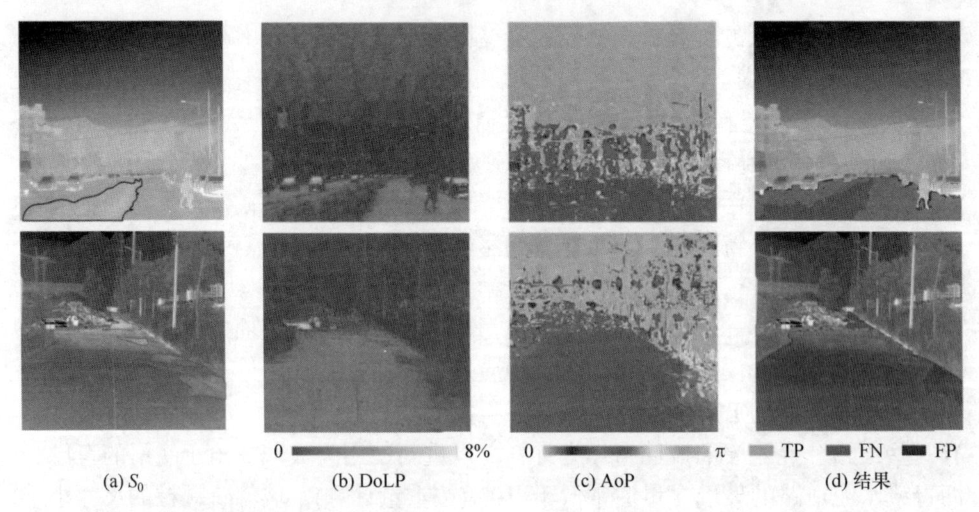

图 8-19　两种道路检测失败的场景(第一行为道路表面有积水，曲线范围内区域；第二行为道路表面有沙土；TP 表示真阳性检测结果；FN 表示假阴性检测结果；FP 表示假阳性检测结果)

干燥的路面，本章提出的方法没有成功地将这部分检测为道路。路面上的积沙积土也可能污染道路的偏振特性。当观察角度接近掠射角(80°～88°)时，沙土的偏振度大约为 0.5%～1.5%[4]，这同样小于同观测角下沥青道路的偏振度。如图 8-19 第二行所示，沙土的偏振度比道路其他部分的偏振度小，本章提出的方法未能将有积沙和积土的区域检测为道路。虽然基于红外偏振信息的道路检测方法在路面有积水和积土积沙时不能将这些区域归类为道路，但这也表明，红外偏振信息可能用于检测道路表面的积水、积土、积沙或其他障碍物等，帮助自动驾驶车辆做出相应的规避操作，这在自动驾驶中同样十分重要。

8.6 本章小结

本章通过理论和统计分析，揭示道路区域在红外波段偏振特性的形成机理，道路偏振度、偏振角的分布规律，发现道路区域热辐射的偏振特性主要由自发辐射的偏振特性主导，即道路区域的热辐射主要为平行于入射面的部分线偏振光，因此道路区域的偏振角主要分布在π/2 附近(相对于水平面)。道路区域的偏振度通常大于自然背景的偏振度，但是小于车辆挡风玻璃的偏振度；车辆的左右侧面与正/背面由于观测角处于极限状态，这些部位的偏振度通常都较低。道路的这些红外偏振特征可以为全时道路检测提供有力的约束，基于此提出偏振导引的道路检测网络，采用双分支的网络结构设计充分挖掘道路的偏振信息。基于道路偏振度和偏振角的分布规律，采用阈值截断的方法实现道路区域的粗检测，并利用道路粗检测结果，通过偏振导引网络分支引导网络学习道路偏振特性。

参考文献

[1] Pezzaniti J, Chenault D, Gurton K, et al. Detection of obscured targets with IR polarimetric imaging//Detection and Sensing of Mines, Explosive Objects, and Obscured Targets XIX. International Society for Optics and Photonics, Baltimore, 2014: 90721D.

[2] John R. CRC Handbook of Chemistry and Physics. Boca Raton: CRC Press, 2004.

[3] Polyanskiy M. Refractive index database. https://refractiveindex.info. Accessed on[2021-03-29].

[4] Ben-Dor B, Oppenheim U, Balfour L. Polarization properties of targets and backgrounds in the infrared//The 8th Meeting on Optical Engineering and Remote Sensing, Israel: 1993: 68-77.

[5] Aycock T M, Chenault D B, Hanks J B, et al. Polarization-based mapping and perception method and system. U.S. Patent 9,589,195. 2017-3-7.

[6] Howard A, Sandler M, Chu G, et al. Searching for mobilenetv3//Proceedings of the IEEE/CVF International Conference on Computer Vision, long Beach, 2019: 1314-1324.

[7] Lin T Y, Goyal P, Girshick R, et al. Focal loss for dense object detection//Proceedings of the IEEE International Conference on Computer Vision, Honolulu, 2017: 2980-2988.

[8] Wu T, Tang S, Zhang R, et al. Cgnet: A light-weight context guided network for semantic segmentation. IEEE Transactions on Image Processing, 2020, 30: 1169-1179.

[9] Poudel R P K, Liwicki S, Cipolla R. Fast-SCNN: Fast semantic segmentation network. https:// arxiv. org/abs/1902.04502[2019-12-20].

[10] Poudel R P K, Bonde U, Liwicki S, et al. Contextnet: Exploring context and detail for semantic segmentation in real-time. https:// arxiv. org/abs/1805.04554[2018-10-30].